软件性能测试

学习笔记 之

杨 婷◎编著

51Testing 软件测试网◎组编

LoadRunner 实战

人民邮电出版社

北 京

图书在版编目（CIP）数据

软件性能测试学习笔记之LoadRunner实战 / 51
Testing软件测试网组编；杨婷编著. -- 北京：人民邮
电出版社，2018.1（2022.2重印）
ISBN 978-7-115-47260-1

Ⅰ. ①软… Ⅱ. ①5… ②杨… Ⅲ. ①性能试验－软件
工具 Ⅳ. ①TP311.561

中国版本图书馆CIP数据核字(2017)第304739号

内 容 提 要

　　本书分为 4 部分，共 12 章，详细讲述了进行性能测试的技术和 LoadRunner（简称 LR）的应用。本书通过主人翁 Lucy 在测试实战场景的学习、测试和团队合作的过程，让技术、测试用例和工具的具体应用一一呈现出来，对性能测试工具的应用、测试操作细节、录制回放中对脚本的说明、在事务响应时间计算中的场景对话、在业务模型分析中的用户数计算细则等核心知识，都详细讲解。内容上环环相扣、贴近实战的巧妙安排，可以使读者学习更轻松，更有成就感。

　　本书是为性能测试初学者和有一定性能测试经验的工程师而写的，适用但不限于如下读者群体：想要学习性能测试的软件测试工程师、想要了解和实践 LR 的性能测试工程师、想要开展性能测试工作的测试负责人、对性能测试感兴趣的相关读者，以及大专院校相关专业师生的学习用书和培训学校的教材。

◆ 组　　编　51Testing 软件测试网
　　编　著　杨　婷
　　责任编辑　张　涛
　　责任印制　焦志炜

◆ 人民邮电出版社出版发行　　北京市丰台区成寿寺路 11 号
　　邮编　100164　　电子邮件　315@ptpress.com.cn
　　网址　http://www.ptpress.com.cn
　　北京七彩京通数码快印有限公司印刷

◆ 开本：787×1092　1/16
　　印张：21　　　　　　　　　　2018 年 1 月第 1 版
　　字数：505 千字　　　　　　　2022 年 2 月北京第 10 次印刷

定价：69.00 元

读者服务热线：(010)81055410　印装质量热线：(010)81055316
反盗版热线：(010)81055315
广告经营许可证：京东市监广登字20170147号

书　评

本书的特色在于将性能测试技术融入生动的应用场景，作者结合自身多年丰富的项目经验，从初学者的感受出发，通过学习本书，可以让初学者从害怕新技术到找到入手点主动学习的感觉。同时本书从软件测试工程应用实践角度出发，通过应用场景的实战讲解自然地让初学者融入到项目分析、搭建环境、业务建模、脚本创建及运行、监控指标分析到完成性能测试项目的全过程，不仅让读者"参与了"一个完整的项目，而且掌握了诸多技术细节。本书具有很强的项目实操性，作者杨婷老师知识面广，测试经验丰富，在编写本书时不仅全面透彻地讲解了性能测试本身的知识，还用通俗易懂的语言介绍了各类相关技术，测试初学者可以全面学习并从中受益。

　　　　　　国家移动互联网软件产品质量监督检验中心副主任　郭文胜　博士/博士后

本书的特色在于作者结合多年的软件测试实践经验和教育经验，做到了因材写教，由浅入深，循循善诱，案例通俗易懂且具有故事性，非常适合初学者。本书通过浅显易懂的案例呈现让初学者更容易理解性能测试的精要，同时配套的总结和练习可以帮助阅读该书的读者检验掌握情况以及巩固学习效果。在本人 16 年的教育生涯中，接触较多的实践经验者，虽然他们的实践经验丰富，但往往缺乏总结和提炼，较少形成好的理论，知识最大的乐趣在于传播，而不只是拥有。该作者不仅做到了拥有，还做到了传播，不失为好的测试技术人员的师者。

　　　　　　成都博为峰软件技术有限公司/上海博为峰重庆分公司总经理　汪利

在期待了很久以后终于读到了这本书，一句话概括："相见恨晚"。本书在作者对测试层层的总结和提炼之下形成，读者能很快掌握到性能测试领域的基本知识。而这些知识正是我当年刚刚接手性能测试的时候消耗了大量的时间去研究和领悟的。本书案例形象生动，让我回忆到刚刚开始接触性能测试的时候很多类似的场景以及问题，书中对于这些问题也进行了详细的解答。知识点循序渐进，深入浅出，覆盖到几乎所有日常工作当中所需要的基本知识。通过这部分知识点，读者能够了解性能测试项目当中基本的流程以及关键的解决方法。对于初学者以及想要接触性能测试的人来说本书是一本不可多得的好书。

　　　　　　活跃网络（成都）有限司 高级性能测试工程师　杨磊

从事软件测试十多年来，从大型的企业大行其道到现在的创业小公司满地开花，我能清楚地看到一个现象是：企业对员工的需求不仅仅是当前会什么，而是要求员工能根据企业的实际情况快速学习、掌握、应用一门新技术、新方法，完成企业快速产品交付中的各项任务。

在产品竞争异常激烈的今天，性能测试已经成为测试活动中必不可少的一项测试，由于性能问题导致出的功能性线上问题也越来越受到企业的关注。

该书从帮助学习者快速学习测试技术的角度出发，既可以按章节顺序学习，掌握性能测试理论、方法、工具、实践；也可以作为案头工具书，在项目中作为手册、资料随时翻看。不管你是测试 Web 系统还是 App，相信你都能从这本书上获取到你所需要的知识。

原赛门铁克成都分公司 高级测试工程师　Tracy Cheng（程萃）

好的产品注重质量，而质量离不开全面而优质的测试。激烈的市场竞争环境，使得互联网产品从设计到上线的时间急剧压缩，而企业对产品质量的期许和要求却越来越高。能够结合实际应用场景的性能测试就变得不可或缺，依靠性能测试手段还原真实的用户使用场景，提高产品的安全性与稳定性，对金融行业更甚。

本书的作者从自身经验出发，以案例的形式由浅至深地对性能测试过程做了全面剖析，有效地指导了性能测试人员从计划、方案到脚本的工作开展，希望此书能够指导更多从事测试工作的朋友，产品的质量关。

易宝支付有限公司 产品经理　丁玲

本书作者结合多年教学经验、深谙市面上诸多性能教学材料华而不实的缺点，摒弃一惯的充满理论的写作模式，站在读者的视角，以实战场景为内容，以读者易懂易学的新颖书写风格把性能测试的精髓展示给读者，体现了作者在多年教学过程中对初学者学习一门技术所遇盲区的精准把握。书中丰富的项目实战场景对话以及作者对技术细节不吝笔墨的处理是众多初学者的需求，也是本书的亮点，有效填补了性能测试领域学习书籍的空白，是当前市场上值得推荐的一本性能测试学习入门与提高的好书。

建设银行测试技术架构　周波

前　　言

为什么要写这本书

随着国内软件测试行业的快速发展，性能测试已经成为一名测试工程师不可或缺的技能之一。现在市面上有大量性能测试相关书籍，其中不乏精品，特别是在高级应用部分都各有所长。但从初学者的角度来讲，上述图书往往忽略了初学者的心里感受和对操作细节的渴求，这是本次写作的主要原因。

写本书的另一个原因在于 HP LoadRunner 12（以下简称 LR12 或 LR）已推出许久，但市面上大多数书籍依然是围绕 LR11 版展开的。从本质上讲，LR11 版和 LR12 版并没有太大区别，但操作风格上的变化依然让多数用户望而却步。希望此书能够推进 LR12 版的普及，因为 LR12 版在 App 终端应用上优势是很明显的。

本书特色

身临其境的场景感：翻阅诸多性能测试书籍，发现大多数书籍在开篇介绍了性能测试的重要性、性能测试相关指标以及性能测试工具特点等内容。而对于公司现状、团队组建、个人技能学习没有过多讲解，本书通过人物设定和场景对话的方式弥补了这一不足。

不遗余力的细节描述：对于性能测试工具的介绍非常细腻，在诸多操作细节上站在初学者视角，通过任务场景对话、特别说明、学习笔记等方式做了大量的介绍。例如，在录制回放中对脚本的说明，在事务响应时间计算中的场景对话，在业务模型分析中的用户数计算细则等。

较强的参与感：书中每个章节末尾都配有"本章小结"，通过小结中提供的习题可以自行检验本章所学内容掌握的情况（习题类型包括选择题、判断题和简答题）。书中讲解的工具使用环节均可同步实操演练。实战项目更配有安装说明、辅助工具使用说明等参考资料，方便学习。

读者对象

本书是为性能测试初学者和有一定性能测试经验的工程师而写的，适用但不限于如下读者群体：

（1）想要学习性能测试的软件测试工程师；

（2）想要了解和实践 LR 的性能测试工程师；

（3）想要开展性能测试工作的测试负责人；

（4）对性能测试感兴趣的相关读者。

如何阅读本书

本书共分为四大部分。

（1）思想篇（第1~3章）。开篇以一名叫作Lucy的测试工程师的工作情境为线索，同你一同感受企业发展和个人规划的有效契合，性能测试技术快速入门的诀窍，在技术积累前期需要做的重要事件，以及明确测试思想和工具之间的关系。

第1章：本章以Lucy的体会为例，介绍了初学者从害怕新技术，到接受挑战，拥抱变化，并找到入手点主动学习的过程。

第2章：本章以5W1H的六何分析法带领读者快速入门，理解性能测试基础知识，构建性能测试思想体系。

第3章：本章开始引入性能测试工具，包括了工具的选择和对比，并着重介绍了HP LoadRunner 12的新特性。

（2）基础篇（第4~8章）。以HP LoadRunner 12作为本书的性能工具学习对象，每章均配有Web Tours示例练习，营造了同Lucy一起学习工具安装和常规使用技巧的良好氛围。学习思路清晰，章节结构明确。

第4章：本章通过介绍LoadRunner的背景和工作原理，带领读者快速完成工具安装及相关准备工作。

第5章：本章以VuGen组件为主线，介绍了脚本创建的全过程，并对脚本优化提供了技术支撑，包括参数化操作、建立关联、创建事务及检查点、集合点的添加等内容。

第6章：本章以Controller组件为主线，介绍了场景的基本操作，并对集合点、联机负载、IP欺骗、资源监控等技术进行了操作演练。

第7章：本章以Analysis组件为主线，重点对摘要报告、预设目标进行了较为详细的说明，并对图表分析提供的筛选、合并、关联等功能进行了介绍。

第8章：本章以Web Tours示例为题，邀请读者同Lucy一同完成基础篇知识点学习的考核。

（3）实战篇（第9章）。以电子商务项目为背景，让Peter和Lucy两名性能测试工程师从项目初期介入，展示了从项目分析、搭建环境、业务建模、脚本创建及运行、监控指标分析，到完成项目性能测试报告的全过程。

第9章：本章以Web企业级项目为主线，共分为5个部分，全面细致地展示了性能测试项目的诸多细节。

（4）扩展篇（第10~12章）。在实战篇的基础上，针对目前APP端性能测试进行了扩展介绍，并对目前市面上Linux主流监控工具Nmon进行了介绍，算是对LR12 Linux端监控的补充。

第10章：本章以APP企业级项目为主线，重点介绍了方案设计和测试实施的环节。

第11章：本章介绍了一款主流的Linux端监控工具Nmon，包括安装、使用概述和图表分析。

第12章：本章介绍了HP Diagnostics组件的安装及使用，作为LR Contorller J2EE/.NET诊断的扩展。

如果你是性能测试初学者，推荐从思想篇开始从头学习，以便打好基础；如果你是有一定性能测试经验的工程师，推荐从基础篇开始学习LR；如果你熟悉LR12的基本操作，请跳过前面章节，从实战篇开始同步演练。

附录：包含了书中所涉及的补充说明，以及LR常用计数器指标，并附有各章节练习题答案。

致谢

最初因市面上找不到太多 LR12 相关资料，进而萌生了想写一本通俗易懂的性能测试书籍的想法。从目录结构的斟酌，到样章的提交，再到出版社的签约，前后折腾了许久。真正痛苦的莫过于每天 2 小时的写作依然进展缓慢。书中每个章节如何开始，章节之间如何衔接，举什么样的例子最为恰当，甚至是人物关系的拟定，都着实下了许多功夫。

一年的光景一晃而过，总算是能够顺利交稿，感谢 51testing 编辑部严代丽老师的鼓励，感谢人民邮电出版社各位同仁的大力支持。

感谢杨磊先生在技术上提供的巨大帮助，让我有信心完成书稿中的性能分析工作，也恭喜你喜得贵子。

特别感谢牟晓渝先生，如果没有你耳提面命的催促，没有你提供设备支持，并协助我搭建测试环境，我也许无法完成书稿。

感谢家人和朋友们在写作期间的体谅和关怀，并对节日期间未能陪伴父母深表歉意。

由于笔者水平有限，书中难免会出现一些错误或不准确的地方，恳请读者批评指正，你可以将书中的错误发布到 51testing 论坛（http://bbs.51testing.com）性能测试工具专区，我们可以在论坛互动。如果您有更多宝贵意见，可以发邮件到 beatayang@qq.com，我将尽力为您答疑解惑。本书编辑和投稿联系邮箱：zhangtao@ptpress.com.cn。

最后，感谢您购买本书，希望本书能对您有所助益，祝阅读愉快。

杨　婷

目　　录

思　想　篇

基　础　篇

思 想 篇

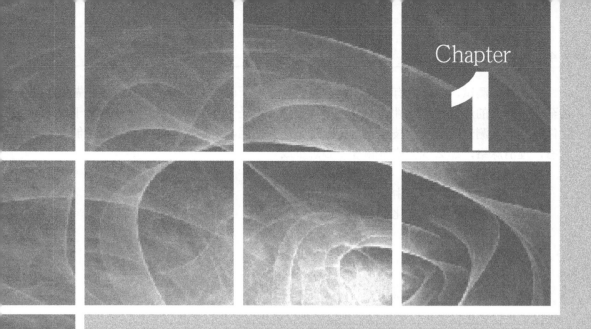

第1章

一切从零开始

提及性能测试，总让人有种高深莫测的感觉，对于已经工作在功能测试方面做过 1~2 年甚至更长时间的朋友来说，性能测试不是不想做，而是无从下手。在企业里有若干理由可以让你放弃性能测试的学习，技术积累多数也是虎头蛇尾，所谓万事开头难，如果能及时调整状态，理清脉络，那么就会诸事顺遂，心想事成。

本章主要包括以下内容：
- 拒绝性能测试的理由；
- 告别拖延，拥抱变化；
- 性能测试招聘要求；
- 本章小结。

1.1　拒绝性能测试的理由

在此事上也许你有千百种理由，例如

理由一：公司有专业的性能测试团队，那里不需要没有经验的人（而自己就是那个被认为没经验的人）；

理由二：公司没有性能测试要求，我不需要学习更多；

理由三：公司有性能测试需求，但是没有人会，我也无能为力。

以上 3 种情况如果非要总结一下，那就是没有人教你如何做性能测试。至于"我不需要学习更多"的说法是明显的自欺欺人，当你拿起这本书的时候，我相信已经证明了我的论证。

那是时候接触下性能测试了，为了能让你不再感到畏惧，能够轻松突破自己，故事就从一个叫 Lucy 的姑娘说起。相信故事总是吸引人的，故事的主角同你一样并不是工作狂，也不是一个科技极客，请相信作者的介绍，后续的故事将是这位姑娘陪伴您一同学习和成长。

个人基本资料
姓名：Lucy
性别：女
年龄：25 岁
毕业院校：××大学计算机专业
工作年限：3 年
就职公司：A 技术有限公司（主要从事外包业务）
当前职位：技术部 / 某项目组 / 测试负责人

Lucy 毕业后应聘上了 A 公司的初级软件测试工程师岗位，在这里工作 3 年了，主要从事各类外包业务系统的功能测试工作，在繁忙的工作中也算是尽职尽责，目前已经是某个小团队的测试组长。Lucy 一直以来都很想接触更有挑战的测试工作，例如性能测试，在半年前就有计划学习性能测试，但繁忙的工作总是让人疲于奔命，重要而不紧急的事项看起来是那么遥遥无期。

什么是重要而不紧急事项？这是个时间分配的问题，我们来看看经典的时间管理象限图，如图 1-1 所示。

"紧急又重要的事项"和"紧急但不重要的事项"占据了你大部分的时间，也就意味着消耗了你大部分的精力，当你无力面对重要而不紧急的事项，就意味着这件事很难完成，而性能测试恰巧就是 Lucy 重要而不紧急的事项。

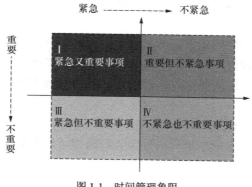

图 1-1 时间管理象限

1.2 告别拖延，拥抱变化

日子一天天过去，直到有一天张经理（以下简称 PM 张）找到 Lucy，以下是他们的简短对话。

> PM 张：Lucy，你来公司有多久了？
>
> Lucy：大概有 3 年 2 个月了。
>
> PM 张：嗯，时间不短呀，听同事们说你做事认真负责，我也非常欣赏。
>
> Lucy：领导，是有什么新的安排吗？
>
> PM 张：公司计划成立性能测试团队，毕竟业务扩展得比较快，用户的期望也就更高了。
>
> Lucy：领导是希望我去做性能测试吗？（略显兴奋）
>
> PM 张：正有此意，只是不知道这么长时间你在性能测试方面有无积累？
>
> Lucy：我……

有时候真的很难用语言来形容当下的心情，Lucy 和 PM 张经过一番交流，PM 张最终决定给 Lucy 一次机会，要求在一个月内掌握性能测试基本应用（当然现有的工作依然是重点，不会有任何变化），如果一个月无法达到既定目标此事也就作罢。压力到动力的转化就是一墙之隔，请每天抽点时间和 Lucy 一起在性能测试的世界漫游。

1.3 性能测试招聘要求

Lucy 的军令状算是正式生效了，但如何开始性能测试的学习，并且在一个月之内能否达成期望的目标呢？市面上有许多性能测试相关的书籍和资料，总要理出个头绪来，才能在短时间内有所突破。Lucy 想到了一个快捷的办法，查看各类企业的性能测试工程师招聘要求，并从中寻找共性。

以下是 Lucy 找到的几类有代表性公司的招聘要求。

某测评中心的要求如下：

（1）编写测试计划、过程文档以及最终报告；

（2）根据用户业务需求及软件文档进行测试需求分析、编写测试方案并满足检测系统各项的要求；

（3）按照测试方案设计测试场景，录制或开发测试脚本；

（4）对测试结果进行分析，提供直观的分析结果和优化建议；

（5）与客户、开发方进行沟通交流，与测试团队内其他工程师进行合作，共同完成测试项目。

某银行的招聘要求如下：

（1）负责 B/S 产品线的性能测试需求分析、性能测试方案制定、相关测试工具或脚本开发与实施；

（2）开发和维护性能测试脚本，依据各项指标进行各类性能测试，并对性能测试结果进行分析，编写性能测试报告；

（3）搭建、维护性能测试环境；

（4）参与性能测试专项工具的开发和维护。

某大型企业的招聘要求如下：

（1）根据项目需求设计测试场景、编写脚本、执行测试并产出报告；

（2）能协助开发进行性能结果分析，定位瓶颈，提供解决思路；

（3）管理性能测试环境，协助解决性能环境问题。

从招聘要求中 Lucy 发现无论是哪种类型的公司，对性能测试职责部分的要求都是相似的，于是 Lucy 进一步汇总了各家公司的技能要求，详见图 1-2。

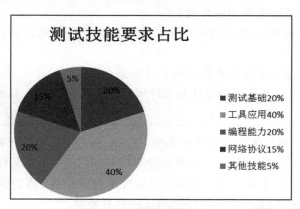

图 1-2   测试技能要求占比

通过占比，Lucy 结合自己的实际情况进行了评估，测试基础知识包括了性能测试基础理论和测试过程，该部分主要靠理解，相信过去的工作经验能让自己快速掌握；而工具应用需要做一个选择，至少要选择一款相对主流的测试工具进行学习；编程能力很难在短期内有所突破，可以把学习重点放在脚本编写要用到的编程语言上；至于网络协议，在 Web 测试项目中有应用，后续可以采用边学边练的方式掌握。总之 "路漫漫其修远兮，吾将上下而求索"，知识的学习是无止境的，Lucy 打算先从测试基础理论入手，然后确定学习哪款测试工具，最后利用公司的项目 "练手"。

1.4　本章小结

本章以 Lucy 的心得笔记作为结尾，后续每个章节的最后将以练习题的方式帮助大家总结所学的知识点。

学习笔记

笔记一：当你在工作中已经能够应付当下的状况，那么请为自己定下更高的目标。

笔记二：重要而不紧急的事别人未必关心，只有自己放在心上才能有所收获。

笔记三：学习要找对方法，找到切入点，无论工作有多忙，每天至少为自己预留 1~2 小时完成性能测试学习。

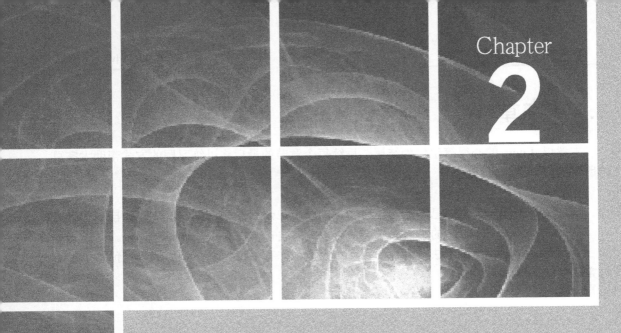

Chapter

2

第 2 章

性能测试概述

  Lucy 翻阅了大量参考资料，将所有内容做了一次整理，但要完全理出头绪还需要借助在 HR 管理培训时提到的"六何分析法"，即 5W1H 分析法，这是一种思考方法，可以通过寻找问题和解答问题的思路来学习新技能。

  本章主要包括以下内容：
- 性能测试的缘由（WHY）；
- 性能测试的开始（WHAT）；
- 项目组成员介绍（WHO）；
- 项目组现有资源（WHERE）；
- 关于时间的要求（WHEN）；
- 性能测试过程（HOW）；
- 本章小结。

2.1 性能测试的缘由（WHY）

2.1.1 性能测试典型案例

  我们先来看看 WHY 的问题，首先我们可以问自己为什么要做性能测试？如果你做过功能测试相信并不会对此有太大的疑惑，Lucy 所在的公司做过很多客户项目，其中就有因性能问题而导致出错的典型案例。

  案例一： 去年 A 公司承接了一个办公自动化的项目，Lucy 是这个项目的主要测试负责人，项目进展还算顺利，直到快交付使用的时候 PM 张找到开发和测试，征求是否可以模拟多用户使用的情况，以免上线出现问题。因 Lucy 没有此方面的经验，而开发也只能是对于关键环节做些预防和检查，此事也就作罢。好在客户方算是人品爆发，系统预上线后要求全体成员在指定时间使用该系统至少 15 分钟，并反馈使用情况。（要知道这件事情的难度是非常大的，客户方公司大约有 2000 名员工，没有良好的执行力恐怕难以实现。）结果系统在大规模使用的情况下直接崩溃……

  案例二： 今年初 Lucy 恰巧接手了一个移动端 App 项目，该项目公司测试完成后计划在 3 天后交付用户，而客户方出于谨慎，为了保证软件质量找来了第三方公司进行验收，通过验收测试发现了部分并发（多用户同时使用某种功能）导致的性能问题……

  以上两个案例对于 A 公司来讲造成了一定损失，这也算是 A 公司有意组建性能测试团队的重要原因，那么性能测试对我们现实生活又有哪些影响呢？我们来看一些日常生活中的所见所闻：

  （1）"双十一"的疯狂，为何抢不到商品的总是自己

  某宝拥有强大的服务器，技术上也算是业内数一数二的公司，但在面对上亿用户蜂拥下单的情况下依然是力不从心，经过多年改进，在 2015 年还是难逃服务器繁忙请等待的尴尬。

  （2）12306 春运魔咒，为何票刚放出来，还没来得及下单就显示售罄

  12306 算是业界调侃的主要对象，但凡春运期间买过票的朋友都会吐槽一番，面对整点

放票而涌现的巨大抢票压力，2014 年让诸多"抢票神器"（利用自动化技术实现购票的一种不正当手段）风起云涌，黄牛手握多张车票，而真正需要火车票的顾客却苦苦守候也只能接受抢不到票的无奈。

（3）大型网游宕机，某大型网络游戏服务器为何频繁发生故障

某大型网游在中国风靡多年，因服务器频繁死机，服务器代理商也出现了易主，2010 年因服务器故障导致整个游戏网络瘫痪，甚至部分数据丢失，网络玩家情绪异常激动，集体表示不满。

（4）迪斯尼开园一票难求，又是一次哄抢导致官网出现崩溃

2016 年上海迪斯尼官网门票上线即被"秒杀"预售，疑似系统故障，据业内人士分析，官网出现系统故障的原因主要是同一时间集中发送购票请求过多，系统不堪重负。

学习笔记

多数公司想要开展性能测试相关工作，往往是因为业务需要，许多人总说没有机会，但当机会来临的时候自己却没有准备好。

2.1.2　测试人员眼中的性能

在 2.1.1 小节我们讲了许多案例，无非是想说明以上都和性能测试有关，对用户来讲性能测试最直观的感受就是反应慢或者没有反应，通常我们把这种反应快慢的状况叫作"响应时间"。但作为一名测试人员，我们的理解可以比普通用户更深入些，我们可以看到服务器端的情况，可以了解网络传递的过程，所以我们有更多的视角看待性能问题。

1. 响应时间

我们往往用时间的快慢来判断系统当前所处的状态，最直观的感受就是我们向服务器发起了某个请求，在没有缓存的情况下，服务器返回请求所花费的时间总和就等于响应时间。例如，我们向 51testing 论坛发起登录请求，1 秒之后我们进入登录成功页面，那么 1 秒就是我们所花费的响应时间。

客户感受到的响应时间=客户端响应时间+网络响应时间+服务器响应时间

如图 2-1 所示，响应时间= CT+（N1+N2+N3）+（N4+N5+N6）+WT+AT+DT。

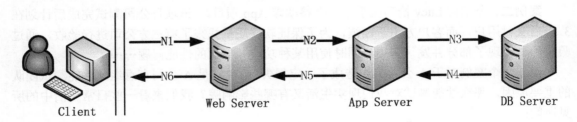

图 2-1　响应时间的组成

（1）客户端响应时间

CT=Client Time 对于瘦客户端可以忽略不计，对于胖客户端，例如 Ajax，HTML5+AngularJs+Bootstrap，由于客户端内嵌了大量的逻辑处理，消耗的时间可能很长，需要关注。

（2）网络响应时间

指网络传输交易请求和交易结果所消耗的时间，可以分为以下两个部分。

N1+N2+N3=客户端请求的网络延迟

N4+N5+N6=服务器响应的网络延迟

（3）服务器响应时间

服务器完成交易请求执行的时间，服务器端的响应时间可以度量服务器的处理能力。

WT=Web Server Time

AT=App Server Time

DT=Database Time

2. 并发数

我们可以通过有多少用户在使用系统了解系统的承载能力，客户总是希望越多越好，但系统总是有极限的。这里有三个概念需要加以区分。

（1）系统用户数

可以理解为系统注册用户总数。例如，51testing 论坛有超过 60 万的注册用户，有些用户非常活跃，经常登录并留下"足迹"，而有的用户很少访问，甚至自己都忘记曾经注册过的账号了。

（2）在线用户数

当前统计时正在访问的用户总数。例如，51testing 论坛每天有超过 12 万的在线用户数，但他们不一定会给网站造成巨大的压力，大多数用户只是浏览网页信息，并没有向服务器发起过多请求。

（3）并发用户数

同一时刻让服务器产生压力的用户数。例如，51testing 论坛的 12 万在线用户中有 20% 正在论坛发帖讨论，那么服务器将承受这部分用户的压力。

3. 吞吐量

严格意义上来讲我们可以把吞吐量分为"吞吐量"和"吞吐率"两个概念讲解。

（1）吞吐量

指在一次性能测试过程中网络上传输的数据量的总和，"吞"进去的是请求，"吐"出来的是结果，吞吐量反应的就是服务器的"饭量"，也就是服务器承受的压力。例如，在 51testing 论坛浏览帖子比发表评论需要更高的网络吞吐量。

（2）吞吐率

通常指单位时间内网络上传输的数据量，也可以指单位时间内处理的客户端请求数量/服务器返回的数据量。它的定义相对灵活，在数据库层面，吞吐率指的是在单位时间内，不同 SQL 语句的执行数量；从用户层面来讲，吞吐率也可以用"页面数/秒"、"业务数/小时"、"访问人数/天"等指标来衡量。

【特别说明】：吞吐率=吞吐量/传输时间，例如，访问 51testing 论坛首页，首页大小按 2MB 计算，如果每秒有 1000 个首页访问量，那么吞吐率就约等于 2GB/s（1GB=1024MB）。

4. 每秒通过事务数（TPS：Transaction Per Second）

每秒钟系统能够处理的交易或事务的数量，它是衡量系统处理能力的重要指标。

交易和事务是人为规定的，一个交易或者事务可能包含多个请求，例如，用户注册可以包含多个字段验证请求，而用户注册的 TPS 等于每秒钟能够注册的用户数量，如果每秒钟能够注册 10 个用户，那么 TPS=10。

【特别说明】：TPS 和吞吐率在性能测试中的曲线呈正相关，以吞吐率的案例来看 TPS，如果吞吐率指的就是每秒访问论坛首页的次数，那么 TPS=1000 次。

5．每秒单击数

每秒钟用户向 Web 服务器提交的 HTTP 请求数，这是 Web 应用特有的一个指标。如果把每次单击定义为一次交易，那么单击率和 TPS 就是一个概念，但事实上一个交易往往由若干请求数组成，请求当中包括页面 HTML、css、图片等，甚至可能包括多个页面，也就是说单击数和 TPS 一般不会一致。

例如，你想在 51testing 论坛提交一个登录请求，通俗来讲就是你用鼠标的一次"单击"登录按钮的操作，这个单击操作可能向服务器发出了 90 多个 HTTP 请求，但我们只能看作是1 个事务。

6．资源利用率

指的是对不同系统资源的使用程度，主要针对 Web 服务器、应用服务器、数据库服务器、网络情况等。

常见的资源有 CUP 占用率、内存使用率、磁盘 I/O、网络。

（1）CPU

CPU 就像人的大脑，主要进行各种判断和处理，能反应计算机的繁忙程度，如果 CPU 占用率达到 100%，此时用户就无法做任何操作了。

（2）内存

内存就像人的某个记忆区域，将信息收集和存放起来，此区域能够存放的信息量越多，计算机的反应也就越快，但关机后该区域的信息将被清空。（从内存读取数据要比从硬盘上快得多。）

（3）磁盘 I/O

I/O 是指磁盘的输入和输出（Input 和 Output 的缩写），读 IO，就是发指令，从磁盘读取某段扇区的内容。指令一般是通知磁盘开始扇区位置，然后给出需要从这个初始扇区往后读取的连续扇区个数，同时给出动作是读，还是写。磁盘收到这条指令，就会按照指令的要求，读或者写数据。控制器发出的这种指令＋数据，就是一次 IO，读或者写。重点关注的是 IO 交换频率和磁盘队列长度。

（4）网络

主要指网络流量，看是否是网络带宽的瓶颈。例如，论坛首页 2GB 的吞吐量将消耗掉16Gbps 的带宽。

学习笔记

笔记一：吞吐量、吞吐率、TPS 需要加以区分和理解，但实际工作中三者往往可以相互转换，并没有分得太清楚。

笔记二：测试人员眼中的性能关注点，也就是未来性能分析的主要关注指标，指标的具体值就体现了当前系统在特定环境下的工作状态，需要理解并记住它们。

2.2 性能测试的开始（WHAT）

2.2.1 什么是性能测试

很少能见到性能测试的标准定义，Lucy 在网上查了很多资料，最后归纳出来性能测试主要包含如下 3 个方面：

（1）在给定环境和场景中进行的测试活动；

（2）根据测试结果评判是否存在性能问题；

（3）如果存在性能问题，需定位性能瓶颈，并提出改进建议。

从本质上讲和功能测试有诸多相同之处，都是为了找出问题，但在解决问题的能力上的要求更高。

而在 ISO9126 的软件质量模型中也有关于性能测试部分的介绍，它提供了一组衡量软件质量好还是不好的基础指标，如图 2-2 所示。

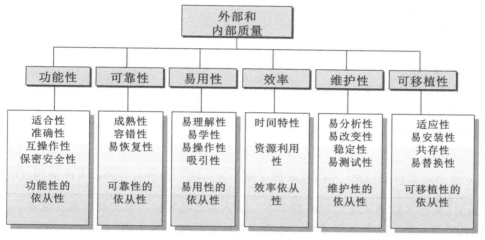

图 2-2   ISO 软件质量模型

在软件外部和内部质量的六大特性（功能性、可靠性、易用性、效率、维护性、可移植性）中的效率和性能有着密切的联系，效率是指在规定条件下，相对于所用资源的数量，软件产品可提供适当性能的能力。其中资源可能包括其他软件产品、系统的软件和硬件配置，以及物质材料（如打印机、扫描仪等）。

衡量一个软件的性能，需要从软件效率的以下 3 点考虑。

时间特性：在规定条件下，软件产品执行其功能时，提供适当的响应和处理时间以及吞吐率的能力。即完成用户的某个功能需要的响应时间。

资源利用性：在规定条件下，软件产品执行其功能时，使用合适的资源数量和类别的能力。

效率依从性：软件产品遵循与效率相关的标准或约定的能力。

举例：我们想知道 http://www.51testing.com 网站的性能，我们就需要了解 1 个用户打开网站需要多少时间，N 个用户打开网站的时间又是多少？用户打开网站是在 Windows 7 的机器上还是在 Windows 10 的设备上？系统的 CPU 是单核还是多核？如有 100 万用户访问网站，那么我们可以预测在多核 CPU 下使用 Windows 7 打开网站的速度要比单核 CPU 下使用 Windows 98 打开网站要快，反之我们则怀疑系统可能存在性能问题。

学习笔记

软件性能是软件质量特性的重要组成部分，一般来说，我们会把性能测试看作是外部质量特性的一部分，而外部质量特性指的是我们最为熟悉的系统测试，所以我们可以得出一个简单的结论，性能测试是系统测试的一种测试类型。

2.2.2 性能测试的分类

性能测试的概念并不难理解，但分类就有点绕来绕去的感觉，Lucy 有点摸不着头脑，于是决定打电话求教从事性能测试工作的朋友 Mary。Mary 和 Lucy 从小在一个大院长大，听闻 Lucy 要学习性能测试非常乐意帮助她。以下是 Mary 的基本资料，让我们认识一下这位性能测试工程师。

个人基本资料
姓名：Mary
性别：女
年龄：28 岁
毕业院校：××大学计算机专业
工作年限：6 年（含性能测试 1.5 年）
就职公司：B 技术有限公司
当前职位：技术部 / 性能组 / 性能测试工程师

Lucy 拿着准备好的问题，给 Mary 打了第一通电话，寒暄后开始进入性能测试的讨论。

Lucy：关于性能测试类型到底有哪些？很多书上讲的都不太一致，我有点懵。
Mary：性能测试类型有很多种，你可以先从常用的开始了解。
Lucy：嗯，我也是这样想的，但不清楚哪些是常用的。
Mary：好的，常见的有性能测试（狭义）、负载测试、压力测试、并发测试……
Lucy：等等，我记录一下，那它们各有什么特点呢？
Mary：别着急，我给你举例说明一下，所谓性能测试（狭义）就好比是体育比赛中我们知道比赛的规则……
Lucy：听你这么一说我们好像明白些了，回头我整理一下各种测试类型的资料，你再帮我看看如何？
Mary：没问题。

电话结束后 Lucy 开始整理相关测试类型的资料，并 E-mail 给 Mary 确认，经过几次的调整和修改基本符合 Mary 的要求。以下是整理后的记录。

1. 性能测试（狭义）

性能测试方法是在特定的运行环境下，通过模拟生产运行的业务压力量和使用场景组合，测试系统的性能是否满足生产性能要求。

这种性能测试方法主要目的是为了验证系统是否具有自己所宣称的能力，这种方法是对系统性能已经有了解的前提，并对需求有明确的目标，在已经确定的环境下进行的。

举例：中考体育考试评分标准，该标准在考试前就已经提前确定好了，各位考试的同学只需要按照考试项目在相同的环境完成考试，评分人员就可以给出分数，这就是典型的根据指标给出结果的测试。

2. 基准测试

在一定的软件、硬件和网络环境下，模拟一定数量的用户运行一种或多种业务，将测试结果作为基线数据，供后续测试活动参考。

这种性能测试方法的主要目的是找出系统的基本性能情况，为后续调优做准备。

举例：中学体育考试的评分标准肯定是经过大量中学生的数据积累得来的，如果性能测试（狭义）是用该指标进行后续考试的评分，那么基准测试则是在不知道该指标的情况下让学生完成考评，从得到的数据中求平均。

【特别说明】：性能测试（狭义）在有的公司也被看作是基准测试，但在概念上其实是不同的，前者是知晓性能指标，对比实际和预期的差异，而后者则是通过度量得到性能指标，为调优提供依据。

3. 负载测试

通过在被测系统上不断加压，直到性能指标达到极限，例如"响应时间"超过预定指标或某种资源已经达到饱和状态。

这种性能测试方法主要目的是找出系统处理能力的极限，这种方法是在不了解系统能力的前提下，在给定的测试环境中进行，看系统在什么时候已经超出"我的要求"或系统崩溃。

举例：找一位同学进行爬楼梯测验，最先要求同学从 1 楼爬到 10 楼扛 5 斤米，发现同学没有问题后接着要求从 1 楼爬到 10 楼扛 10 斤米，逐次增加扛大米的斤数，直至扛不动为止。假设该同学扛 40 斤米爬楼梯的时候脸已经憋得通红（已经尽全力了），但还是顺利地扛到了 10 楼，而增加到 46 斤米的时候彻底累垮，没能到达 10 楼，我们就可以说扛 45 斤米爬 10 层就是该同学的极限了。

4. 压力测试

压力测试也称为强度测试，主要测试系统在一定饱和状态下，例如 CPU、内存在饱和使用情况下，系统能够处理的会话能力，以及系统是否会出现错误。

这种性能测试方法主要目的是检查系统处于压力性能下时，应用的表现。这种性能测试一般通过模拟负载等方法，使得系统的资源使用达到较高的水平。一般用于测试系统的稳定性检查。

举例：我们还是以负载测试中爬楼梯的同学为例，如果扛 45 斤是该同学的极限，那么扛 40 斤从 1 楼到 10 楼，持续一段时间（4 小时），看该同学能不能坚持住，这就是所谓压力性能下的表现。

5. 并发测试

并发测试方法通过模拟用户并发访问，测试多用户并发访问同一个应用、同一个模块或者数据记录时是否存在死锁或者其他性能问题。

这种性能测试方法主要目的是发现系统中可能隐藏的并发访问时的问题。主要关注系统可能存在的并发问题，例如系统中的内存泄漏、线程锁和资源争用方面的问题。

举例：我们以马拉松为例，经常有千人马拉松赛跑的盛况，但在比赛中赛道是有限的，大家拥挤在赛道上，一声枪响开跑，结果有人在一开始就被拥挤的人群绊倒退出了比赛。而后续的比赛中抢占边缘赛道的竞争更是激烈。如果在该赛道上增加额外的比赛项目，混乱的场面将难以控制。

6. 配置测试

配置测试方法通过对被测系统的软/硬件环境的调整，了解各种不同配置对系统的性能影响的程度，从而找到系统各项资源的最优分配原则。

这种性能测试方法的主要目的是了解各种不同因素对系统性能影响的程度，从而判断出最值得进行的调优操作。适合对系统性能状况有初步了解后进行，一般用于性能调优和规划能力。

举例：某同学跑 1000 米取 10 次的平均成绩为 4 分 8 秒，教练为了在短期内提高该同学的成绩采取了如下办法：更换更轻便的跑鞋，换上专业的运动服，调整了跑步姿势等，经过一系列的调整发现该同学的平均成绩提升了 2 秒钟。

也就是说，这种测试关注点是"微调"，通过对软硬件的不断调整，找出其最佳状态，使系统达到一个最强的状态。

7. 可靠性测试

在系统加载一定业务压力的情况下，使系统运行一段时间，以此检测系统是否稳定。

这种性能测试方法的主要目的是验证是否支持长期稳定的运行，需要在压力下持续一段时间，在测试过程中关注系统的运行状况。

举例：我们继续以负载测试中爬楼梯的同学为例，如果扛 45 斤是该同学的极限，扛 40 斤是该同学较大压力的负载，那么可靠性就是扛 25 斤左右的大米，从 1 楼到 10 楼持续很长一段时间（2~3 天），关注该同学在持续过程中的表现。

也就是说，这种测试的关注点是"稳定"，不需要给系统太大的压力，只要系统能够长期处于一个稳定的状态。

Lucy 把总结好的相关测试类型 E-mail 交给了 Mary，并电话询问总结的情况，Mary 回复了电话。

> Mary: Lucy 同学，你总结得不错嘛。
>
> Lucy: 谢谢，现在我对各种测试类型区分起来也容易多了。
>
> Mary: 好的，现在要告诉你一个关键信息，请"忘记"分类。
>
> Lucy: 什么，我没听错吧？
>
> Mary: 是的，没有听错，在性能测试中我们很少会单独考虑一种测试类型，往往是综合考虑的。
>
> Lucy: 能解释一下吗？
>
> Mary: 我举个例子，如体操全能赛，如果爆发力好在鞍马项目上的表现应该不错，但在单杠上耐力的要求会更胜一筹，而平衡木则是整理协调性的体现，一个选手要拿到全能金牌哪个方面都需要表现出色。
>
> Lucy: 嗯，有点明白了，这就好比"木桶原理"（最短的木板决定了装水的容量）。一个软件的性能表现是从各个方面考虑的，综合起来表现出色才能说明软件性能优良。

Mary: 对，可以这么理解，今后在实践中多应用就能找到选择测试类型的规律。

学习笔记

笔记一：负载测试是压力测试和可靠性测试的基础，只有找到极限值才能确定压力状态和常规状态下的取值。

笔记二：性能测试是由若干种测试类型组成的，在实际工作中往往需要多种测试类型一并考虑，而不是只关注某一种类型。

2.3 项目组成员介绍（WHO）

2.3.1 性能测试团队的组建

Lucy 所在的公司以前并没有专业的性能测试团队，当前组建该团队的办法主要是从现有人员中选拔合适的人员（Lucy 就是备选对象之一），性能测试经理采用外聘的方式。

性能测试团队初级预计规模是 4~6 人，为了保证外包团队的人员利用率，该团队初期需要承担部分功能测试任务，组织结构如图 2-3 所示。

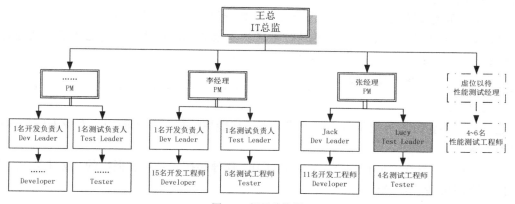

图 2-3　组织结构图

Lucy 本次争取的是内推的性能测试工程师名额，在一个月后进行考核。从组织结构关系可以看出公司本次对性能测试团队是非常重视的，性能测试经理的工作直接汇报给 IT 总监。而在以前的工作模式中项目经理是开发和测试负责人的直属上级。

这意味着什么？其实 Lucy 非常清楚，过去的工作经验告诉她，决定权发生了变化，在项目团队中做测试并不需要承担来自客户的直接压力，项目经理会把测试当"自己人"来看待，同开发同事的沟通和相处都比较愉快，大家是一个战壕的，可以说是有福同享有难同当，但在话语权上自然是唯项目经理马首是瞻。

而新的测试团队是独立于项目组之外的，没有人会保护你，需要独立承担性能压力，甚至独立面对最终客户，主要任务是配合各项目组开展性能测试工作，项目组成员会把你当"外人"来看待，需要你体现出更专业的技术水准才能得到团队的认可。当然在话语权上是相对独立的，可以给出自己的判断，不受项目经理的约束。

学习笔记

多数公司的性能测试团队都是独立的，负责多个项目组的性能测试任务，了解公司的组织结构，你会更清楚你的工作职责和重要性。

2.3.2　鱼和熊掌可以兼得

其实从规划来看，今后 Lucy 很长一段时间将告别现有的管理岗位，进入全新的角色学习新技能，对此 Lucy 还有一些困惑的地方，于是再次联系了 Mary。

Lucy：Mary 你好，我们公司有意培养我成为性能测试工程师，这你是知道的，但我现在的管理工作刚刚顺手，突然离开管理岗位，有点不习惯呢。

Mary：哈哈，这你就多虑啦，现在公司都讲求复合型人才，纯粹的管理其实已经不吃香了，拥有一定技术的管理人员才更有竞争力。

Lucy：我知道你的意思，可是管理的积累还不足，突然又转向技术上积累会不会两头都做不好？

Mary：其实这是职业规划的范畴，最理想的状态肯定是按自己的步调积累，但在现实工作中往往有机会和运气的成分，技术和管理的积累完全可以交叉进行，并不会彼此耽误，反而是相互促进的。

Lucy：那我心里就踏实了，作为女生我的目标依然是管理为主的。

Mary：（笑）我以前也是这样想的，结果从事性能测试后才发现自己原来更适合走技术路线，所以你也别着急为自己下定论，做了再说。

Lucy：好的，我会努力的。

学习笔记

笔记一：不要害怕承担压力，压力状态下往往能更快提升个人能力，专业表现是你得到认可的关键。

笔记二：学会站在不同视角下看待测试工作，管理和技术是相互促进的，没有先后之分，把握住当下的机会才是最重要的。

2.4　项目组现有资源（WHERE）

2.4.1　资源从来都不是现成的

一周后 Lucy 听闻性能测试经理的职位已经找到合适人选，王经理很快入职，入职后王经理找到了 Lucy 和其他几个备选人员，算是一个见面会。在会上一片初来乍到请多指教的氛围，让大家对这位新来的王经理加分不少。随着几次接触，王经理抛出了当前阻碍性能测试团队发展的重大问题：我们的性能测试设备在哪里？

注意，这是一个非常关键的问题，Lucy 和其他测试人员没有意识到事件的严重性，只觉得王经理是过度紧张，功能测试原本有 2 台备份的服务器，把部分功能挤一挤再挪出 1 台服务器也不是没有可能，再不够申请采买几台服务器应该也不是什么大事。

王经理终于忍不住呐喊了，在一次会议中指出了关键所在。

> 王经理：各位同事，大家都是做过功能测试的，功能测试环境只要可测就解决问题，至于在什么样的环境下搭建没有太多要求。但性能测试对环境的要求是非常高的，介于大家不太理解，我举个简单的例子说明一下。
>
> 如果我是一名清洁工，月薪 2000 元，每天清扫 10 公里马路（假设这是经过评估的可靠数据，一人每天 8 小时最多能清扫 10 公里）。领导现在要给我加薪，月薪变成 6000 元，这难道意味着我一天 8 小时能清扫 30 公里？
>
> 我们要对某系统进行性能测试，如果测试环境有 3 台服务器，生产环境上有 15 台服务器，我们绝不能单纯地按线性增长的模型去考虑（直接乘以 5 倍）。影响性能的因素有很多，例如，环境的服务器处理能力、测试的数据量、代码架构、软件参数……都可能影响到最终的结果。而生产环境的部署还可能做了集群，这些对测试环境来讲都将是一场灾难。

Lucy 终于意识到这件事的重要性了，原本以为只要有了设备就万事大吉，结果发现还有这么多学问在里面，设备类型、网络环境、应用部署等都会对性能测试结果产生巨大影响。Lucy 默默在心中做了一个决定，以后要向王经理好好学习，并把王经理的谈话内容做了记录，如图 2-4 所示。

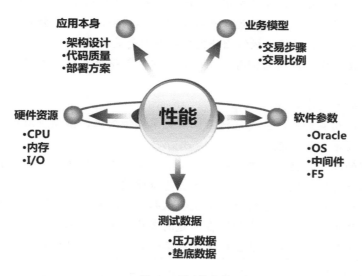

图 2-4 影响性能的因素

影响性能的因素归纳起来主要有应用本身、业务模型、硬件资源、测试数据、软件参数五个维度，任何一个维度和生产环境的差异都会影响到性能测试结果。

学习笔记

性能测试对测试环境有较为严格的要求，任何环境因素都可能导致测试结果的偏差，从而影响到我们对生产环境的判断。

2.4.2 如何同老板要资源

通过一周的摸索和排查，Lucy 跟着王经理在机房管理员的陪同下出入机房数次，最终理清了公司的网络情况：公司的业务种类繁多，各项目组都有自己的服务器设备，各类系统在服务器的使用上非常混乱，有时候几套系统程序放在相同的设备上运行。

情况比王经理想象得复杂，但他还是找到了可循的规律，因 A 公司主要是做外包项目，只要内部测试通过就可以交付给用户，至于用户环境的使用情况 A 公司考虑得非常少，一般有问题就派工程师现场解决。于是王经理梳理了近两年的项目情况，并搜集了客户公司的环境使用的基本信息，根据以上信息得出了如下的性能测试环境要求。

（1）性能设备

2~3 台 PC Server，用于部署测试工具以及发起压力负载。

（2）服务器设备

3~5 台 PC Server，用于部署应用服务、数据库服务。

在设备型号的选择上要求尽量使用同大多数客户服务器一致的型号。得到以上的设备要求后王经理开始打电话和发 E-mail 向领导申请资源，并亲自制作 PPT 向领导阐述性能测试的重要性，最后被告知的结果是公司决定采购 3 台符合要求的服务器，并将 2 台功能测试的备份服务器给到性能测试团队，这对性能测试团队的所有成员来讲真是个好消息。

在 Lucy 和其他成员的请求下，王经理分享了他的成功经验，以下是 Lucy 的总结。

> 王经理：首先要知道自己的目标在哪里，我们需要什么样的设备，最坏的情况是什么。下一步则是用电话同老板进行初步沟通，告知你的基本想法，并约定会面时间；让老板清楚这点后你需要当面沟通，促使老板做出决定；邮件则是最后的明确告知，你申请的缘由，申请的数量，成本是多少，以及它们有何用途等，这样领导批复后，流程就能顺利进行下去了。
>
> 当面沟通主要分为两个部分。
>
> （1）性能测试的切实好处，主要包括验证系统架构伸缩性、微调应用程序环境、识别系统容量大小、隔离系统性能瓶颈等。
>
> （2）性能测试的潜在收益，主要包括避免在关键应用中的高成本、保障真实环境中的性能和功能、在客户发现前定位潜在问题、降低基础设施成本等。
>
> 第一部分的沟通是加强领导层对性能测试的认知，第二部分的沟通才是让领导层拍板的关键。今后在工作中希望各位同事能够在问题的考虑上更为全面和充分，虽然这次申请的服务器只能是勉强够用，但只要能出成果，后续设备的增加也就水到渠成。

这一次王经理算是给 Lucy 又上了一课，其实在实际工作中任何情况都可能影响到最终的结果，为了跟上进度 Lucy 加快了学习进度。

学习笔记

笔记一：学习身边的榜样，多思考"如果我要是他我会怎么做？"，这样才能更快成长。

笔记二：影响性能测试的因素很多，有些资源不能将就，测试工作应该科学严谨。

笔记三：要说服你的领导同意你的决定，一定要知道他最在意什么，并用最合适的方式沟通。例如当面沟通的效果会比电话要强，电话沟通会比书面方式要好。

2.5 关于时间的要求（WHEN）

临时抱佛脚是没用的

Lucy 所在的公司对性能测试的理解仅限于火烧眉毛的时候，这次团队组建也是因为实际的损失才决定开展的，该团队在王经理的带领下要真正得到认可还任重道远。在 Lucy 的理解中性能测试团队就像救火队，哪里需要就马上扑过去"救火"。甚至可能是功能测试结束后才接到性能测试任务。

最近 Lucy 找了很多资料学习，对于何时开展性能测试心中产生了疑惑，这样的问题问王经理显然会被认为水平不够，所以这次她决定给 Mary 打个电话。

Lucy： Mary，关于性能测试何时开展你们公司有什么要求吗？

Mary： 性能测试开展的时间一般是在功能测试后，至于要求似乎并没有什么特别的，都是跟着计划走的。

Lucy： 你的意思是功能测试完成后性能测试才介入吗？

Mary： 当然不是，这样不就太晚了吗？我们很早就介入了。

Lucy： 我有点不太明白是怎么回事了。

Mary： 前面我们提到的性能测试开展的时间指的是执行时间，其实和功能测试一样，我们也需要先做计划，设计场景，考虑脚本，最后才是执行。

Lucy： 那你的意思是你们公司的性能测试工作你在需求阶段就介入了？

Mary： 我想是的，我们一般在项目开始的时候就会确定本次项目是否进行性能测试，如果需要，性能测试团队就会开始介入，不会等到执行的时候才参与项目。

Lucy： 如果事先没有告知，到了功能测试阶段才告诉你要做性能测试，这样会产生哪些问题？

Mary： 你说的情况也不是没发生过，但介入的时间太晚，最直接的影响就是测试时间不足，只能对核心部分进行压力测试，无法全面准确地判断系统问题。再退一步说，即使发现了问题修复问题的成本也是高昂的。

Lucy： 这类修复成本就好比是楼房已经建设好，才发现用的部分材料或结构有问题，楼房出现裂痕变身"楼脆脆"？

Mary： 你这个比喻非常形象，楼房建设参照施工图纸，如果图纸中存在错误，或者偷工减料，整个楼房都会出问题，而且这种问题可能是致命的。

Lucy： 好的，我明白了，其实高性能的系统不是测出来的，而是架构、设计、编写出来的。同功能测试一样，需要尽早介入，及时发现需求和设计中存在的问题，减少问题遗留到后期的风险。

Mary： 是的，像我们公司就有明文规定，如果项目开始后 20% 的时间内没有提出性能要求，我们可以降低性能测试服务标准，如果项目结束才提出性能测试要求，我们有权拒绝。

Lucy： 太棒了，真是现身说法，我们可以借鉴一下。

> Mary: 可以，不过还是先从实际出发，做出成绩后才有谈条件的资本。

听完 Mary 的一席话，Lucy 看待性能测试的视角更广阔了，其实性能测试和功能测试在流程上并没有本质的差异，都需要尽早介入，只是测试的关注点是不同的。

学习笔记

笔记一：高性能的系统不是测出来的，而是架构、设计、编写出来的。性能测试工作最好在项目开始前就参与到项目中，指出可能存在的性能风险，降低问题遗留到后期的修复成本。

笔记二：性能测试执行的时间往往在功能测试之后，但前期的准备工作可以同功能测试同步准备。

笔记三：最好团队能制定一些规则，强制项目组提前规划性能时间，而不是充当救火队，哪里有性能问题就马上扑过去灭火。

2.6 性能测试过程（HOW）

2.6.1 性能测试规划

对性能测试的规划是为了得到时间、人力、工具等相关活动的安排，所以最终的产物就是性能测试计划，我们可以从以下 3 个方面去考虑。

1. 系统级别的分析

（1）被测系统的类型

① 业务处理型系统。强调系统和用户交互的行为，性能问题集中在业务交互过程，通俗来讲可以理解为业务流程，如果被测系统可以站在用户的角度明确先做什么，再做什么，画出流程图，那么这类系统的性能测试我们可以通过脚本模拟用户操作的方式验证。例如，ATM机的取款流程，电子商务网站的购物流程。

② 数据处理型系统。强调数据的收集、整理和处理的过程，性能问题集中在数据库处理能力上，可以直接针对数据库层面进行性能优化。例如，财务报表中的信息查询，银行系统的数据分析。

（2）分析被测系统的架构和部署情况

① 分析定位时间花在了哪里。主要看架构设计图，分析时间可能消耗在哪里，性能瓶颈可能在哪些地方。例如，一位员工经常上班迟到，我们要分析他为什么迟到，就会把他起床到上班打卡这段时间进行细分，是起床洗漱太慢？还是交通方式的选择不当？亦或是步行速度不够快？通过分析我们才能知道问题出在哪里（可参考 2.1.2 章节"测试人员眼中的性能"，"响应时间"部分）。

② 部署问题。尝试差异化部署，找到最优部署方案。明确监控对象，准备监控工具，并了解需要监控的指标。例如，教练想要了解运动员的体能情况，就需要借助一些工具进行实时测量，包括心跳、脉搏、呼吸等，通过监控得到的指标调整运动员的训练方式，以求达到更理想的竞技状态。

（3）分析系统的技术实现

分析系统的通信协议，系统用到的编程语言以及采用的技术架构。例如，某 B/S 结构的电子商务软件用到了 HTTP 协议，编程语言用的是 PHP。这些信息可以让我们更精准地选择性能测试工具。

（4）分析被测系统和其他系统的联系

采用直接隔离或者间接隔离的方式，被调用的部分需要我们利用模块和桩的调用关系来解决，俗称挡板程序，该程序运用单元测试的技巧，只给出反馈结果，不做复杂的逻辑处理。主要分为如下两种情况。

① 被测系统是否与其他系统存在关联，例如，在某宝购物选择银行卡付款，那么该系统就会调用银行系统进行付款确认。

② 被测系统内部的子系统之间的关联，例如，某公司办公系统需要统计考勤，就会调用公司内部的 HR 系统数据库，确定旷工的人员名单。

2. 业务级别的分析

（1）确定待测业务和不测业务

① 参考业务的重要级别。通常来讲业务都有所谓的重要级别，例如，某公司的重要级别分为 3 类：必须有的、重要的、最好有的。

我们可以将"必须有的"理解为，如果没有这类功能就不能称之为某类系统，也就是系统所具备的基本特征。假设我们测试的对象是一个电子商务网站，那么该网站一定可以完成浏览商品、加入购物车、下订单等基本操作，这就是所谓的"必须有的"。

而"最好有的"是指如果有这些功能系统表现会更好或者用户会更满意，继续假设我们测试的对象是一个电子商务网站，那么优惠券码、积分兑换礼品、帮助中心等模块就是"最好有的"。

所谓"重要的"就是介于两者之间的其他模块。

② 业务是否会出现性能瓶颈。这一点往往容易被新人忽略，许多入门级的性能测试工程师总是希望做更多的脚本，覆盖每个服务器请求，但事实上测试总是基于业务的，在业务量较小的模块或者系统中我们大可不必花费过多经历。例如，在某电子商务网站中，我们不需要对个人信息维护部分进行过度关注，同时修改个人信息的用户数量是极少的。

③ 2/8 原则。当下的系统业务越来越复杂，我们要学会在众多的测试点中进行取舍，我们遵循 2/8 原则，80%的用在一个系统中使用的功能约为 20%。

④ 项目时间。真正决定项目裁剪的关键所在，性能测试的时间安排往往是非常紧张的，在有效的时间内我们需要做出精准的判断，对系统最可能出现问题的部分进行测试。这就好比是一个受伤的运动员，医生会先止血再考虑是否骨折的问题。

（2）分析待测业务

① 对操作流程进行分析。确定待测业务后，业务流程的分解往往可以用先做什么，再做什么来理解，例如 A->B->C->D。

② 对特征和类型的分析。测试前需要明确这是什么类型的系统，系统模块有哪些特殊之处。例如，下载功能，用户对哪些类型的数据下载更多，文件大小如何，我们需要对该功能做区间分析。

3. 需求层面的分析

性能测试应尽早介入，清楚这点后我们不难从需求中找到性能测试方面的描述，很可惜许多公司在性能需求的描述上都非常糟糕。

那么什么是有效的性能需求？简单来说就是可度量的需求，例如，某网站首页打开时间要求在 2 秒之内，系统支持 50 个用户同时登录，服务器 CPU 使用率小于等于 60% 等。

如何获得有效的性能需求？以上信息都很难在软件需求规格说明书中找到准确的反馈，我们经常看到的性能需求是这样描述的：系统能够快速地查询出结果；多人同时下订单不会导致系统崩溃；页面数据的刷新越快越好……总之需求总是希望我们能有多快就有多快，而给到的"指标"往往让人苦笑，只能进一步挖掘具体的需求点，列出可度量的性能指标。

① 响应时间。根据实际业务进行判断，例如，网站页面响应时间一般遵循 2-5-8 原则（2 秒以内表示完全可以接受，2~5 秒表示大部分可以接受，5~8 秒表示大多数不能接受，大于 8 秒表示几乎接受不了），我们看响应时间不能一刀切，要求网站所有页面或者任何处理事件都控制在 2 秒之内。像下载文件这类业务的时间往往和文件大小有关，在 2 秒之内不一定完成。

② 吞吐量 TPS。如果被测对象已经在线上运行，那么吞吐量可以通过历史数据估算未来的增长情况。如果被测对象从未对外发布，我们可以从今后系统的业务量反向推导。

③ 资源利用率。主要考虑 CPU、内存、I/O 的使用情况，系统上线前应避免因资源不足而导致的系统瓶颈。

④ 负载用户定义。明确在线用户不等于并发用户，通常取在线用户数的 10%（按业务特点来确定）作为并发用户。

学习笔记

笔记一：　性能测试规划部分需要积累大量的实战经验，要想了解公司的技术架构、业务特点以及用户要求等性能测试计划相关内容，需要在公司有一定的积累，并非是一朝一夕就能马上掌握的。

笔记二：尽早介入性能测试项目，在需求层面提出性能要求，明确性能测试的关键指标，这对后期性能测试工作的开展至关重要。

2.6.2　测试场景设计

测试场景的设计主要还是依托对性能测试需求的理解，主要包括模拟真实场景和搭建仿真环境两个部分。

1．模拟真实场景

性能测试一直强调仿真，但为了达到一些极限下的状态我们需要对脚本进行一些规划，设计脚本的性能测试策略。

单一场景（单脚本场景），依据性能需求的不同，一般会从如下测试类型考虑：负载测试、并发测试、压力测试、容量测试等。

混合场景（多脚本场景），不仅依据性能需求，还会尽量站在用户视角考虑性能测试类型：压力测试、配置测试、可靠性测试等。

2．搭建仿真环境

性能测试往往需要独立的测试环境，除了测试环境本身的重要性外，其他方面的好处是显而易见的。

（1）避免不必要的因素成为"瓶颈"，测试环境相对纯净，便于排查系统问题。

（2）模拟实际用户很难重现的问题，部分测试要在特定情况下才会出现问题，该环境便于重现此类问题。

搭建性能测试环境需要确认的事项除了包括硬件环境、网络结构、网络带宽方面的基本配置，还应该包括操作系统、数据库服务器、Web 服务器、应用服务器等其他软件的配置。此外，历史数据量在场景设计中也需要考虑，一般包括基础数据和业务数据两个部分。

（1）基础数据：是指系统运行前必须提前准备的数据，例如，某医院的挂号系统，如果没有医生姓名、科室、在岗时间、当前可挂号数等数据，我们就没有办法挂号。所以需要提前在系统中录入相关数据。

（2）业务数据：是指用户通过对系统进行流程化操作而产生的数据，该数据我们可以通过工具进行模拟，主要目的是考虑数据量对系统性能产生的影响。

学习笔记

笔记一：仿真才能更好地模拟用户实际操作，所以性能测试的场景设计是要站在用户视角理解业务实现过程，并根据实际或预估的业务量进行测试。

笔记二：测试环境搭建需要同服务器打交道，对于服务器不熟悉的测试人员可以请公司IT 团队协助。

笔记三：测试数据最佳来源是生产环境，如果数据需要从生产环境导出，那么相关人员一定要做好数据的脱敏处理。例如，客户真实姓名、电话、身份证等企业及用户安全方面的信息处理后测试环境方能使用。

2.6.3　测试套件开发

开发测试套件，这一步算是进入了实现阶段，可以利用工具创建测试脚本实现大部分的测试工作，然后按基础数据和业务数据要求，准备垫底数据和测试数据。具体操作流程如图2-5 所示。

图 2-5　测试套件开发流程

创建脚本：纯手工编写代码是不现实的，我们需要借助工具来完成脚本的创建。

录制脚本：录制是工具的一种模拟用户行为的手段，主要通过录制协议来识别交互过程。

修改脚本：录制的脚本往往不能够直接使用，需要我们读懂脚本，并对脚本进行修改，以达到场景设计的要求。例如，登录脚本。录制脚本的时候使用的用户名是 tester001，测试场景要求实现 5 个不同用户同时登录的情况，于是我们需要把用户名设置为 tester001、tester002、tester003、tester004、tester005，系统执行可以同时选择不同的用户名。

模拟用户行为：性能测试的本质就是"欺骗"服务器模拟用户行为，为了防止各类"欺骗"服务器会做很多限制和判断。例如，在同一时间段内，来自同一个 IP 地址的请求只会被执行一次，那么我们就需要模拟多个 IP 地址向服务器发起请求才能达到并发的目的。

添加监控：系统分析依赖于收集到的监控数据，这些数据包括服务器和客户端所消耗的时间，网络传递话费的时间，甚至测试工具本身所用的时间。

调试脚本：脚本修改后我们需要实际运行，确保协议传递的正确性和可靠性。

学习笔记

笔记一：很多工具都可以实现套件开发，并非只有 LoadRunner 一种，甚至有些公司会针对自有产品的特点研发性能测试工具。

笔记二：性能测试脚本是基于协议的脚本，通过对协议请求的捕获向服务器发起请求，因此是不依赖于界面的测试。例如，在 Lucy 机器上录制的脚本，在 Mary 的机器上也可以被运行，甚至在 Windows 下录制的脚本，在 Linux 操作系统下同样可以运行。

2.6.4　性能测试执行

根据性能需求，将开发的测试套件放到设计的测试场景中执行的过程。执行的场景的选择来自 2.6.2 章节中的"单一场景"和"混合场景"，具体选取那些场景依据项目需求而定。在场景执行的过程中需要采集用户数据和相关监控指标。

下面我们一起回顾一下 2.1.1 章节"性能测试典型案例"中 Lucy 公司遇到的两个性能问题。

案例一：去年 A 公司承接了一个办公自动化的项目，Lucy 是这个项目的主要测试负责人，项目进展还算顺利，直到快交付使用的时候 PM 张找到开发和测试，征求是否可以模拟多用户使用的情况，以免上线出现问题。因 Lucy 没有此方面的经验，而开发也只能是对于关键环节做些预防和检查，此事也就作罢。好在客户方算是人品爆发，系统预上线后要求全体成员在指定时间使用该系统至少 15 分钟，并反馈使用情况。（要知道这件事情的难度是非常大的，客户方公司大约有 2000 名员工，没有良好的执行力恐怕难以实现。）结果系统在大规模使用的情况下直接崩溃……

解决方案：依据 2000 员工在 15 分钟的使用状况进行初步建模，然后对各个脚本采用单一场景的策略，用负载测试的办法找到每个脚本的极限值，下一步则是在混合场景（多脚本场景）中考虑在较大压力下系统运行的情况，如果不出问题则直接进行 7×24 小时的稳定性测试，如果有问题，则考虑配置测试的办法先找出并解决问题。

案例二：今年初 Lucy 恰巧接手了一个移动端 APP 项目， 该项目公司测试完成后计划在 3 天后交付用户，而客户方出于谨慎，为了保证软件质量找来了第三方公司进行验收，通过验收测试发现了部分并发（多用户同时使用某种功能）导致的性能问题……

解决方案：针对移动 APP 项目的核心功能部分进行性能检测，在没有具体需求的情况下可以通过对比同行业相似 APP 的访问人数进行初步的预估，然后在单一场景下进行并发测试，并发测试结束后对混合场景进行压力测试即可。

学习笔记

执行性能测试需按照场景设计要求运行测试脚本，执行过程本身会遇到各种意外情况，例如，脚本调用服务器异常，原脚本地址变更，性能服务器硬盘空间已满等，需要进行不断调整和优化，最后将测试结果记录并提交。

2.6.5　性能测试分析方法

1．性能测试分析方法

（1）指标达成法。将最终的测试结果同最初的用户需求进行比较，如果达到了用户预期目标则无需进行性能调优，性能测试工作结束，反之则需要进行性能瓶颈的定位和调优。例如，用户需求明确 http://www.51testing.com 首页打开的时间控制在 2s 以内，实际测试结果是在 1.75s 以内，那性能测试工作就可以提前结束了（前提是在相同用户量和数据量的情况下进行比较）。

（2）最优化分析法。通过分析消除系统瓶颈，有点类似"木桶原理"，用木桶打水，水面只能到达最短的木板高度，水桶的其他木板再高也没有任何意义，我们需要找到系统的"短板"，对该部分进行优化，以达到某种平衡，当达到这种平衡后性能测试工作就可以宣告结束。例如，http://www.51testing.com 论坛功能中某页面上传文件的时间比其他页面都慢，我们就需要单独针对此页面进行性能优化，可以通过改变上传文件的保存方式，限制上传文件的类型和大小等手段解决此问题，以达到所有页面上传文件时间的平衡。

2．前后端性能测试分析

（1）前端性能分析。主要考虑链接数、页面大小、CSS 缓存、Ajax 是否缓存、JavaScript、是否启用外部脚本等。

（2）后端性能分析。主要从引起性能的原因进行分析，包括计算机网络、数据库服务器、应用服务器以及应用程序本身，我们往往通过性能模型来表现。

3．理发店/师模型

理发店模型的 3 个假设。假设一，理发店中一共有 3 名理发师；假设二，每位理发师剪一个发的时间都是 1 小时；假设三，我们顾客们都是很有时间观念的人而且非常挑剔，他们对于每次光顾理发店时所能容忍的等待时间+剪发时间是 3 小时，而且等待时间越长，顾客的满意度越低。如果 3 个小时还不能剪完头发，我们的顾客会立马生气地走人。

下面我们来模拟一下理发店的场景，表 2-1 为理发店模型场景。

表 2-1　　　　　　　　　　　　　　　　理发店模型场景

顾客数	理发师状态	顾客状态
1	有两个空闲	没有顾客等待
2	有一个空闲	没有顾客等待
3	没有空闲	没有顾客等待
4	没有空闲	有一个等待
9	没有空闲	接近顾客等待的极限，满意度最低
10	没有空闲	必然有一个顾客会选择离开

通过该场景我们会发现当用户达到 9 个的时候就接近用户的极限水平，如果是 10 个用户同时来理发，按照模型的假设最后一个用户会选择离开，下面我们把表中的数据展示成坐标曲线。如图 2-6 所示。

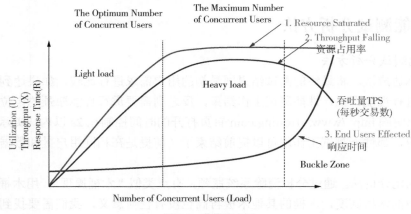

图 2-6　曲线拐点图

　　通过该图我们可以看出在 1~3 个顾客的情况下，理发师处于相对空闲的状态（Light Load），可以快速地响应顾客（响应时间），理发师的处理能力（吞吐量）和人员使用情况（资源利用率）随着顾客人数的增长而增长；当顾客数变成 4~9 人时，理发师将一直处于忙碌状态（Heavy Load），但同时能理发的只有 3 位顾客，处理能力（吞吐量）不会增长，人员使用情况（资源利用率）不变，等待时间缓慢增长但不超过规定的 3 小时（响应时间），顾客可以接受；当人数达到 10 人以上（含 10 人），理发师将无法满足顾客的需求，处理能力明显下降，顾客等待时间将被无限延长。最后，我们可以得到一个结论，3 个顾客是该理发店的最佳并发用户数，而 9 个顾客则是该理发店的最大并发用户数。

　　4．外科手术队伍模型

　　在一场外科手术中，手术成功与否往往不是个人问题而是团队协作问题，最牛的医生如果遇上最蹩脚的助理，主刀医生需要镊子结果助理递上手术刀……这样的悲剧我们都不希望发生，这和最优化分析法的"木桶原理"是一样的，在实际的项目中我们需要找到影响整体性能的个体因素，并采取解决办法。

　　图 2-7 为某系统并发 100 个用户得到的资源监控指标，通过数据我们可以找出影响性能的关键指标。

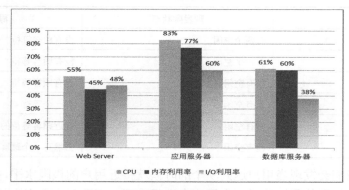

图 2-7　系统资源类指标

　　系统资源类指标主要是对服务器的监控，测试初期我们并不会知道系统在多大的并发量下会出现性能问题，更不会知道是哪台服务器导致的问题（测试设计阶段我们可以猜测，但实际情况必须看监控指标）。上图可以看出当前压力最大的是应用服务器，CPU 使用率已经达到了 83%，随时可能有不响应的风险，所以下一步的性能调优将围绕应用服务器展开，当 CPU 达到 65%以下，我们则认为找到了系统平衡点，测试可以告一段落。

学习笔记

无论是哪种类型的性能测试工具都只能给出数据，具体的分析工作还是需要人来完成，多数性能测试调优工作需要高级开发/测试工程师、数据库管理员、软件架构师等角色共同完成。

2.7 本章小结

请和 Lucy 一起完成以下练习，验证第 2 章节所学内容（参考答案详见附录"每章小结练习答案"）。

判断题（共 10 小题）

1. 系统响应时间包括网络响应时间、服务器响应时间和客户端响应时间，其中胖客户端的响应时间可以忽略不计。（   ）

2. 系统并发用户数是指，当前统计时正在访问的用户总数。（   ）

3. 性能测试目的是找出性能问题，但不负责定位性能瓶颈。（   ）

4. 压力测试的主要目的是找出系统处理能力的极限，这种方法是在不了解系统能力的前提下，在给定的测试环境中进行，看系统在什么时候已经超出"我的要求"或系统崩溃。（   ）

5. 可靠性测试是在系统加载一定业务压力的情况下，使系统运行一段时间，以此检测系统是否稳定。（   ）

6. 只要有好的硬件设备，任何性能测试都不是问题。（   ）

7. 性能测试执行应该在功能测试执行之后。（   ）

8. 业务处理型系统，强调数据的收集、整理和处理的过程，性能问题集中在数据库处理能力上，可以直接针对数据库层面进行性能优化。（   ）

9. 性能测试中的"混合场景"模式，依据性能需求的不同，一般会从如下测试类型考虑：负载测试、并发测试、压力测试、容量测试等。（   ）

10. 在理发店模型中，系统的吞吐量会随着响应时间的增加而增加。（   ）

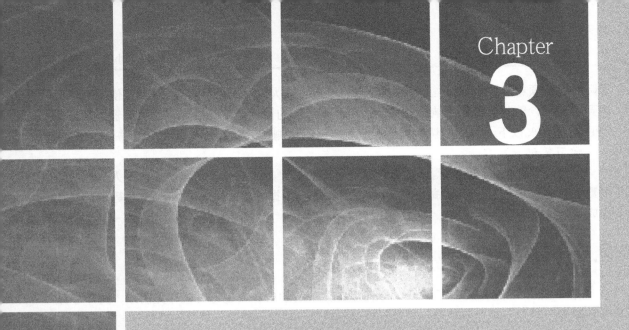

Chapter

3

第 3 章

测试工具的选择

Lucy 用了一周左右的时间快速地熟悉了一遍性能测试的基础知识，现在是了解工具的时候了。作为性能测试的学习工具是必备品，以哪一款工具作为入门可以从工具的基本特点入手，先了解市面上的主流性能测试工具，再结合公司及个人的实际情况学习。

本章主要包括以下内容：

- 市面上的性能测试工具；
- 如何选择最适合的工具；
- 性能测试 VS 自动化测试；
- 本章小结。

3.1 市面上的性能测试工具

市面上已有不少性能测试相关工具，下面是 Lucy 整理的几款业界主流性能测试工具，方便大家学习参考，取各家之长。

1. Apache JMeter

它是一款基于 Java 7+开发并支持全平台的开源负载测试工具。目前 JMeter 的最新稳定版本是 3.0。基本上来讲，JMeter 可用于负载测试，以及分析和衡量软件系统的性能。

并且这款工具在 JDBC 数据库连接测试(FTP，LDAP，Web Services，JMS，HTTP，HTTPS，TCP 连接）以及操作系统本机进程也非常有用。它能分析运行于单一服务器、一组服务器以及位于远程的服务器上的系统在不同负载情况下的性能指标。

它能够测试基于 SOAP、LDAP，基于 JMS 的面向消息中间件（MOM），邮件（SMTP（S）、POP3（S）和 IMAP（S））、MongoDB（NoSQL）的应用，并提供原生的命令行工具和 Shell 脚本。其强大的图形界面可以快速地构建测试计划并方便快速地调试。

官方网站: http://jmeter.apache.org/。

2. LoadRunner

HP 开发的一款针对 Windows 和 Linux 平台的性能测试工具，可以高效地测试 Web 应用程序和其他类型的应用程序。目前的稳定版本是 12.0，其提供了多种 UI 语言供世界各地的专业测试人员使用。

LoadRunner 能够用于获取在高负载下 Web 应用程序的性能指标（通过同时模拟数以千计的用户访问 Web 应用程序）。

它还能够通过多种协议模拟负载，例如.NET 录制/回放、数据库、DCOM、GUI 虚拟用户、Java 录制/回放、Network、Oracle E-Business、远程访问、远程桌面、RIA（Rich Internet Applications）、SAP、SOA、Web 2.0、多媒体和无线连接。

3. NeoLoad

NeoLoad 是一款针对 Windows、Linux 和 Solaris（Sun 公司出品的类 Unix 操作系统，在其被 Oracle 并购后，称为 Oracle Solaris）的负载和压力测试工具。最新版本 5.2，提供了英语和法语两种语言界面。它被设计用来衡量、分析和改进网站的性能。尽管它通过同时多用户持续访问 Web 站点以模拟负载，但它仍能为高负载下的 Web 站点性能测试提供帮助。

通过这款工具，测试过程将会非常迅速、高效，并可以非常频繁地执行性能测试以满足对产品的持续性能改进追踪。通过使用这款工具能快速得到测试结果，确保 Web 站点能够精确可靠地满足业务需求和用户期望。

4．Loadster

Loadster 是一款商业负载测试工具，用于测试 Web 站点、Web 应用程序和 Web 服务（HTTP Web Services），它能通过模拟用户操作让 Web 应用程序在高负载下工作，目前支持 Linux、Mac 和 Windows 平台。这款功能强大的工具能够基于实际的 Web 应用/服务 Cookies、会话、自定义头以及动态表单数据等进行负载模拟。

Loadster 可用于测试 Web 应用/服务的性能指标、稳定性和扩展性。它能够为站点模拟多个用户、不同的网络，并能单独地收集每个虚拟用户的测试数据。它可以帮助我们识别性能瓶颈，甄别和避免系统崩溃，以确保我们的应用可以支撑较高的负载。

学习笔记

许多人争论到底是 Apache JMeter 好用还是 HP LoadRunner 更胜一筹？其实大可不必争论，每款工具都有其自身的特点，选择一款适合公司现状的即可。（下文将介绍如何选择工具。）

3.2　如何选择最适合的工具

现在是动手的时候了，但选择什么工具进行学习还要和新来的王经理商量，以下是两人的对话。

> Lucy：王经理好，鉴于我们公司的实际情况，您觉得我们学习哪款性能测试工具比较合适呢？
>
> 王经理：性能测试工作的开展有很多选择，目前国内比较主流的是 Apache JMeter 和 HP LoadRunner。
>
> Lucy：嗯，这两款我也听闻过，一个是开源软件，一个是商业软件，哪一个适合我们公司呢？
>
> 王经理：我们公司的项目种类繁多，对协议、开发技术的支持肯定会比较广泛，目前公司又急于让各位准性能测试工程师快速上手，但各位编程的基础我在 2 天前已经做了一次摸底，情况并不乐观。鉴于现状，我推荐大家学习 HP LoadRunner 12，这款性能测试工具界面简洁，易于初学者上手。
>
> Lucy：好的，谢谢王经理，学习去也。

Lucy 在 HP 官方网站找到了 LoadRunner12 的工具安装包准备搭建测试环境，但有件事一直困扰着 Lucy，但又不方便询问王经理，于是给 Mary 打了一个电话。

> Lucy：Mary 我们公司打算用 HP LoadRunner 12 作为性能测试工具，但我一心里始终有个困惑，想找你聊聊。
>
> Mary：那挺好呀，LoadRunner 12 不错，我们公司也在用，有什么困惑呢？
>
> Lucy：这是个不错的主意，但商业软件费用高昂，就算我们学会了软件的基本应用，真正到实践中公司会愿意买单吗？
>
> Mary：（哈哈大笑）你还真能操心，只要确实有效果公司肯定会考虑购买的，但前提

是必须要先做出成绩，LoadRunner 12 提供了 50 个永久有效的并发用户，这已经可以帮助大家完成很多测试工作了。

Lucy：50 个并发够用吗？

Mary：你可别小看这 50 个并发用户，我们公司起初也没有购买工具的预算，就用这 50 个并发用户撑了整整 1 年呢。

Lucy：原来如此，那我要好好研究一下 LoadRunner 12。

关于测试工具的选择，Lucy 结合从王经理和 Mary 的信息做了如下总结，工具的选择我们可以从如下几个维度考虑。

（1）测试效果和工具价格是否在可接受的范围内？

如果你做一个几万的项目，但要购买十几万的工具，往往公司是不会同意的，但如果测试的项目众多，能在短期内收回购买工具的成本，那么公司考虑购买的可能性就大大增加。

（2）工具支持的网络协议、开发技术、中间件等是否包含公司的多数项目？

我们公司项目类型繁多，自然要考虑一款支持范围较广的工具。如果支持范围太小，部分测试工作无法开展，那么工具使用价值就降低了。

（3）工具的易学性和对项目进度的影响是否平衡？

熟悉和使用一款测试工具是需要花时间和精力的，我们要组建的性能测试团队人员的编程能力偏弱，如果选择的工具过于复杂，不仅增加了学习难度，又延迟了在项目中使用的时间。

学习笔记

Lucy 公司之所以选择 HP LoadRunner 12 作为性能测试工具是从使用的频率、工具支持的协议和易学性 3 个方面综合考虑的，其实商业软件在稳定性上也是一大优势，这样可以大大减少因工具本身的问题带来的缺陷困扰。

3.3　性能测试 VS 自动化测试

LoadRunner 12 可以通过录制脚本的方式创建用户场景，模拟用户行为，Lucy 联想到了自动化测试，感觉有很多相似之处，通过进一步的学习，发现两者之间存在一些差异。

从广义上讲自动化测试包括白盒自动化测试、GUI 自动化测试、性能自动化测试。

白盒自动化测试的原理：按照程序内部的结构测试程序，对程序所有逻辑路径进行测试，通过在不同点检查程序的状态，确定实际的状态是否与预期的状态一致。

GUI 自动化测试的原理：通过模拟用户实际的鼠标或键盘操作，获取各类测试对象，实现自动化执行和操作的过程，并判断实际结果和预期结果的差异。

性能测试自动化的原理：通过模拟客户端向服务器发起多个并发请求，验证服务器、网络设备、源代码等资源的性能是否符合要求。

从狭义上讲，自动化测试和性能测试又相对独立，自动化测试主要技术是对象识别，常见的自动化测试工具包括 Selenium、TestCafe、 HP Unified Functional Testing（UTF，又称为 QuickTest Professional（QTP））。

而所有的性能测试工具不依赖控件和对象本身，而是采用协议的方式模拟用户行为并向服务器发起请求，可以毫不夸张地说，性能测试是基于协议的测试。

举例：在 51testing 论坛模拟 50 个用户同时向服务器发起评论请求，性能测试只需要确定发送的请求内容，利用负载机制在 1 台设备上就可以完成 50 个用户的并发操作，而功能测试则需要 50 台客户端向服务器同时发起请求。

学习笔记

自动化测试和性能测试本质上讲是包含关系（前者包含后者），但在日常工作中我们经常提到的自动化测试通常指的是 GUI 自动化测试，而性能测试会单独提出来讲。

3.4　LR12 新特性简介

相比 LoadRunner 11，LoadRunner 12 增加了不少新特性，这里总结部分重要的新增功能，新增功能细则请参考 HP 官方用户指南《LoadRunner 12.0 User Guide》。

● 增加了对云平台的支持，例如支持云上的 Load Generator，使用者可直接从 Controller 配置云 Load Generator。

● 改进了代理服务器录制，可通过代理服务器从 Controller 连接 Load Generator、MI Listener 和 Monitor over Firewall。

● 更好地支持 SSL 安全性，并增强了其可用性，可将 Load Generator 配置为使用 SSL 身份验证只接受来自信任的 Controller 的通信。

● 移动应用程序测试增强，更好地支持了 SAP Mobile Platform 应用的脚本回放，增强了 proxy 录制模式。

● 增强了对协议的支持。例如，支持 HTML5 WebSocket；Silverlight 支持最新版本和 IP 欺骗；支持最新的 Apache SDK；基于 Linux 的 Load Generator 上支持以下协议：FTP、IMAP、LDAP、POP3、SMTP 和 Windows 套接字。

● 新增支持的技术和平台。包括 Windows Server 2012 支持；支持 Internet Explorer 11、Chrome 版本 30 和 Firefox 版本 23 的录制和回放。

● 常规增强功能。简化了产品安装，安装时间更短；LoadRunner 社区许可证包永久提供 50 个 Vuser，它包括除 GUI（UFT）、COM/DCOM 和模板包中相关协议以外的所有协议。

● 文档改进部分。在用户指南中添加了测试和脚本创建流程的工作流图；使用增加的任务和过程改进了 Flex、Web HTTP/HTML 和 TruClient 协议文档。

3.5　本章小结

请和 Lucy 一起完成以下练习，验证第 3 章节所学内容（参考答案详见附录"每章小结练习答案"）。

选择题（单选，共 5 题）

1．以下哪一款工具不能用于性能测试?（　　）

  A．LoadRunner   B．Apache Jmeter

  C．Quality Center   D．Loadster

2．以下哪一条较不适合选择性能测试工具考虑的维度?（　　）

  A．工具支持的开发技术   B．工具支持的界面样式

    C．工具支持的网络协议　　　　　D．工具支持的中间件

3．LoadRunner 12 默认的并发用户数是多少个？（　　）

    A．10 个　　　　　B．20 个　　　　　C．50 个　　　　　D．100 个

4．以下说法中哪一个是正确的？（　　）

    A．Selenium 是一款性能测试工具

    B．性能测试的主要技术是识别测试对象

    C．性能测试是基于协议的测试

    D．性能测试依赖程序控件和对象

5．关于 LR12 新特性的描述下面哪个说法是错误的？（　　）

    A．降低了对安装环境的存储空间要求

    B．增强了对 HTML5 协议的支持

    C．简化了产品安装，安装时间更短

    D．增加了对云平台的支持

基 础 篇

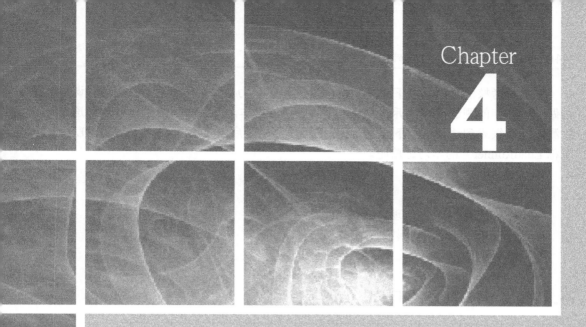

Chapter

4

第 4 章

LoadRunner

基础介绍

眼看离考核的时间只剩下 2 周半了，Lucy 倍感压力，但她非常清楚前面的功课绝对不是白做的，多年的测试经验告诉她思想是工具应用的根本，如果在思想上没有理解透彻，后续的测试活动很难到达目标。下面就让我们跟随 Lucy 开启 LoadRunner（以下 HP LoadRunner 简称 LoadRunner）的学习之旅吧。

本章主要包括以下内容：

- LoadRunner 简介；
- LoadRunner 工作原理；
- LoadRunner 快速安装；
- 本章小结。

4.1　LoadRunner 简介

LoadRunner 是前 Mercury 公司著名的性能测试产品，2006 年被 HP 收购后成为 HP 的主要测试类产品之一。LoadRunner 在国内有广泛的群众基础，是各大公司性能测试工具的首选，主要包括如下特点。

（1）支持广泛的应用标准。如 WEB、RTE、Tuxedo、SAP、Oracle、Sybase、Email、Winsock 等，拥有近 50 种虚拟用户类型。

（2）创建真实的系统负载。LoadRunner 可以真正模拟用户行为，同时借助参数化功能实现并发用户的不同行为，所以 LoadRunner 向服务器发起的压力请求是完全真实的。

（3）支持多种平台开发的脚本。LoadRunner 几乎支持所有主流的开发平台，尤其是 Java 和.NET 开发的程序，更支持基础的 C 语言程序，这一切的设计都为快速开发虚拟用户脚本提供了方便。

（4）精确分析测试结果。自动产生压力测试结果，尤其是 Web 页面细分功能，可以详细了解每个元素的下载情况，进而找出问题，最后以 HTML 形式生成文档报告，保障了结果的真实性。

（5）界面友好，易于使用。LoadRunner 主要有三大图形界面，通过图形化的操作方式使用户在最短的时间内掌握 LoadRunner。

（6）无代理方式性能监控器。无需改动生产服务器，即可监控网络、操作系统、数据库、应用服务器等性能指标。

Lucy 查阅了许多资料，对 LoadRunner 有了更全面的认知，从工作界面来讲 LoadRunner 主要包括三大组件。

（1）VuGen 脚本生成器

用于创建 Vuser 脚本，可以使用 VuGen 通过录制用户执行的典型业务流程来开发 Vuser 脚本。使用此脚本可以模拟实际情况。

（2）Controller + Load Generator 压力调度和监控器

可以从单一控制点轻松、有效地控制所有 Vuser，发起并发压力，并在测试执行期间监控场景性能。

（3）Analysis 结果分析器

在 Controller 内运行负载测试场景后可以使用 Analysis。Analysis 图可以帮助您确定系统性能并提供有关事务及 Vuser 的信息。通过合并多个负载测试场景的结果或将多个图合并为一个图，可以比较多个图。

LoadRunner 在性能测试中的使用顺序大致如图 4-1 所示。

图 4-1　性能测试预览

【特别说明】：VuGen 只能虚拟一个用户，要想实现多用户并发行为，需要将 Vuser 脚本放入 Controller 中执行。

学习笔记

笔记一：LoadRunner 最大的特点就是支持的协议众多，且界面易于理解和使用，但 LoadRunner 12 和 11 的界面偏差较大，如果用惯了 11 的朋友可能会不太习惯，需要适应全新界面展示效果。

笔记二：LoadRunner 12 相对于 LR11，界面更加人性化，对 Windows7 及以上版本的支持更好，特别是在移动终端的支持上表现可圈可点，如果你是 LR11 的老手，公司有大量移动端的测试项目，不妨用 12 试试。

4.2　LoadRunner 工作原理

LoadRunner 通过模拟大量用户，向整个应用程序施压，从而找出并确定潜在的客户端、网络和服务器瓶颈。

LoadRunner 体系架构如图 4-2 所示，从图中我们可以窥探性能测试的内部运行情况。

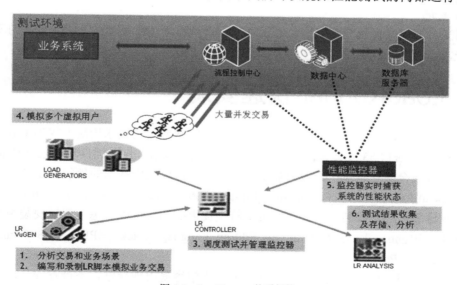

图 4-2　LoadRunner 体系架构

1. 分析交易和业务场景

该步骤和工具没有直接关系，主要是测试过程分析的内容，详见 2.6.1 "性能测试规划"章节。

2. 编写和录制脚本模拟业务交易

使用 VuGen 进行脚本录制，得到 Vuser 虚拟用户脚本，并对脚本进行修改和调整以达到后期的使用目的。脚本优化的主要技术手段包括参数化、事务、思考时间等，在后续章节会做详细介绍。

3. 调度测试并管理监控器

将 VuGen 中的 Vuser 脚本放入 Controller 控制中心进行场景设置，场景可以依据需要设置成若干种形式，详见 2.6.2 "测试场景设计"章节。

4. 模拟多个虚拟用户

设计好场景后 Controller 将调用配置好的 Load Generator 向服务器发起真正意义上的负载。Controller 可同时控制多台 Load Generator 设备，这样可以避免设备硬件瓶颈而导致大量并发无法实现的情况。

【特别说明】：Load Generator 向服务器发起负载不依赖于用户界面，而是通过模拟协议向系统发起请求来实现的。

5. 监控器实时捕获的系统状态

在发起负载前，Controller 需要对被监控的设备进行设置，Load Generator 向服务器发起压力时收集系统相关数据。例如，资源利用率、响应时间、吞吐量等。数据的监控与收集几乎针对系统中的所有设备，测试前必须充分了解被测对象软硬件架构。

6. 测试结果收集及存储、分析

当 Load Generator 负载执行完毕，Analysis 将从 Controller 中获取收集到的数据分类汇总展示成各类图表，后续的分析工作就是从这里开始的。

【特别说明】：工具只负责告知测试数据的结果，分析工作是人的行为，千万不要妄想 LoadRunner 或任何一款性能测试工作结果告诉你系统瓶颈在哪里，应该如何调优。

学习笔记

学习工具要尽量尝试理解其工作的基本原理，这样才能事半功倍，工具的学习不是为了炫耀技能，而是辅助你完成测试任务的一种手段。

4.3 LoadRunner 快速安装

目前 LoadRunner 最新版为 12.53，可以在 HP 官网或国内技术论坛上找到下载地址。下面介绍 LoadRunner12.53 安装包四件套（全量安装包、多语言包、插件包、独立功能包）。

（1）社区版全量安装包：一般只需要安装此包就可以完成基本的性能测试任务。

HPE_LoadRunner_12.53_Community_Edition_HPLR_1253_Community_Edition

（2）社区版多语言安装包：如果对英文特别畏惧的朋友可以考虑下载后安装中文版。

HPE_LoadRunner_12.53_Community_Edition_Language_Packs_HPLR_1253_Community_Edition_Language_Packs

特别说明：根据以往经验，中文版往往在使用中容易出现异常，不推荐安装。

（3）社区版插件包：里面有许多 LoadRunner 的附加组件，依实际需要安装。

HPE_LoadRunner_12.53_Community_Edition_Additional_Components_HPLR_1253_Community_Edition_Additional_Components

（4）社区版独立功能包：主要是部分独立应用程序的安装。

HPE_LoadRunner_12.53_Community_Edition_Standalone_Applications_HPLR_1253_Community_Edition_Standalone_Applications

Lucy 选择安装 "社区版全量安装包" 作为后续学习的基础，安装环境按公司的要求选择了熟悉的 Windows Server 2008。如表 4-1 所示是 LoadRunner 12 官方推荐安装要求。

表 4-1　　　　　　　　　　　　　LoadRunner 安装要求

安 装 要 求	描　述
处理器速度	双核 2.2 GHZ 及以上
操作系统	Windows Server 2008 R2 SP1 64 位 Windows Server 2012 R2 64 位（推荐） Windows 7 SP1 64 位 Windows 8.1 64 位（推荐） Windows 10 64 位 【特别说明】：LoadRunner 12 已不再支持 WinXP 系统
内存大小	推荐 8 GB 内存
屏幕分辨率	支持 1366×768 及以上
浏览器	LoadRunner 服务端 Microsoft IE (Internet Explorer) 10 or 11; Microsoft Edge LoadRunner 客户端: Microsoft IE 10, or 11 【特别说明】：请确保 IE 浏览器为系统默认浏览器
硬盘空间	大于等于 50 GB

安装注意事项：

1．安装前，确保所有的杀毒软件和防火墙已关闭；

2．若以前安装过 LoadRunner，则将其卸载并重启计算机；

3．安装路径不要带中文字符。

主要安装过程：

解压社区版全量安装包，双击安装包中的 HP LoadRunner 12.53 Community Edition.exe，解压后在指定文件路径找到 Setup.exe 安装文件，选择 "LoadRunner 完全安装"，如图 4-3 所示。

安装前 LoadRunner 会做一系列自检，如果系统未安装相关产品 LoadRunner 将自行帮你安装，如图 4-4 所示。

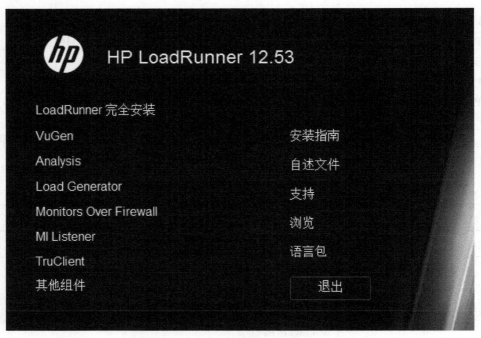

图 4-3   LoadRunner 安装主界面

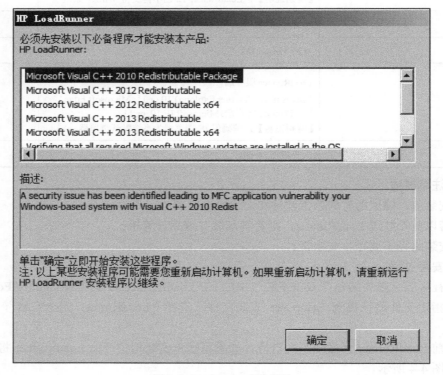

图 4-4   LoadRunner 自检界面

LoadRunner 安装过程比较耗时，通常来讲根据 LoadRunner 的提示完成安装并不困难，如图 4-5 所示。

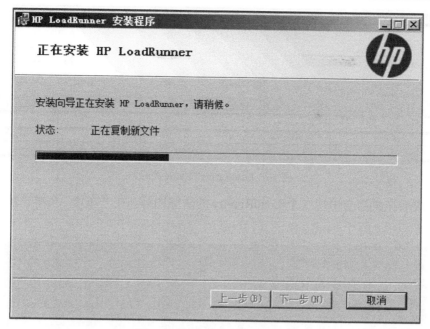

图 4-5 LoadRunner 安装向导界面

LoadRunner 身份验证设置，默认勾选指定代理将要使用的证书。若有 LoadRunner 代理证书则默认勾选并添加 CA 证书，若没有证书必须取消勾选否则安装不能继续，如图 4-6 所示。

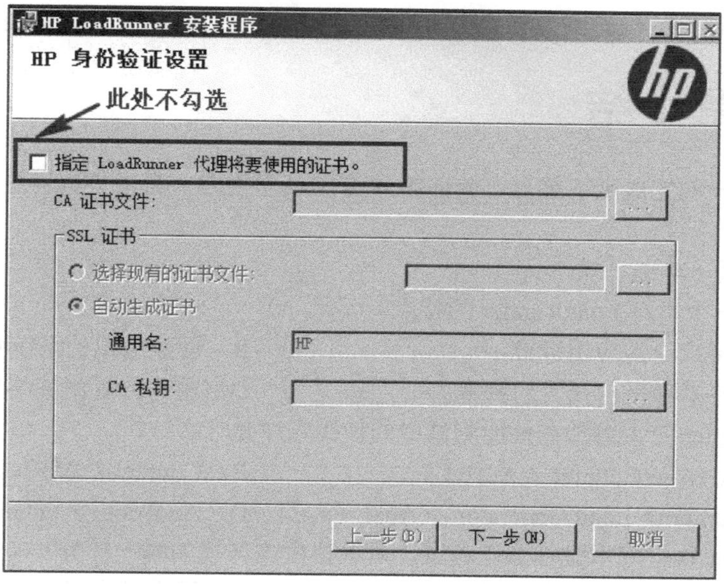

图 4-6 LoadRunner 身份设置界面

LoadRunner 12.53 自带的社区用户数为 50 个，且永久有效，如图 4-7 所示。

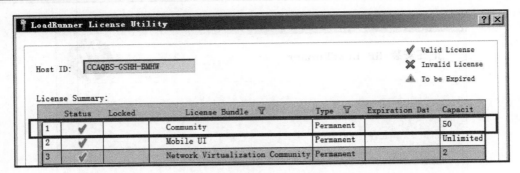

图 4-7　LoadRunner License 界面

安装完成后在桌面会出现 3 个 LoadRunner 的快捷图标，在"开始"菜单也能找到，如图 4-8 所示。

图 4-8　LoadRunner 桌面快捷方式

学习笔记

安装软件是开始学习 LoadRunner 的开始，安装过程难免会遇到些小问题，请不要轻易放弃，大多数你能遇到的问题网上都提供了解决方案，请找到它们并完成安装。

4.4　本章小结

请和 Lucy 一起完成以下练习，验证第 4 章节所学内容（参考答案详见附录"每章小结练习答案"）。

一、选择题（单选，共 3 题）

1. 以下哪一个不是 LoadRunner 的特点？（　　　）

　　A. 支持广泛的应用标准　　　　　　　　B. 创建虚拟的系统负载

　　C. 支持多种平台开发的脚本　　　　　　D. 精确分析测试结果

2. LoadRunner 三大组件在性能测试中的使用顺序是什么？（　　　）

　　A. VuGen -> Counter ->Analysis　　　　B. Counter -> VuGen ->Analysis

　　C. Counter -> Load Generator -> Analysis　D. Analysis -> VuGen -> Counter

3. Controller 执行脚本进行加压测试，是模拟生产环境的哪一部分？（　　　）

　　A. TCP/IP 包　　　　　　　　　　　　B. 用户操作行为

　　C. 服务器响应　　　　　　　　　　　　D. 发送给系统的请求消息

二、判断题（共 5 小题）

1. 在 VuGen 中可以完成虚拟脚本的录制和回放，但不能实现并发操作。（　　　）

2. Analysis 可同时控制多台 Load Generator 设备，这样可以避免设备硬件瓶颈而导致大

量并发无法实现的情况。（　　）

3. LoadRunner 的 Analysis 可以分析出测试结果中的数据，并告知系统瓶颈位置。（　　）

4. LoadRunner 12.53 必须把安装包四件套全部安装才算是安装成功，如果只安装其中的某一个则无法正常使用。（　　）

5. LoadRunner 12.53 安装前需要把杀毒软件和防火墙关闭，例如 QQ 管家、360 杀毒软件等。（　　）

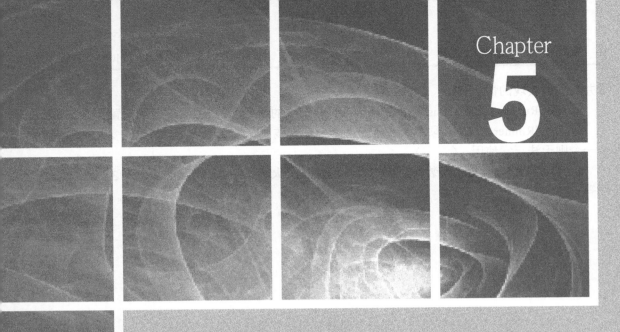

Chapter

5

第 5 章

脚本创建（VuGen 创建虚拟用户）

软件安装完成后，我们将和 Lucy 一起学习 Virtual User Generator（以下简称 VuGen）的使用。作为 LoadRunner 的三大组件之一，VuGen 主要用于创建和优化 Vuser 脚本，涉及 Vuser 协议的理解和检查点、参数化、关联、事务、集合点等测试技术的学习。

本章主要包括以下内容：

- 脚本录制与回放；
- 脚本优化之参数化；
- 脚本优化之关联；
- 脚本优化之事务+检查点；
- 脚本优化之集合点+思考时间；
- 本章小结。

5.1 脚本录制与回放

5.1.1 启用 WebTours 示例程序

LoadRunner 提供了示例程序供练习使用，Lucy 将带着我们以示例程序完成 LoadRunner 脚本学习。

步骤 1：我们需要找到示例程序的位置，启动菜单"开始"-> HP Software -> HP LoadRunner -> Samples -> Web，如图 5-1 所示。

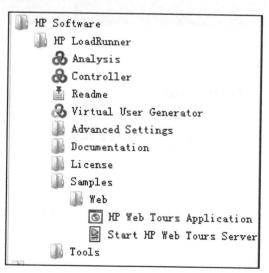

图 5-1 示例程序

步骤 2：在 Web 文件夹下有两个选项，我们首先要启动 Web Tours 的 Web 服务，选择 Start HP Web Tours Server，系统将启动 Apache 服务，如图 5-2 所示。

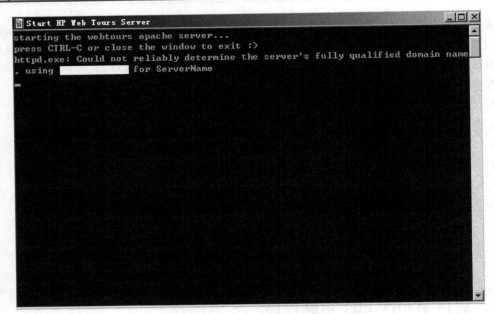

图 5-2　Web Tours Server 启动界面

步骤 3：启动 HP Web Tours Application，打开 Web Tours 欢迎页面，如图 5-3 所示。

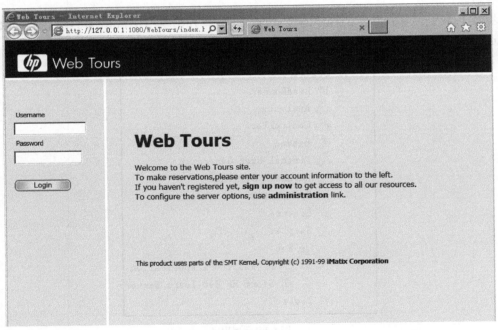

图 5-3　Web Tours 欢迎页面

启动完成后我们可以尝试注册一个账号，验证系统的可用性。例如，单击页面链接"sign up now"注册一个 tester 的用户，如图 5-4 所示。

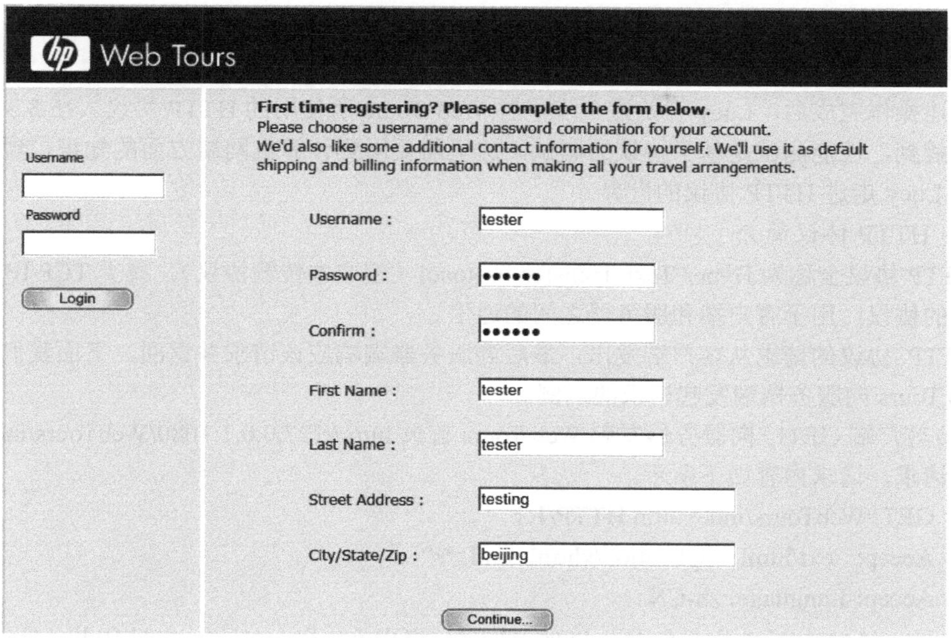

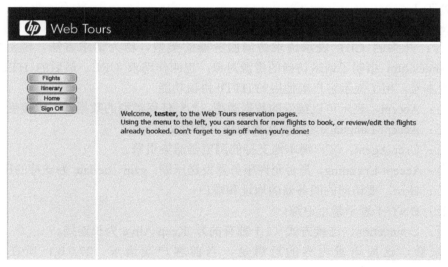

图 5-4   Web Tours 注册页面

最后我们尝试用 tester 用户登录系统，成功登录后会出现如图 5-5 所示的页面。

图 5-5   成功登录页面

【特别说明】：请设置 IE 为默认浏览器，推荐使用 IE10 或 IE11，本次项目中使用的浏览器版本为 IE11。

学习笔记

对于初学者，HP 自带的 Web Tours 飞机订票系统示例是最好的学习教程，可以覆盖脚本后续要用到的各种技术手段。如果随便找一个系统来练习，一旦出错，需要排查是系统的问题还是个人脚本的问题。

5.1.2 原来这就是协议

上述操作完成后，Lucy 开始进一步了解 Web Tours 所使用的 HTTP 协议。在 3.3 章节中我们了解到，性能测试是基于协议的测试，这里需要用到计算机网络方面的知识，现在就让我们同 Lucy 走进 HTTP 协议的世界。

1. HTTP 协议简介

HTTP 协议全称为 Hyper Text Transfer Protocol（超文本传输协议）。属于 TCP/IP 模型中应用层的协议，用于客户端和服务器之间的通信。

HTTP 协议的请求从客户端发出，最后到服务器端响应该请求并返回。下面我们来看一下 Web Tours 向服务器端发起请求的示例。

（1）客户端（IE11）向服务器发起 Web Tours 首页 http://127.0.0.1:1080/WebTours/index.htm 的访问请求，请求内容如下所示。

① GET /WebTours/index.htm HTTP/1.1

② Accept: text/html, application/xhtml+xml, */*

③ Accept-Language: zh-CN

④ User-Agent: Mozilla/5.0 (Windows NT 6.1; WOW64; Trident/7.0; rv:11.0) like Gecko

⑤ Accept-Encoding: gzip, deflate

⑥ Host: 127.0.0.1:1080

⑦ DNT: 1

⑧ Connection: Keep-Alive

第 1 行：开头的 GET 表示请求访问服务器的类型，称为请求方法。随后的字符串 WebTours/index.htm 指明了请求访问的资源对象，也叫作请求 URL。最后的 HTTP/1.1，即 HTTP 的版本号，用了提示客户端使用的 HTTP 协议功能。

第 2 行：Accept，表示可以接受的数据类型，*/* 任何类型的数据都可以接受。

第 3 行：Accept-Language，指明接受的语言为中文。

第 4 行：User-Agent，客户端本地支持的浏览器渲染引擎。

第 5 行：Accept-Encoding，是否允许服务器发送压缩，gzip、deflate 为支持的压缩类型。

第 6 行：Host，要访问的服务器的地址和端口。

第 7 行：DNT=1 表示禁止追踪。

第 8 行：Connection，连接方式（1.1 独有的），Keep-Alive 为长连接。

综合来看，这段请求内容的意思是，当前客户端请求 127.0.0.1 所在服务器的 WebTours/index.htm 页面资源。

【特别说明】：第 1 行请求方法除了 GET 外还有很多种，表 5-1 为 HTTP 请求方法，其中常用的主要是 GET 和 POST。

【特别说明】：第 7 行 DNT 是 IE10 及之后版本自动默认开启的功能，可以考虑关闭此功能，因为这只能算是浏览器的单方面申明，服务器是否真的发起跟踪请求是无法阻止的。IE11 具体关闭办法在浏览器右上角"设置"->"安全"->"关闭 Do Not Track 请求"，如图 5-6 所示。

表 5-1 HTTP 请求方法

方　法	描　述
GET	向 Web 服务器请求一个文件
POST	向 Web 服务器发送数据让 Web 服务器进行处理
PUT	向 Web 服务器发送数据并存储在 Web 服务器内部
HEAD	检查一个对象是否存在（获取报文首部）
DELETE	从 Web 服务器上删除一个文件
OPTIONS	确认服务器支持的方法
CONNECT	要求用隧道协议连接代理
TRACE	跟踪到服务器的路径

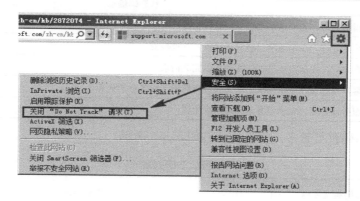

图 5-6　关闭跟踪请求

（2）接收到请求的服务器，会将请求的处理结果以响应的形式返回客户端，请求内容如下所示。

① HTTP/1.1 200 OK

② Date: Mon, 18 Jul 2016 14:58:39 GMT

③ Server: Apache/2.2.21 (Win32)

④ Last-Modified: Mon, 27 May 2013 06:20:22 GMT

⑤ ETag: "10000000332d2-16e-4ddad24b89580"

⑥ Accept-Ranges: bytes

⑦ Content-Length: 366

⑧ Keep-Alive: timeout=5, max=100

⑨ Connection: Keep-Alive

⑩ Content-Type: text/html

第 1 行：HTTP/1.1 表示协议的类型和版本，200 为协议的状态码，OK 属于状态码的原因短语，用于解释状态码的具体意义；

第 2 行：Date，服务器响应请求的时间；

第 3 行：Server，表示服务器类型为 Apache，版本为 2.2.21；

第 4 行：Last-Modified，服务器最后一次修改的时间；

第 5 行：ETag，请求变量的实体标签的当前值；

第 6 行：Accept-Ranges，表明服务器支持 bytes（字节）的分段请求；

第 7 行：Content-Length，表示内容长度为 366 字节；

第 8 行：Keep-Alive: 表示长连接要求过期时间为 5 秒，大于 100 秒则强制断开连接；

第 9 行：Connection，连接方式（1.1 独有的），Keep-Alive 为长连接；

第 10 行：Content-Type 返回内容为 HTML 文本类型。

【特别说明】：第 1 行中的状态码是当客户端向服务器发送请求时，描述返回的请求结果。借助状态码，用户可以知道服务器端是正常处理了请求，还是出现了错误，状态码由 3 位数字组成，第一个数字定义了响应的类别，且有五种可能取值。如表 5-2 所示。

表 5-2   状态码的类别

状 态 码	状态码信息
1××	指示信息，表示请求已接受，继续处理
2××	正常处理，表示请求已被成功接收，并被接受
3××	重定向，表示需要进行附加操作以完成请求
4××	客户端错误，表示请求语法错误或者妨碍了服务器的处理
5××	服务器错误，表示服务器处理请求出错

HTTP 的状态码种类繁多，常见的状态如表 5-3 所示。

表 5-3   常用状态码列表

状态码	状态码英文名称	中文描述
100	Continue	表示继续。客户端应继续其请求
101	Switching Protocols	切换协议。服务器根据客户端的请求切换协议。只能切换到更高级的协议，例如，切换到 HTTP 的新版本协议
200	OK	服务器已成功处理了请求并提供了请求的网页
204	No Content	服务器成功处理了请求，但没有返回任何内容
301	Moved Permanently	请求的网页已永久移动到新位置。当 URL 发生变化时，使用 301 代码（搜索引擎索引中保存新的 URL）
302	Found	请求的网页临时移动到新位置。搜索引擎索引中保存原来的 URL
304	Not Modified	如果网页自请求者上次请求后没有更新，则用 304 代码告诉搜索引擎，可节省带宽和开销
400	Bad Request	客户端请求的语法错误，服务器无法理解
403	Forbidden	服务器理解客户端的请求，但是拒绝执行此请求
404	Not Found	服务器找不到请求的网页。服务器上不存在的网页经常会返回此代码
410	Gone	请求的资源永久删除后，服务器返回此响应
500	Internal Server Error	服务器内部错误，无法完成请求。410 不同于 404，如果资源以前有现在被永久删除了可使用 410 代码，网站设计人员可通过 301 代码指定资源的新位置
503	Service Unavailable	由于超载或系统维护，服务器暂时无法处理客户端的请求。延时的长度可包含在服务器的 Retry-After 头信息中

值得注意的是状态码 4×× 未必是客户端存在问题，例如 403 状态码有可能是找不到请求的服务器资源，需要确定服务器地址是否正确。

【特别说明】：第 5 行中 ETag 在服务器上生成后，客户端通过 If-Match 或者说 If-None-Match（常使用 If-None-Match）这个条件判断请求来验证资源是否修改。请求一个文件的流程可能如下：

（1）客户端发起 HTTP GET 请求一个文件（css、image、js）；

（2）服务器处理请求，返回文件内容和 Header（包括 Etag），HTTP 状态码为 200；

（3）当客户端再次发起 HTTP GET 请求同一个文件，这时候客户端同时发送了一个 If-None-Match 头，这个头中会包括上次这个文件的 Etag；

（4）服务器判断发送过来的 Etag 和自己计算出来的 Etag，如果 If-None-Match 为 False，则不返回 200，而是返回 304，客户端使用本地缓存，以减少服务器开销。

对于性能测试来讲，我们向服务器发送请求的目的是验证服务器在大量开销下的性能表现，因此我们会在脚本中排除访问服务器请求产生的缓存。

2. HTTP 协议的主要特点

（1）简单快速。客户向服务器请求服务时，只需传送请求方法和路径。请求方法常用的有 GET、POST，每种方法规定了客户与服务器联系的类型。由于 HTTP 协议简单，使得 HTTP 服务器的程序规模小，因而通信速度很快。

（2）灵活性强。HTTP 允许传输任意类型的数据对象，正在传输的类型由 Content-Type 加以标记。

（3）持久连接。持久连接使得多数请求以管线化方式发送成为可能。这样就能够同时并行发送多个请求，大大提高了请求传输的效率。

（4）无状态。HTTP 协议是无状态协议。也就是说 HTTP 协议对于发送过的请求或响应不做保存。这是为了更快地处理大量事务，确保协议的可伸缩性。

【特别说明】：HTTP/1.1 虽然是无状态协议，但为了实现期望的保持状态功能，可以利用 Cookies 技术实现状态的管理。

学习笔记

笔记一：在互联网的时代背景下，我们经常提到"协议"一词，学习性能测试我们需要理解各类协议，其中最具有代表性的协议有 IP 协议、TCP 协议、HTTP 协议等，虽然没有人能完全了解互联网中的数据传递情况，但协议传递的入口和出口是完全可以把控的。

笔记二：如果你是初学者，建议先从 HTTP 相关协议入门，再不断学习你们公司用到的其他协议。

5.1.3 脚本录制与回放

下面我们跟着 Lucy 一起录制第一个 Web Tours 示例脚本，该脚本我们尝试完成注册操作。

打开 VuGen 的方法可以双击桌面快捷方式图标"Virtual User Generator"，也可以通过"开始"菜单下的 HP Software → HP LoadRunner → Virtual User Generator 打开。如图 5-7 所示。

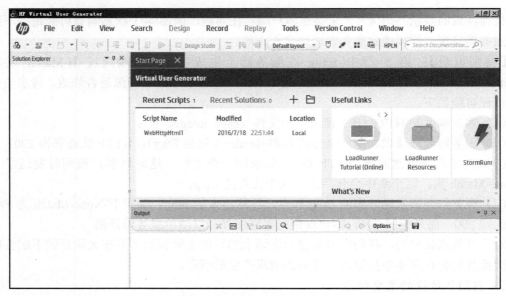

图 5-7　VuGen 默认主页面

在 LoadRunner "File" 菜单下选择 "New Script and Solution"（快捷键 Ctrl+N），打开如图 5-8 所示页面，选择 HTTP 协议，输入脚本名称 SignUp，选择脚本存放路径（存放路径可根据实际需要自行指定），最后单击 "Create" 按钮创建脚本。

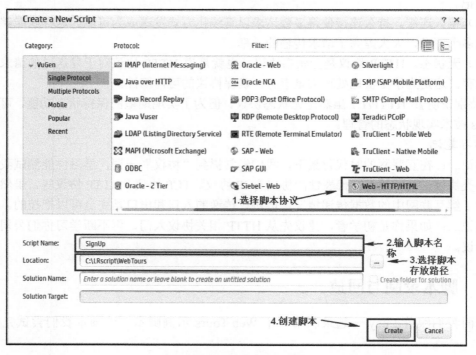

图 5-8　VuGen 创建新脚本页面

默认创建的脚本为空，单击 "开始录制" 按钮，如图 5-9 所示。

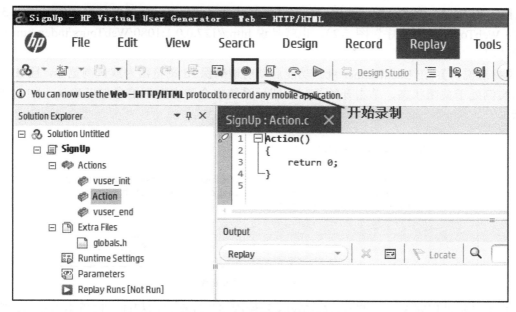

图 5-9　VuGen 开始录制按钮选项

输入 Web Tours 页面访问地址 http://127.0.0.1:1080/WebTours/index.htm，单击"Start Recording"按钮，启动录制。如图 5-10 所示。

图 5-10　VuGen 开始录制界面

【特别说明】：脚本录制前请确保 Start HP Web Tours Server 服务器是启动的（详见 5.1.1 "启动 WebTours 示例程序"图 5-2），也就是说 http://127.0.0.1:1080/WebTours/index.htm 可以正常访问。

【特别说明】：在 LoadRunner 录制功能启动前请确保 IE 浏览器为默认浏览器，且 IE 浏览器的实例处于关闭状态，单击开始录制按钮后系统也会弹出提示信息加以确认。如图 5-11 所示。

图 5-11　提示关闭浏览器

脚本录制过程同 5.1.1 "启动 Web Tours 示例程序"注册过程相同，这里不再累述，唯一的区别是录制脚本时会出现录制工具栏，录制完成后单击停止按钮（方形图标），如图 5-12 所示。

图 5-12　录制工具栏

下面是对录制工具栏相关功能的详细介绍。

：红色圆点，表示录制脚本的状态，红色变浅表示当前正在录制脚本；

：蓝色方块，表示结束当前脚本录制；

：蓝色竖杠，表示暂停当前脚本录制，暂停后可随时恢复录制；

：红色圆点/，表示取消当前脚本录制，该脚本录制不生效；

：脚本中的操作，默认为 Action，可调整；

：添加新的 Action 操作，可添加多个；

：一组事务，左边表示事务开始，右边表示事务结束；

：定义一个集合点，主要用于 Controller 的并发操作；

💬：添加注释，便于脚本理解；

📑：插入文本检查点，用于回放脚本时检查页面的正确性。

【特别说明】：录制工具栏为我们提供了诸多功能，这些功能并非都要在录制脚本的时候使用，大多数情况下我们习惯于在录制后使用上述功能对录制的脚本进行修改。

本次注册信息填写如下。

Username：tester001

Password：123456

Confirm：123456

First Name：tester

Last Name：001

Street Address：chengdu

City/State/Zip：610000

录制完成后 VuGen 将自动生成完整的脚本代码，如下所示。

```c
Action()
{
    // 打开 Web Tours 首页
    web_url("index.htm",
        "URL=http://127.0.0.1:1080/WebTours/index.htm",
        "Resource=0",
        "RecContentType=text/html",
        "Referer=",
        "Snapshot=t1.inf",
        "Mode=HTML",
        LAST);
// 打开 sign up 注册页面
    web_link("sign up now",
        "Text=sign up now",
        "Snapshot=t2.inf",
        LAST);
    lr_think_time(46);

    // 填写并提交注册信息
    web_submit_form("login.pl",
        "Snapshot=t3.inf",
        ITEMDATA,
        "Name=username", "Value=tester001", ENDITEM,
        "Name=password", "Value=123456", ENDITEM,
        "Name=passwordConfirm", "Value=123456", ENDITEM,
        "Name=firstName", "Value=tester", ENDITEM,
        "Name=lastName", "Value=001", ENDITEM,
        "Name=address1", "Value=chengdu", ENDITEM,
        "Name=address2", "Value=610000", ENDITEM,
        "Name=register.x", "Value=43", ENDITEM,
        "Name=register.y", "Value=9", ENDITEM,
        LAST);
    return 0;
```

}

【特别说明】：录制过程中，尽量不要有多余的动作，避免影响脚本录制多余的内容。也不要使用浏览器的后退功能，LoadRunner 对该功能的支持不太好。

录下脚本后，Lucy 迫不及待地想要验证一下脚本的正确性，这就需要用到 LoadRunner 的回放功能，在菜单栏选择"Replay"回放脚本，如图 5-13 所示。

图 5-13　VuGen 回放脚本按钮

回放完成后 Lucy 得到了回放摘要，显示脚本通过，如图 5-14 所示。

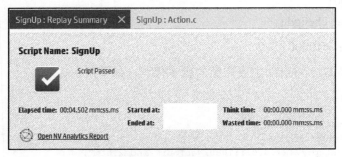

图 5-14　Signup 回放摘要

Lucy 非常高兴，很顺利地完成了第一个脚本的录制，但仔细一想又觉得哪里不对，按照 LoadRunner 工作原理，脚本回放向服务器发起的请求是真实存在的，而回放的是注册脚本，Web Tours 系统是不会允许注册完全相同的两个账号。那么脚本回放为何是通过的呢？

原来 LoadRunner 对脚本通过与否的判断是看协议的状态，例如 HTTP 协议返回值为 200，表示 OK，那么至于返回的内容是否是用户想要的 LoadRunner 并不做判断，如图 5-15 所示。

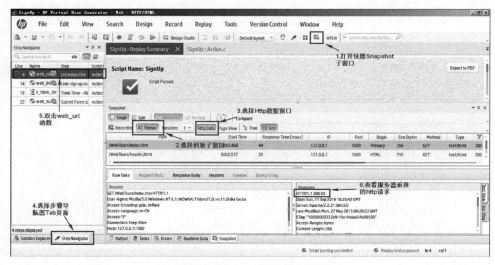

图 5-15　Signup 返回的 http 数据

双击 web_link 和 web_submit_form 服务器返回的 Http 请求都是 200，所以 LoadRunner 给出的脚本状态为 Passed。

那么到底返回了什么值呢？在 Snapshot Tab 页面下打开 Page View 就可以查看到具体页面录制的情况，如图 5-16 所示。

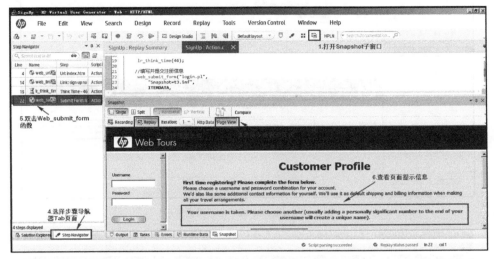

图 5-16 Signup 返回的页面视图

通过返回提示，我们可以确定本次的回放实际上没有成功生成新的注册用户，Lucy 明白这个道理后决定修改脚本中的注册信息。

修改后的脚本注册信息如下所示：

```
web_submit_form("login.pl",
    "Snapshot=t3.inf",
    ITEMDATA,
    "Name=username", "Value=tester002", ENDITEM,  //改为 tester002
    "Name=password", "Value=123456", ENDITEM,
    "Name=passwordConfirm", "Value=123456", ENDITEM,
    "Name=firstName", "Value=tester", ENDITEM,
    "Name=lastName", "Value=002", ENDITEM,  //改为 002
    "Name=address1", "Value=chengdu", ENDITEM,
    "Name=address2", "Value=610000", ENDITEM,
    "Name=register.x", "Value=60", ENDITEM,
    "Name=register.y", "Value=12", ENDITEM,
    LAST);
```

再次回放脚本后，查看 Snapshot 的 Page View，发现 Web Tours 页面提示 tester002 成功被注册了，如图 5-17 所示。

为了保证 LoadRunner 的注册用户同真实用户注册效果是一致的，Lucy 还手动打开了 Web Tours 页面，尝试用 tester002 的账号登录以确保可用。如图 5-18 所示。

录制回放功能的基本介绍就告一段落，最后让我们来理解一下 VuGen 的基本工作原理。录制期间 VuGen 将监控客户机，并跟踪用户发送到服务器以及从服务器接收的所有请求，如图 5-19 所示。

回放期间，Vuser 脚本直接与服务器通信，不依赖于用户。这样，可以在一个客户机上同时运行大量 Vuser，这样就可以在有限的设备下模拟出大量并发访问的情况。图 5-20 为 Vuser 脚本向服务器发起请求。

图 5-17 tester002 成功注册页面展示

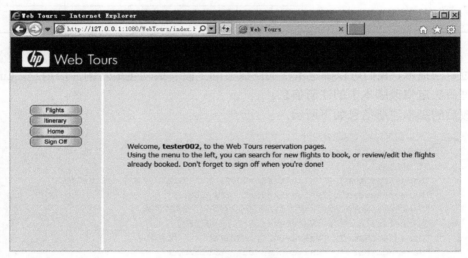

图 5-18 用户手动验证 tester002

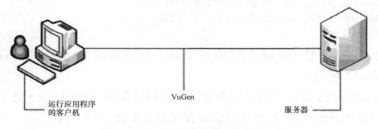

图 5-19 VuGen 记录发送和接收的请求

【特别说明】：VuGen 只能在 Windows 平台上录制 Vuser 脚本，但录制的 Vuser 脚本可在 Windows 和 Linux 平台上运行。

学习笔记

笔记一：录制/回放脚本是学习 LoadRunner 的第一步，在刚才的录制过程中有很多选项我们并不完全理解，学习需要循序渐进，先不要把事情复杂化，没有人对 LoadRunner 的所有功能细节能够完全了解，我们可以边学习边细化。

笔记二：LoadRunner 12 的界面非常人性化，相对于习惯了 LoadRunner 11 的同行们可能需要短暂的适应，但没有网络传言中那么夸张，其实只要熟悉了基本的界面风格是很容易上手的。

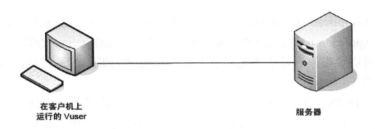

图 5-20　Vuser 向服务器发送和接收请求

5.1.4　脚本录制与运行

在 5.1.3 章节中我们成功地录制了一个 signup 脚本，并在回放时将脚本中的用户名由 tester001 修改为 tester002。在本次操作过程中我们用到了录制选项操作"Start Recording"，这是脚本录制的开始，而回放脚本前通常也会按照需要做些运行时设置"Runtime Settings"。下面就针对这两大模块的常用功能进行介绍。

1．"Start Recording"录制选项

"Start Recording"录制选项如图 5-21 所示。

图 5-21　Start Recording 录制选项窗体

录制选项操作 Start Recording 主要包括操作选择（Action selection）和录制模式（Recording mode）两个部分。

操作选择中 Record into action 的下拉列表有三个选项：vuser_init、Action、vuser_end，在脚本录制中，我们一般选择 Action 作为脚本存放的位置（在迭代部分会加以阐述）。

录制模式中 Record 的下拉列表有四个选项：Web Browser、Windows Application、Remote Application visa LoadRunner Proxy、Captured Traffic File Analysis。

（1）Web Browser：Web 浏览器标配，用于 Web 端的测试，可以理解为 B/S 结构类型的脚本录制。

（2）Windows Application：Windows 应用程序，可以理解为 C/S 结构类型的脚本录制。

（3）Remote Application visa LoadRunner Proxy：通过 LoadRunner 代理服务器的远程应用程序。代理模式可以脱离原有基于浏览器或者可执行文件的录制，录制的设备可以扩展到更多的局域网下的设备。

（4）Captured Traffic File Analysis：第三方工具集成，原理类似于代理模式，利用电脑作为网关，通过第三方工具（例如 wireshark）对网络的特定数据包进行抓取，整理形成特定的文件，再通过 LR 对数据包文件进行分析，形成脚本。

本次介绍我们用到的 Web Browser 的录制选项，如图 5-22 所示。

图 5-22　Web 浏览器录制选项

在 Start Recording 录制选项窗体的左下角有一个非常重要的选项，叫作"Recording Options"，如图 5-21 所示。该功能也可以直接在 VuGen 的 Record 菜单下选择"Recording Options"，或使用快捷键"Ctrl+F7"打开。下面我将介绍常用的部分功能选项。

（1）录制标签（Recording）

默认选择基于 HTML 的脚本录制格式，在 HTML 的高级中默认为第一种，描述用户操作的脚本（A script describing user actions），如图 5-23 所示。

而在实际应用中，描述用户操作的脚本虽然便于理解，但每段函数的依赖性太强，脚本灵活度不够。而基于 URL 的脚本录制（URL-Based script）分解了脚本中的每个细节，不便于业务理解。我们经常选择的录制方式是基于 HTML 的脚本录制格式中的第二种，仅包含明确 URL 的脚本类型（A script containing explicit URLs only）。

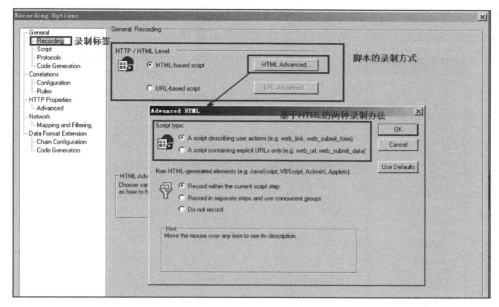

图 5-23　录制操作对话框

三种脚本录制的差异，详见附录 A "LR 三种录制脚本的对比"。

【特别说明】：后续脚本录制如无特殊说明均使用 A script containing explicit URLs only 的脚本录制方式，切记，切记（本次"Signup"的脚本使用的录制方式为 HTML 的第一种）。

（2）HTTP 属性高级（HTTP Properties → Advanced）

为避免脚本在中文环境下出现乱码，需要在复选框勾选支持的字符集 UTF-8，如图 5-24 所示。

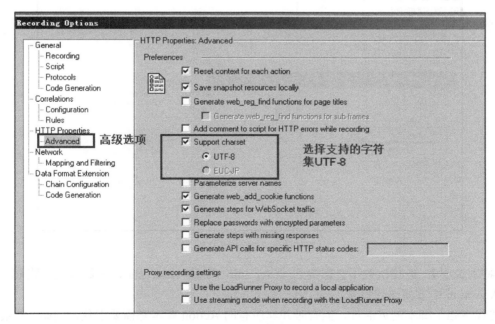

图 5-24　HTTP 属性高级选项

2．"Runtime Settings（F4）"运行时设置选项

"Runtime Settings（F4）"运行时设置选项如图 5-25 所示。

图 5-25　Runtime Settings 运行时设置窗体

（1）Run Logic 运行逻辑（General → Run Logic）

用于设置当前脚本的迭代次数（也叫循环次数）。例如，设置两次迭代，Action 中的脚本将被执行 2 次，如图 5-26 所示。

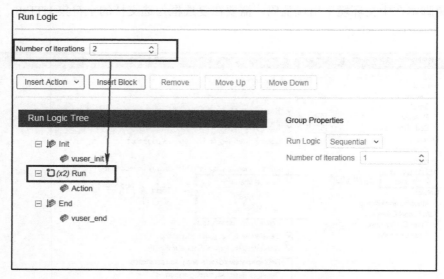

图 5-26　迭代次数设置

【特别说明】：迭代次数不会影响到 vuser_init，以及 vuser_end，多数情况下我们会把脚本放入 Action 中方便迭代设置。

迭代增强了脚本的灵活性，但有时并非所有的 Action 脚本都需要迭代，例如，想要实现 1 次注册，2 次登录的检查就需要引入 Block 块的概念。

　　下面是录制好的一个脚本，包含两个 Action，分别是 signup 和 login，我们来看一下加入 Block 的效果：

　　在录制时将脚本拆分为两个部分，signup 部分是注册相关的 Action，注册完毕后不退出，而是新增了一个 Action，命名为 login，完成登录操作后脚本录制结束，如图 5-27 所示。

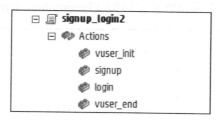

图 5-27　注册后进行登录的 Action

　　录制完后进入 Runtime Settings->General->Run Logic 选项，按 1 次注册、2 次登录的假设完成 Action 和 Block 设置，如图 5-28 所示。

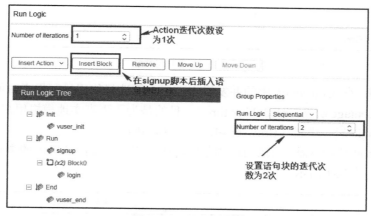

图 5-28　迭代次数设置

（2）Run Logic 运行逻辑（General -> Log）

　　在 VuGen 脚本运行时为了更好地了解脚本执行情况，一般会选择查看扩展日志，如图 5-29 所示。

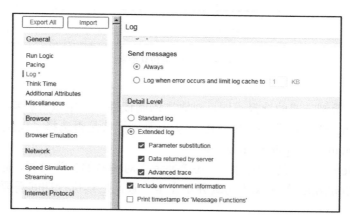

图 5-29　扩展日志类型

【特别说明】：扩展日志一般是在单脚本运行时设置，在多脚本运行的 Controller 中，大多选择标准日志。

（3）Run Logic 运行逻辑（General ->Think Time）

思考时间指的是脚本录制过程中产生的用户停顿时间，是用户正常访问的体现。但在单脚本运行的 VuGen 中，默认选择忽略思考时间（Ignore think time），如图 5-30 所示。

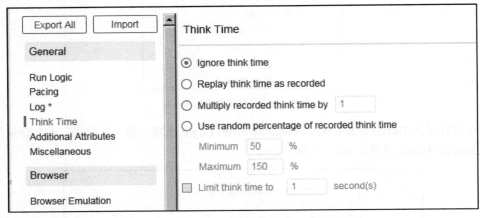

图 5-30　思考时间类型

【特别说明】：在 Controller 中的并发操作下，一般选择使用录制思考时间的随机百分比（use random percentage of recorded think time），目的是为了更真实地模拟用户行为。

（4）Run Logic 运行逻辑（Browser->Browser Emulation）

LoadRunner 回放脚本默认采用 IE 浏览器，如果想要更改回放脚本的浏览器可以在该页面进行操作。如图 5-31 所示。

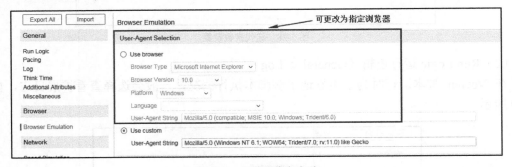

图 5-31　浏览器仿真选项

学习笔记

笔记一：脚本录制方式的选择不同，对脚本的阅读性将产生重大影响，每次录制脚本需要检查，"Recording Options"下，HTML 的脚本录制格式是否选择了仅包含明确 URL 的脚本类型（script containing explicit URLs only）。

笔记二：VuGen 不仅仅是录制脚本，还需要考虑对脚本的各类设置，而 VuGen 是单脚本运行，在设置上 Controller 的多脚本仿真并不完全一致，后续执行期间需要多加注意。

5.2 脚本优化之参数化

5.2.1 脚本所谓的真实感

注册脚本录制完成后，Lucy 开始了技术点的学习，首先需要理解的是什么叫参数化。我们继续以 LoadRunner 自带的示例程序 Web Tours 为例。

在 5.1 章节中我们成功录制了一个名为 "signup" 的注册脚本，在脚本回放中我们手动将用户名改为了 "tester002"。性能测试的目的是为了模拟大量的并发操作，看系统能否正常处理，我们不能总是注册 "tester002"，实践告诉我们这是不允许的，而手动修改的办法并不符合实际需要，所以我们需要引入参数化的概念来解决以上难题。

参数化的目的是模拟真实的用户操作和创建现实的结果，就算系统不对用户名进行注册限制，那么在现实的场景中，也不可能出现全部注册同一个用户名的情况，除非有提前告知或借助神力感应，如图 5-32 所示。

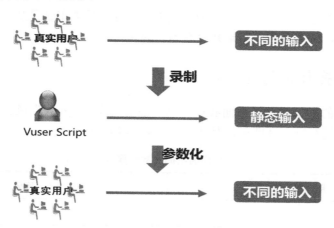

图 5-32　为何要参数化

当我们利用 VuGen 生成 Vuser Script，脚本中的数据是固定不变的，只有借助参数化手段才能模拟真实用户场景，以百度为例，当录制脚本的时候在百度中输入 "软件测试" 作为搜索条件，如图 5-33 所示。

图 5-33　百度搜索条件

图 5-33 中录制的脚本，每次运行都会输入同一组数据 "软件测试"，而实际用户的输入千差万别，就算是同一个用户也会有不同的搜索需求，所以该输入条件就是我们需要参数化的对象。

如何才能实现参数化呢？具体的操作方法并不复杂，我们跟着 Lucy 一起来学习。

步骤 1：首先确定脚本中需要被参数化的数据。数据依实际情况可能是一个，也可能是多个。

步骤 2：选中数据，鼠标右键选择替换为参数"Replace with Parameter"->"Create New Parameter"，在弹出的对话框中选择参数类型，并对参数命名。参数的命名一定要便于理解，一眼就能看出该参数的用途，不至于同其他参数混为一谈。

步骤 3：选中数据，鼠标右键查看参数列表"Replace with Parameter"->"Parameter List"中设置参数的取值和参数的更新方式。

【特别说明】：参数的更新方式由两部分组成"Select next row"和"Update Values on"，每个部分都有 3 个选项，理论上共有九种组合，在 5.2.2 章节的操作演练中请跟着 Lucy 一起动手。

学习笔记

笔记一：参数化是测试脚本中非常重要的功能，性能测试数据仿真度越高越接近真实用户体验，测试结果也就越精确。LR 提供了各种参数化的组合方式，也是为了解决仿真的问题。

笔记二：LR 脚本中有许多右键辅助功能，目的是帮助使用者快速调整脚本。论坛上有人对这种右键操作十分不屑，认为脚本都应该是纯手工编写才显专业。实际上并非如此，打个比方来说，如果你家离公司的距离很远，你乘公交车到达公司需要 30 分钟，那么你走路一定需要更长的时间（堵车情况除外），而最终无论是步行还是乘车都是从家里出发到达指定地点，只是手段不同，效率不同，结果并没有本质的区别。

5.2.2 参数化操作演练 1

理解了参数化的基本原理，下面我们尝试对注册脚本"signup"进行参数化，参数化要求将用户名和密码进行唯一性匹配，具体要求如表 5-4 所示。

表 5-4　　　　　　　　　　　　用户名密码参数化要求

用户名	密码
X001	001
X002	002
X003	003
X004	004

根据要求我们打开 signup 脚本，下面是具体操作步骤。

步骤 1：找到用户名和密码相关 Value，这里需要注意确认密码和原密码必须一致，所以 password 参数会在脚本中出现两次。以下为 signup 脚本部分代码段落。

```
//填写并提交注册信息
    web_submit_form("login.pl",
        "Snapshot=t3.inf",
        ITEMDATA,
        "Name=username", "Value=tester002", ENDITEM,
        "Name=password", "Value=123456", ENDITEM,
        "Name=passwordConfirm", "Value=123456", ENDITEM,
        "Name=firstName", "Value=tester", ENDITEM,
```

```
"Name=lastName", "Value=002", ENDITEM,
"Name=address1", "Value=chengdu", ENDITEM,
"Name=address2", "Value=610000", ENDITEM,
"Name=register.x", "Value=43", ENDITEM,
"Name=register.y", "Value=9", ENDITEM,
LAST);
```

步骤 2：选中相应字段后单击鼠标右键，选择"Replace with Parameter"->"Create New Parameter"，对参数命名并选择参数类型。如图 5-34、图 5-35 所示。

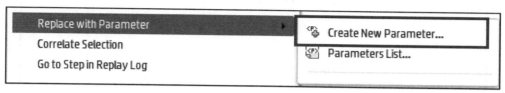

图 5-34 创建参数

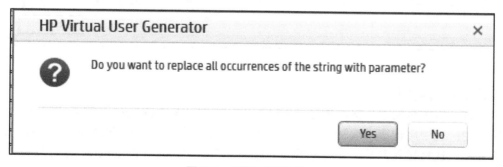

图 5-35 参数命名

填写好参数名称，并选择 File 类型后系统会弹出提示"你是否想用参数替换该字符串的所有出现位置？"的对话框，如图 5-36 所示。

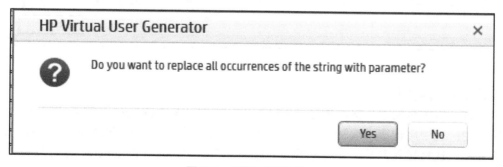

图 5-36 参数替换确认窗口

【特别说明】：因 username 在该脚本中只出现了一次，可以选择"No"，而 password 在该脚本中会出现两次，可以选择"Yes"，在实际项目中处于谨慎我们最好选择"No"，并自行检查脚本对应字段。

步骤 3：进入参数列表，设置参数的取值和参数的更新方式，选中参数点鼠标右键进入"Parameter Properties…"窗口，如图 5-37 所示。

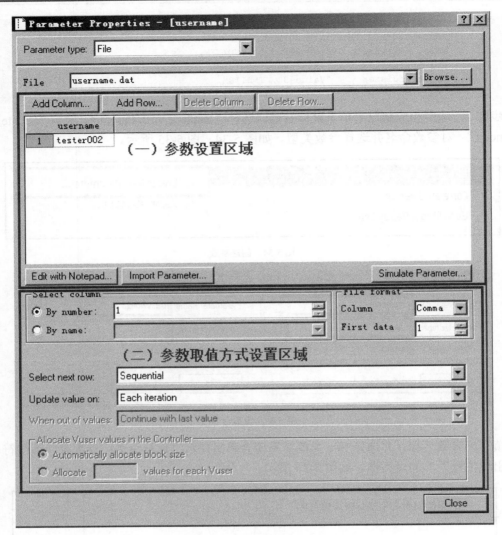

图 5-37　参数属性窗口

参数设置有四种方式。

第一种：以在页面中直接添加行（Add Row）或列（Add Column）的方式实现；

第二种：选中用记事本编辑，单击参数设置区域左下角"Edit with Notepad"按钮；

第三种：选择导入参数，单击参数设置区域左下角"Import Parameter"按钮；

第四种：选择模拟参数，单击参数设置区域右下角"Simulate Parameter"按钮。

【特别说明】：在日常参数设置中，第一种参数添加方式需要逐个添加，用起来相对繁琐；第二种方式最为直观，使用率最高；第三种则是从外部文件导入，数据之间的格式要求比较严格，使用时要特别注意；第四种模拟数据用于判断参数取值方式是否符合预期。

Lucy 经过考虑决定选用记事本编辑的方式进行参数设置，username 的设置如图 5-38 所示。

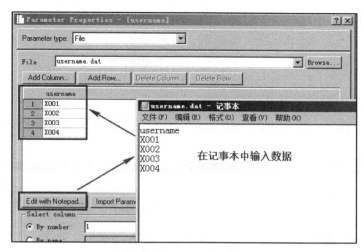

图 5-38 username 参数设置

按相同的方法对 password 字段也进行了参数设置，如图 5-39 所示。

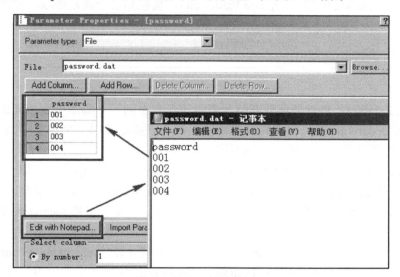

图 5-39 password 参数设置

设置好参数后我们同 Lucy 一起来认识参数取值方式设置区域，该区域分为三个部分，对列的取值、文件格式和取值方式进行了说明。

列的取值（Select column）：说明参数取值的位置，从哪一列进行取值，取值方式分两种，按编号取值（By number），或者按名称取值（By name），如图 5-40 所示。

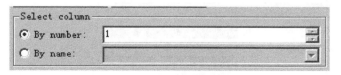

图 5-40 列的取值方式

文件格式（File format）：默认以","逗号作为数据的分隔符，也可选择其他分隔符（不推荐更改），如图 5-41 所示。

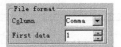

图 5-41 文件格式

取值方式，选择下一行（Select next row），包括三个固定选项，如图 5-42 所示。

图 5-42 选择下一行的方式

（1）Sequential：顺序取值，表示此参数从第一行开始取值，依次序取后面的每一行；

（2）Random：随机取值，表示每次参数取值都是随机取值，有重复的可能；

（3）Unique：唯一取值，按 Vuser 分配的参数要求和自身的取值规则进行取值。

取值方式，更新值的时间（Update Values on），也包括三个固定选项，如图 5-43 所示。

图 5-43 选择更新值的方式

（1）Each iteration：每次循环取新值，表示该参数在同一个脚本中取相同的值；

（2）Each occurrence：每次遇到就取新值，表示该参数在同一个脚本中如果出现两次或两次以上都会按照选择下一行的方式重新取值；

（3）Once：一次取值，无论参数出现几次，按照选择下一行的方式，取一次即可。

通过观察，Lucy 发现如果在 signup 的脚本中，username/password 参数，选择下一行的取值方式选择 Random，更新值的时间选择 Each iteration，那么最终 username 和 password 的对应关系将不复存在。

取值方式的多样化是 LoadRunner 的重要特征，如何才能让 username 和 password 的对应关系不受取值方式的制约呢？Lucy 决定修改 password 参数属性的设置，让 username 和 password 来自于同一个数据文件：

首先修改 File 的数据来源，password.dat->username.dat，然后在新的数据文件下增加 password 的列名，如图 5-44 所示。

图 5-44 修改数据来源

然后以记事本的方式（Edit with Notepad）打开数据文件，增加 password 列信息，注意两个字段通过 "," 逗号间隔。如图 5-45 所示。

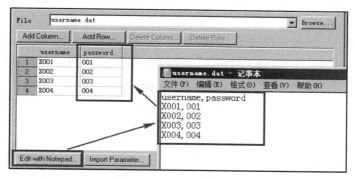

图 5-45 增加 password 列值

【特别说明】：参数化是 LoadRunner 仿真的重要技能，设置时一定要小心谨慎，如果参数之间存在对应关系，最好将相关参数设置在同一张数据文件表中，方便后期灵活调整取值方式。

最后只要将 password 列的取值方式改为 "Same line as username"，这样无论 username 按什么样的方式取值对应的 password 都不会产生混乱。如图 5-46 所示。

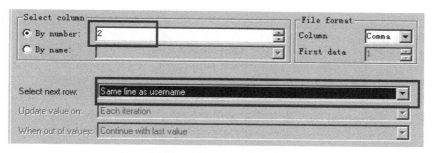

图 5-46 选择 Select next row

Lucy 很高兴能独立解决此问题，运行脚本后成功注册了 X001 到 X004 的所有用户。

5.2.3 参数化操作演练 2

为了增强脚本的业务仿真度，在实际项目中经常用到 Sequential/ Random/Unique + Each iteration、Sequential/ Random/Unique + Each occurrence 的取值组合。

Lucy 创建了一个空脚本，并使用 lr_eval_string 函数尝试了几种取值方式的组合用法。lr_eval_string 函数，表示以字符串的形式返回参数的当前取值。脚本运行的结果如下所示。

脚本一：用户设置 Vuser=1 个，参数设置{paramtest}取值为 A,B,C,D,E（共 5 个），运行时设置 Run Logic 迭代=3 次，脚本如下所示。

```
Action()
{
    //读取参数 paramtest 的值并输出
    lr_eval_string("{paramtest}");//参数值 ABCDE
    lr_eval_string("{paramtest}");//参数值 ABCDE
```

```
        return 0;
    }
```

【特别说明】：请在运行脚本前确保运行时设置中的日志部分勾选"参数替换类型"的扩
展日志（详见 5.1.4 节）。

按照不同取值方式的组合得到了不同结果，当没有值可取的时候 Sequential 将重头开始
取值，例如："Sequential+Each Occurrence" Action3 的取值为"E,A"，如表 5-5 所示。

表 5-5　　　　　　　　　　　　　　参数取值方式列表 1

参数取值方式列表 1			
虚拟用户	Sequential+Each interation		
	Action1	Action2	Action3
Vuser1	AA	BB	CC
虚拟用户	Sequential+Each Occurrence		
	Action1	Action2	Action3
Vuser1	AB	CD	EA

脚本二：用户设置 Vuser=5 个，参数设置 {paramtest} 取值为 A,B,C,D,E（共 5 个），运行
时设置 Run Logic 迭代=2 次，脚本如下所示。

```
Action()
{
    //读取参数 paramtest 的值并输出
    lr_eval_string("{paramtest}");//参数值 ABCDE
    lr_eval_string("{paramtest}");//参数值 ABCDE
    return 0;
}
```

同样的脚本，Sequential 的取值方式在多用户场景下只能为每个 Vuser 取相同的值，如表
5-6 所示。

【特别说明】：并发用户取值效果请在 Controller 组件中观察，VuGen 组件无法实现多用
户并发（详见 6.1 节"Controller 基本操作"）。

表 5-6　　　　　　　　　　　　　　参数取值方式列表 2

参数取值方式列表 2				
虚拟用户	Sequential+Each interation		Sequential+Each Occurrence	
	Action1	Action2	Action1	Action2
Vuser1	AA	BB	AB	CD
Vuser2	AA	BB	AB	CD
Vuser3	AA	BB	AB	CD
Vuser4	AA	BB	AB	CD
Vuser5	AA	BB	AB	CD

如果用这样的取值方式来设计用户注册脚本显然是不合理的，所以我们引入 Unique 取值
方式，Unique 取值规则受到 When out of values 的影响，如果不想取重复的值可以选择 Abort

Vuser。如图 5-47 所示。

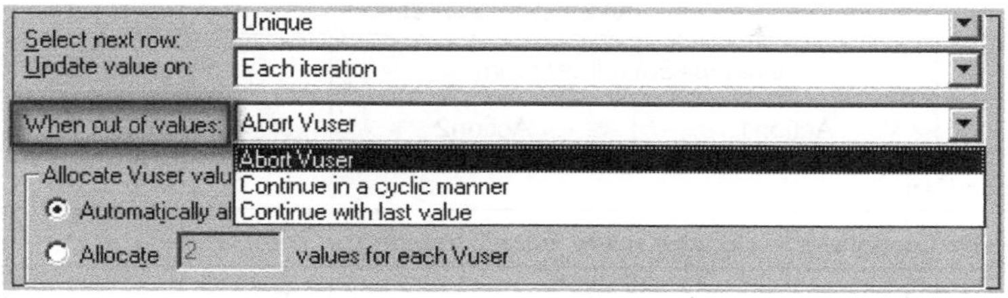

图 5-47 When out of values

（1）Abort Vuser：当超出参数取值范围则终止 Vuser 取值；

（2）Continue in a cyclic manner：当超出参数取值范围则从第一个取值开始循环取；

（3）Continue with last value：当超出参数取值范围则后面的所有值都取最后一个参数。

脚本三：用户设置 Vuser=5 个，参数设置 {paramtest} 取值为 A,B,C,D,E（共 5 个），运行时设置 Run Logic 迭代=2 次，脚本如下所示。

```
Action()
{
    //读取参数 paramtest 的值并输出
    lr_eval_string("{paramtest}");//参数值 ABCDE
    lr_eval_string("{paramtest}");//参数值 ABCDE
    return 0;
}
```

在多用户场景下 Unique 的取值方式能为每个 Vuser 取不同的值，如果 Allocate Vuser value in the Controller 选择自动分配（把 Run Logic 迭代的次数当作参数分配值的依据），结果如表 5-7 所示。

表 5-7 参数取值方式列表 3

参数取值方式列表 3				
虚拟用户	Unique+Each interation		Unique+Each Occurrence	
	Action1	Action2	Action1	Action2
When out of value="Abort User"				
Allocate Vuser value in the Controller="Antomatically allocate block size"				
Vuser1	AA	BB	不支持	不支持
Vuser2	CC	DD	不支持	不支持
Vuser3	EE	N/A	不支持	不支持
Vuser4	N/A	N/A	不支持	不支持
Vuser5	N/A	N/A	不支持	不支持

如果 Allocate Vuser value in the Controller 选择手动分配（使用者确定为每个 Vuser 分配几个值），结果如表 5-8 所示。

表 5-8   参数取值方式列表 4

虚拟用户	参数取值方式列表 4			
	Unique+Each interation		Unique+Each Occurrence	
	Action1	Action2	Action1	Action2
When out of value=Abort User				
Allocate Vuser value in the Controller= "Allocate 4 values for each Vuser"				
Vuser1	AA	BB	AB	CD
Vuser2	EE	N/A	E?	N/A
Vuser3	N/A	N/A	N/A	N/A
Vuser4	N/A	N/A	N/A	N/A
Vuser5	N/A	N/A	N/A	N/A
Allocate Vuser value in the Controller= "Allocate 2 values for each Vuser"				
Vuser1	AA	BB	AB	N/A
Vuser2	CC	DD	CD	N/A
Vuser3	EE	N/A	E?	N/A
Vuser4	N/A	N/A	N/A	N/A
Vuser5	N/A	N/A	N/A	N/A

【特别说明】："Unique+Each Occurrence"运行结果"E?"中的问号，表示脚本中第二个
{ paramtest }没有可取的具体参数。

从参数取值方式列表 3 和列表 4 中我们可以总结出参数取值的规则：

如果是系统自动分配参数，那么参数的条数>=迭代次数*Vuser 用户数。按脚本三的要求
参数{paramtest}的取值至少应该准备 10 个。

如果是用户手工分配参数，那么参数的条数>=手动分配的数值*Vuser 用户数。按脚本三
的要求参数{paramtest}的取值在"Unique+Each interation"模式下应该准备 10 个，在
"Unique+Each Occurrence"模式下至少应该准备 20 个。

5.3　脚本优化之关联

5.3.1　请出示通行证

注册的脚本总算是顺利完成了，下面我们尝试用 5.2.2 章节注册的用户录制一个名为
"Login"的脚本。

为了方便大家理解关联，本次在录制选项窗口中，Configuration 不勾选"关联扫描"的
相关复选框，如图 5-48 所示。

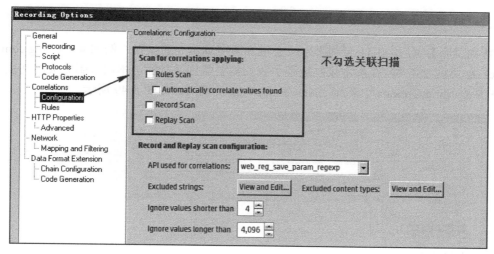

图 5-48　自动关联选项

　　设置完成后使用用户名 "X001"、密码 "001" 进行 Login 脚本的录制，得到如下
脚本。

```
Action()
{
    // 打开 Web Tours 首页
    web_url("index.htm",
        "URL=http://127.0.0.1:1080/WebTours/index.htm",
        "TargetFrame=",
        "Resource=0",
        "RecContentType=text/html",
        "Referer=",
        "Snapshot=t1.inf",
        "Mode=HTML",
        EXTRARES,
        //IE11 向服务器发起的响应请求，从用户模拟的角度不建议删除
        "Url=http://www.bing.com/favicon.ico", "Referer=", ENDITEM,
        LAST);
        lr_think_time(6);

    //输入用户名、密码登录
    web_submit_data("login.pl",
        "Action=http://127.0.0.1:1080/cgi-bin/login.pl",
        "Method=POST",
        "TargetFrame=body",
        "RecContentType=text/html",
        "Referer=http://127.0.0.1:1080/cgi-bin/nav.pl?in=home",
        "Snapshot=t2.inf",
        "Mode=HTML",
        ITEMDATA,
        "Name=userSession","Value=119474.853786958zVtftiHpHQVzzzzHDziHcpQczHf", ENDITEM,
        "Name=username", "Value=X001", ENDITEM,
        "Name=password", "Value=001", ENDITEM,
        "Name=JSFormSubmit", "Value=off", ENDITEM,
        "Name=login.x", "Value=43", ENDITEM,
        "Name=login.y", "Value=13", ENDITEM,
        LAST);
```

```
        return 0;
    }
```

【特别说明】：使用 IE11 录制脚本时会增加诸多脚本外的操作，例如 www.bing.com 的访问、sockets 协议 SSL 等，在脚本录制过程中我们需要甄别并排除与本次录制无关的其他操作。建议在 Recording Options 中新增"New Entry"IP 及端口，如图 5-49 所示。

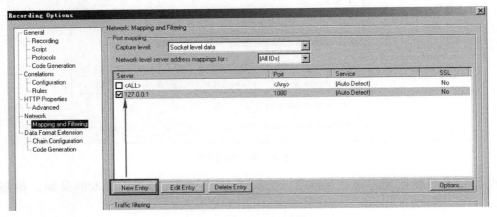

图 5-49　New Entry 映射

并在映射服务器的"Options"中将"录制时自动 SSL 检测"以及"录制时自动套接字检测"关闭。如图 5-50 所示。

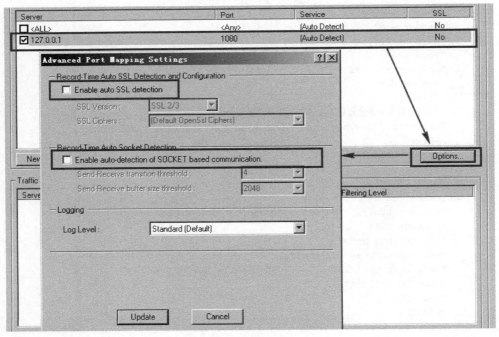

图 5-50　关闭 SSL 检测

脚本录制还算顺利，Lucy 尝试回放脚本，以检验录制成果，回放后很快发现脚本中 web_submit_data 函数报错，如图 5-51 所示。

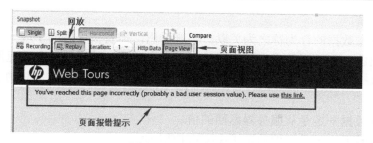

图 5-51　Login 回放报错

通过提示信息，进一步分析会发现似乎和 user session 有关，但问题出在哪里呢？Lucy 通过查找资料，终于找到了问题所在，下面是关于失败原因的分析。

当客户端向服务器发起登录的请求时，服务器会进行验证。验证通过后会返回一个固定的 Session ID，该 Session ID 对本次会话期间的所有访问生效，后续客户端的请求只要带上这个 Session ID 就被认为是合法的请求。如图 5-52 所示。

图 5-52　录制脚本的 Session ID

一旦会话结束，客户端再次向服务器发起登录请求，服务器将重新判断是否是合法用户，如果是合法用户，则会分配一个新的 Session ID 给到当前客户端，这是 HTTP 协议特征（不保存状态的协议）决定的。

而使用 VuGen 录制的脚本，回放时依然使用录制时捕获的 Session ID，服务器在收到这样的 ID 后自然会拒绝客户端的请求。如图 5-53 所示。

图 5-53　回放脚本的 Session ID

这就好比是某大型峰会，第一天的参会嘉宾统一发放黄色的通行证，第二天发放蓝色的通行证。而你在第二天还拿着黄色的通行证来参加会议，实在是太过醒目，被拒绝也就不足为奇了。所以出现此类情况就必须重新捕获一次服务器的 Session ID，并发送最新的 ID 请求才能成功登录系统。

重新捕获动态数据的行为称之为关联。不难看出，需要被关联的字段一定是动态数据，且是服务器发出的。既然叫关联也说明后续客户端会用到该数据向服务器返回请求。

关联具有 3 个主要特征，对数据特征理解到位，找出脚本中需要关联的字段就会变得比较容易。

特征一：该数据一定是从服务器返回的值。

特征二：该数据一定是后面的请求中要被调用的。

特征三：该数据必须是动态变化的。

关联分为手动关联和自动关联，下面将介绍两种关联的基本操作办法。

（1）手动关联

手动关联是脚本优化中最为常用的技术之一，首先确定要捕获的数据，然后确定数据来源，添加 web_reg_save_param 组函数，最后回放脚本检验正确性。

【特别说明】：手动关联是我们最常用的关联方式，操作案例详见 5.3.2 节"关联操作演练"。

（2）自动关联

在录制选项中选择 Correlations→Configuration，如图 5-54 所示。脚本录制期间会自动扫描需要关联的字段，并在脚本停止录制后弹出设计工作室对话框确认关联参数。

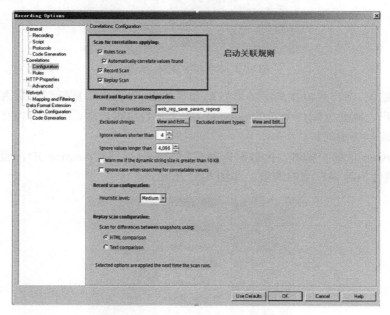

图 5-54　Correlations->Configuration 窗体

Scan for correlations applying 扫描关联规则有如下 4 种。

（1）"Rules Scan"，规则扫描：表示从 Correlations->Rules 设定的规则中查找脚本有无可关联的对象，规则可以人为拟定。

（2）"Automatically correlate values found"，自动关联找到的值：通过录制和回放脚本的数据匹配，判断出需要关联的属性。

（3）"Record Scan"，录制扫描：通过 web_reg_save_param 组函数进行配置，可手动设置扫描级别。

（4）"Replay Scan"，回放扫描：通过 web_reg_save_param 组函数进行配置，可手动设置扫描方式（HTML comparison/Text comparison）。

学习笔记

笔记一：每次回放提示成功，不代表脚本真的成功，在 5.1.3 节中已详细介绍，关键是确定每个回放步骤是否正确无误。

笔记二：关联是录制脚本需要解决的主要难题，脚本录制如果无法回放成功，有可能是脚本没有录制完成就提前结束，也可能是服务器故障；如果都不是，那么就要考虑脚本中存在动态数据的情况。

笔记三：关联操作比较繁琐，操作时需细心谨慎，但不是所有的脚本都需要使用关联，脚本的调整还需依据实际情况，具体问题具体分析。

5.3.2 关联操作演练 1

下面我们对 Web Tours 的 Login 脚本进行手动关联。

步骤 1：根据图 5-51 Login 回放报错的提示，我们初步猜测可能是 user session value 出了问题，在脚本中找到如下代码段，如图 5-55 所示。

```
ITEMDATA,
"Name=userSession", "Value=119474.940704739zVtftQcpczcfDziHcpQfDfHf", ENDITEM,
"Name=username", "Value=X001", ENDITEM,
"Name=password", "Value=001", ENDITEM,
"Name=JSFormSubmit", "Value=off", ENDITEM,
"Name=login.x", "Value=48", ENDITEM,
"Name=login.y", "Value=12", ENDITEM,
LAST);
```

图 5-55 找到需要关联的值

【特别说明】：一般需要关联的字段并非是纯数字或有意义的字母组合，而是不太能理解的随机数，找关联字段的时候要特别注意。

找到该值后我们只是推测，还需要进一步确定，在 Output→Code generation 窗体下查找该值，并确保第一次出现的位置是在 Response 请求中。如图 5-56 所示。

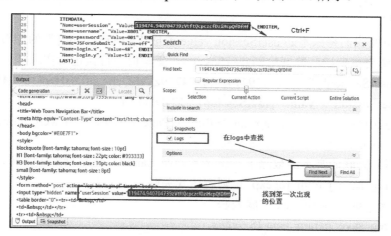

图 5-56 在 Code generation 中查找

　　找到该值第一次出现的位置后，往上检查出现的位置，如果在 Response 中出现，且继续查找有出现在 Request 中的情况，那么可以肯定这就是我们要关联的对象。

　　步骤 2：确定关联对象后请记住在 Code generation 中第一次出现位置的左右边界，然后调用 web_reg_save_param 函数实现关联中变量的替换。

　　在 web_url 函数的前面单击鼠标右键 Insert->New Step，在 Steps Toolbox 中输入 web_reg_save_param，找到后双击弹出 Save Data to a Parameter，如图 5-57 所示。

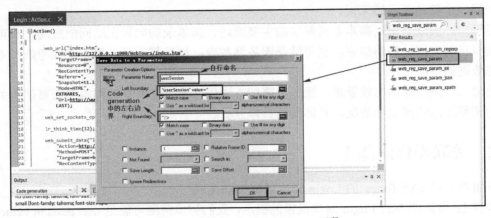

图 5-57　插入 web_reg_save_param 函数

　　单击确定按钮后，生成如下脚本，在下次运行脚本的时候系统会自动取出左右边界的值赋予名为 userSession 的参数，脚本如下所示。

```
web_reg_save_param("userSession",
    "LB="userSession" value="",
    "RB="/>",
    LAST);
```

【特别说明】：因左右边界的数据中出现了"（双引号），必须使用转义字符"\"才能生效，所以需要对上述脚本进行微调，最终结果如下。

```
web_reg_save_param("userSession",
    "LB=\"userSession\" value=\"",
    "RB=\"/>",
    LAST);
```

　　步骤 3：下面我们将原本的 userSession value 改成"{userSession}"的参数形态，这样系统每运行一次都会重新捕获数据给到 userSession，变量值的替换也就实现了。

//"Name=userSession", "Value=119474.940704739zVtftQcpczcfDziHcpQfDfHf", ENDITEM,

"Name=userSession", "Value={userSession}", ENDITEM,

　　步骤 4：再次运行脚本，在 Snapshot -> Replay(Page View)中查看 web_submit_data 函数的测试结果为 Welocme，X001…，如图 5-58 所示。

【特别说明】关联的脚本函数除了 web_reg_save_param，还包括如下 4 个。

（1）web_reg_save_param_regexp 正则表达式关联。

（2）web_reg_save_param_ex 扩展关联。

（3）web_reg_save_param_json JS 关联。

（4）web_reg_save_param_xpath 路径关联。

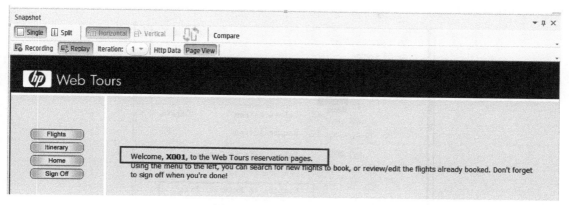

图 5-58　关联后回放脚本结果

最常用的主要是 web_reg_save_param 和 web_reg_save_param_regexp，下面补充介绍一下正则表达式的用法。

web_reg_save_param_regexp 函数一般针对取值边界长度是动态变化的情况，如果我们假设 userSession value 的边界长度是不固定的，那我们就可以使用该函数进行关联。脚本如图 5-59 所示。

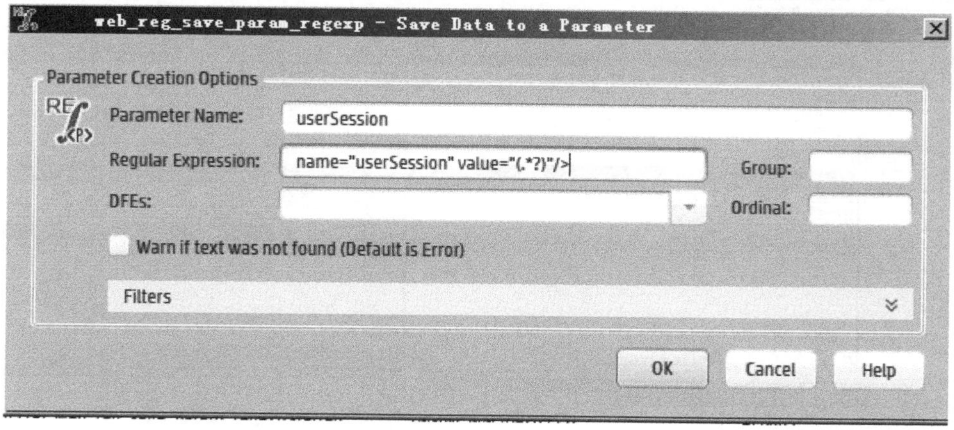

![web_reg_save_param_regexp 对话框，Parameter Name: userSession，Regular Expression: name="userSession" value="(.*?)"/>]

图 5-59　正则表达式关联

关联返回的内容在正则表达式中需要用圆括号标记，并将圆括号的内容保存到名为 "userSession" 的参数中，执行脚本，最终结果同 web_reg_save_param 函数。生成的脚本如下所示。

```
web_reg_save_param_regexp(
"ParamName=userSession",
"RegExp=name=\"userSession\" value=\"(.*?)\"/>",
SEARCH_FILTERS,
LAST);
```

【补充说明】：如果脚本过于复杂实在无法确定需要关联的字段是哪一个，可以重新录制一次脚本，对两次录制的脚本进行对比，这样也能发现动态数据。操作办法如下，在解决方案资源管理器（Solution Explorer）中单击鼠标右键，选择要对比的文件（Compare to External File），如图 5-60 所示。

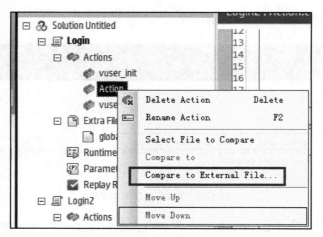

图 5-60　关联后回放脚本结果

　　系统会自动对两个文件进行对比，并告知不同之处，这样找到需要关联的字段就非常容易了，如图 5-61 所示。

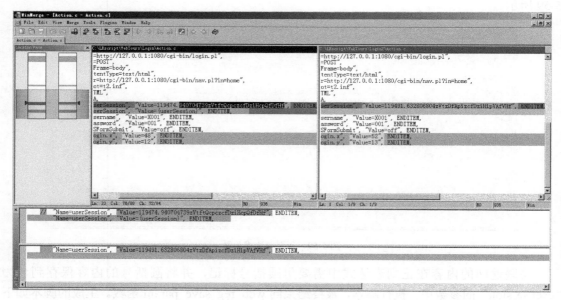

图 5-61　脚本对比窗口

5.3.3　关联操作演练 2

　　如果我们对 Web Tours 的 Login 脚本在录制前启动了自动关联扫描（在录制选项中选择 Correlations->Configuration），那么在脚本录制完成后系统将按照设定的规则完成扫描，得到如图 5-62 所示的结果。

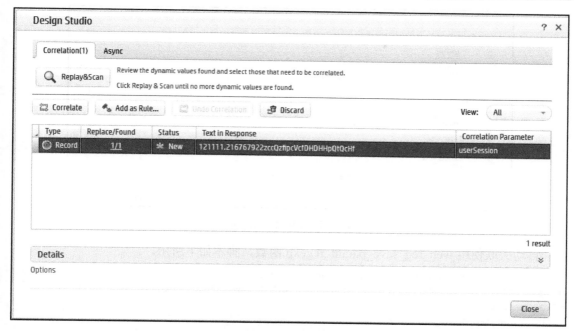

图 5-62　设计工作室窗体

自动关联可以辅助扫描可疑的关联数据，相比 LR11，LR12 在录制关联上的表现更为精准。查看设计工作室左下方"Detail"详细信息的折叠按钮，可以看到被关联数据在原始快照中的位置，如图 5-63 所示，以及该数据在脚本中出现的位置，如图 5-64 所示。

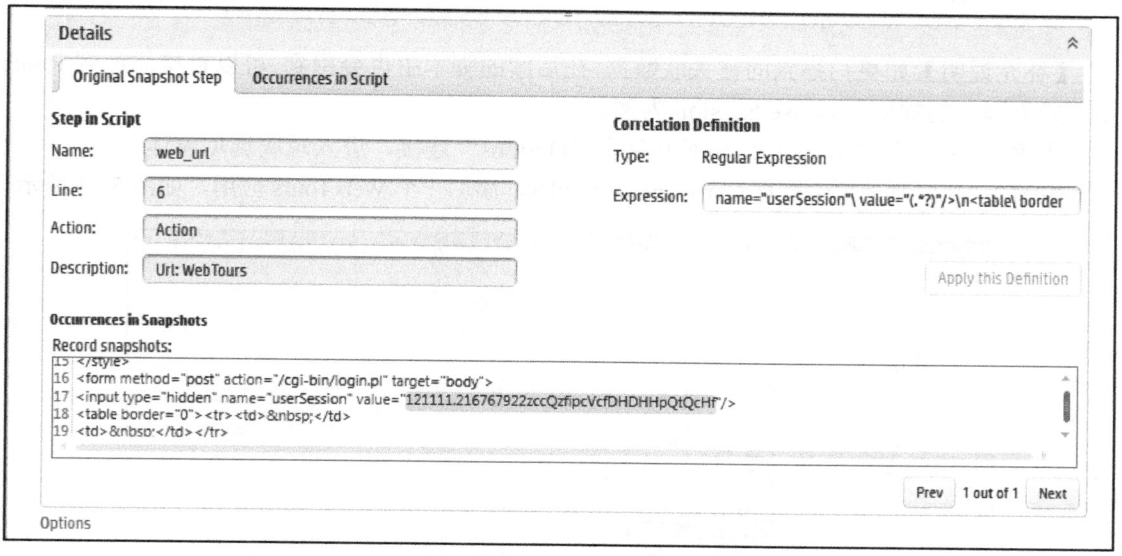

图 5-63　设计工作室_原始快照位置

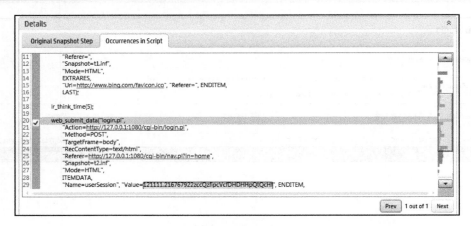

图 5-64　设计工作室_当前脚本位置

自动关联使用 **web_reg_save_param_regexp** 函数，脚本如下所示。

```
    /*Correlation comment - Do not change!  Original
value='121111.386796274zccQzzzpQfiDDDDDDHDHipAAVHf' Name ='userSession' Type
='ResponseBased'*/
        web_reg_save_param_regexp(
            "ParamName=userSession",
            "RegExp=name\"userSession\"\\ value=\"(.*?)\"/>\\\n<table\\ border",
            SEARCH_FILTERS,
            "Scope=Body",
            "IgnoreRedirections=No",
            "RequestUrl=*/nav.pl*",
            LAST);
// 脚本中 web_submit_data 函数 userSession 的取值也被替换成了"{userSession} "
```

【补充说明】：如果扫描到的被关联数据，在后续的脚本中也会用到，可以直接添加到 Rules 中，成为固定的规则。以 userSession 为例。

步骤 1：在设计工作室窗体左下方单击“Options”连接，进入录制选项窗体。

步骤 2：在录制选项中选择 Correlations->Rules，添加一个 Web Tours 应用，如图 5-65 所示。

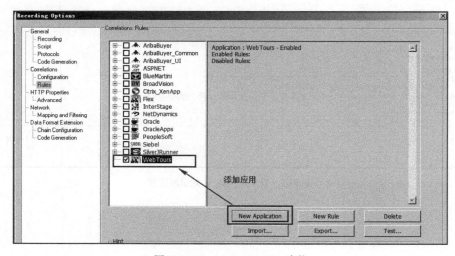

图 5-65　Correlations->Rules 窗体

步骤 3：返回设计工作室窗体，单击"Add as Rule…"按钮，为 Web Tours 添加规则，如图 5-66 所示。

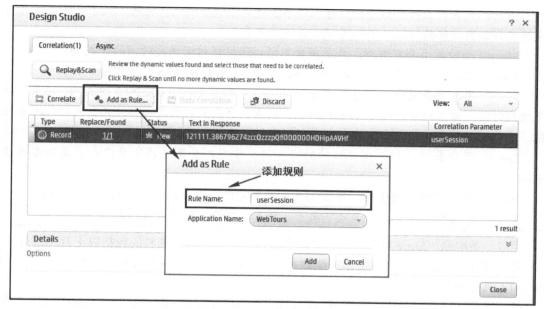

图 5-66　设计工作室_添加规则

5.4　脚本优化之事务+检查点

5.4.1　时间去哪儿了

注册和登录脚本的录制工作算是告一段落，但录制的目的并不只是为了回放成功，作为一款性能测试工具，对于响应时间的反馈才是定位性能瓶颈的关键，事务这个词并不好理解，下面我们同 Lucy 一起来认识一下所谓的事务，如图 5-67 所示。

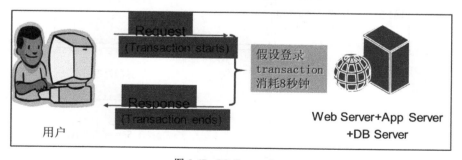

图 5-67　LR Transactions

LR Transactions 度量的是客户端发送请求到服务器响应处理并返回请求的时间。看上去和响应时间并无本质差异，Lucy 查阅了资料，发现事务和响应时间之间存在细微差异，于是打电话请教 Mary，以下是 Lucy 给 Mary 的电话内容。

> Lucy：　Mary 我想请教一下关于事务的问题。
>
> Mary：　看到事务啦？学得挺快嘛，你说说看什么问题？
>
> Lucy：　我在网上查了些资料，有人说事务等同于响应时间，也有人说事务除了响应时间还包括函数消耗的时间，不知道哪种说法更可靠？
>
> Mary：　两种说法都有道理，只是角度不同，还记得前面响应时间的公式吗？
>
> Lucy：　记得，响应时间= CT+（N1+N2+N3）+（N4+N5+N6）+WT+AT+DT。
>
> Mary：　原本事务是一对函数 lr_start_transaction 和 lr_end_transaction 组成的，记录的就是响应时间，但在记录的过程中 LR 脚本会在录制中或录制后增加部分函数来优化脚本功能，这些函数原本的请求中是没有的，所以我们把它叫作消耗。
>
> Lucy：　原来如此，那么消耗掉的时间如何排除呢？如果不排除肯定和真实脚本存在差异。
>
> Mary：　这个问题问得很好，实际上函数早有考虑，会自动排除这类消耗的时间。
>
> Lucy：　听你这么一说，我算是明白了，网上的争论不过是角度问题。

　　经过一番沟通，Lucy 对事务有了更清晰的认知，实际事务的时间包括以下几个部分。

　　第一部分：Wasted Time，脚本录制过程中，自动插入所花费的时间；脚本录制后，手工编码输入执行所花费的时间。

　　第二部分：函数自身所消耗的时间，包括 lr_start_transaction 和 lr_end_transaction 函数。

　　第三部分：Think Time，用于模拟用户操作步骤之间延迟时间的一种技术手段，在录制时系统会自动生成 lr_think_time()函数，单位为秒。

　　第四部分：响应时间= 网络+服务器处理时间（详见 2.1.2 章节）。

　　在事务的时间计算中会自动排除第一部分和第二部分的时间，而第三部分的时间会在事务结果中单独统计出来，只要做一下减法也能排除。所以事务真正要度量的时间依然是响应时间。如图 5-68 所示。

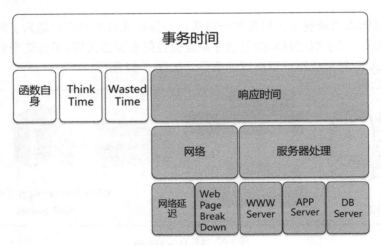

图 5-68　事务时间的组成

　　添加事务的方式有 3 种，可以在录制过程中直接添加，也可以在录制结束后进行添加，如果你想手工编码添加事务命令也没问题。

（1）当你对脚本完全不熟悉的情况下，选择录制过程中在工具栏添加事务是比较明智的，这样系统会自动在脚本中插入函数，函数插入的位置不需要人为确定。如图 5-69 所示。

图 5-69　在工具栏添加事务

（2）如果对脚本较为熟悉，一般都是在录制结束后添加事务，添加方法在 5.4.3 章节的操作演示中将详细介绍。

（3）最后一种就是纯手工编码添加事务命令，此方法的效果和前面两种是一致的。

事务的函数语法如下所示：

```
int lr_start_transaction( char *transaction_name );
int lr_end_transaction( char *transaction_name, int status);
```

其中 lr_end_transaction 函数的 int status 有 4 种状态。

● LR_AUTO 说明 LR 自动根据规则来判断状态，结果为 PALL / FAIL / STOP；

● LR_PASS 说明系统做了正确的事，并记录下了对应的时间（响应时间）；

● LR_FAIL 说明事务失败，没有达到脚本应该有的效果，得到的时间不是正确操作的时间（后期统计中将被独立统计）；

● LR_STOP 说明事务被停止。

学习笔记

事务的语法和操作相对简单，但在实际的脚本运行中必不可少，如果脚本中没有事务，就等于没有定位响应时间的依据，通常一个脚本由若干个事务组成。

5.4.2　我是检察官

如果想快速地知道回放脚本到底成功还是失败，就要用到一个叫 web_reg_find()的函数，此函数名为检查点函数，通过设置检查点，自动在回放的脚本中搜索指定的检查信息。如果找到则通过，如果找不到则提示 Script Failed。

举例说明：如果重新录制一个"Login"脚本，在没有设置关联的情况下，系统依然会报 Bad userSession value 的错误，但我们知道录制脚本时返回的是 Welcome X001…页面，那我们可以在 web_submit_data 函数前设置一个检查点，检查文本中是否存在 Welcome，如果存在则通过，如果不存在则报脚本错误。

```
//设置检查点
web_reg_find("Text=Welcome",
LAST);
```

很明显，添加检查点后脚本运行失败，运行结果如图 5-70 所示。

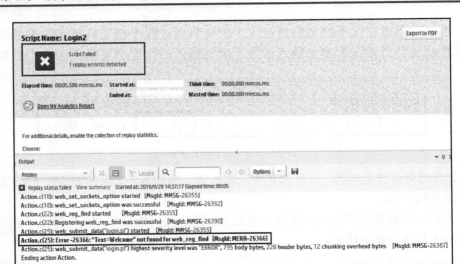

图 5-70　检查点报错提示

　　检查点的作用是确保脚本运行页面和用户期望是一致的，可以快速地帮我们定位脚本哪里出了问题，通常检查点函数会和事务函数一起使用，具体使用技巧详见 5.4.3 章节的操作演示。

　　学习笔记

　　检查点可以单独判断页面操作情况，但通常会同事务一起使用，用于判断事务时间是否是我们想要的正确时间，注意 5.4.3 章节操作演示中检查点插入的位置。

5.4.3　事务与检查点操作演练

　　理解了事务，下面我们跟着 Lucy 一起操作，完成对"Login"脚本事务的插入，因脚本相对简单，要找到事务插入的位置并不困难，Lucy 直接采用手动插入事务的处理办法，脚本中插入事务的位置在 web_submit_data 函数的前后，通过鼠标右键选择 Insert->Start Transaction / End Transaction，如图 5-71 所示。

```
lr_start_transaction("Login");  //开始事务

web_submit_data("login.pl",
    "Action=http://127.0.0.1:1080/cgi-bin/login.pl",
    "Method=POST",
    "TargetFrame=body",
    "RecContentType=text/html",
    "Referer=http://127.0.0.1:1080/cgi-bin/nav.pl?in=home",
    "Snapshot=t2.inf",
    "Mode=HTML",
    ITEMDATA,
//  "Name=userSession", "Value=119474.940704739zVtftQcpczcfDziHcpQfDfHf", ENDITEM,
    "Name=userSession", "Value={userSession}", ENDITEM,
    "Name=username", "Value=X001", ENDITEM,
    "Name=password", "Value=001", ENDITEM,
    "Name=JSFormSubmit", "Value=off", ENDITEM,
    "Name=login.x", "Value=48", ENDITEM,
    "Name=login.y", "Value=12", ENDITEM,
    LAST);

lr_end_transaction("Login", LR_AUTO);  //结束事务

return 0;
```

图 5-71　插入事务

插入事务后再次运行脚本，事务以 Pass 状态结束，持续时间为 0.1935 秒，浪费时间为
0.0078 秒，如图 5-72 所示。

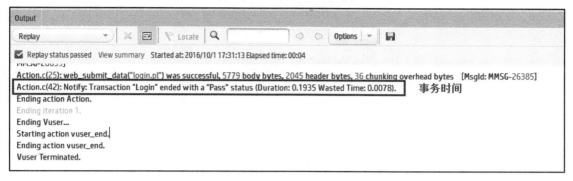

图 5-72　事务运行结果

【特别说明】：如果是在录制时插入事务，生成的事务段脚本将包含思考时间，也就是说
lr_think_time()的时间将被计算在事务中，回放脚本前在 Replay->Runtime Settings 中将 Think
time 改为 Replay think time as recorded（按录制参考回放思考时间）。

运行结果，事务以 Pass 状态结束，持续时间为 6.2131 秒，思考时间为 5.9998 秒，浪费
时间为 0.0099 秒，如图 5-73 所示。

图 5-73　事务运行结果（含思考时间）

这就意味着真正的事务时间等于持续时间减去思考时间，最终的结果为 0.2133 秒。这和
不加入思考时间的运行结果是相似的，才是真正意义上的服务器响应时间。

有了事务，我们就可以度量时间，那么到底度量的时间是否是我们想要的呢？
lr_end_transaction 函数以 LR_AUTO 结尾，表示自动判断事务当前状态，但何为 PASS 在事
务中没有明确的定义，所以我们需要同检查点结合使用。

Insert->New Step 查找函数 web_reg_find，输入文本检查点"Welcome"，如图 5-74 所示。

注意插入检查点的位置，通常是放在事务段的内部，这样便于理解该检查点的作用，检
查点函数自身所消耗的时间会被事务自动排除，如图 5-75 所示。

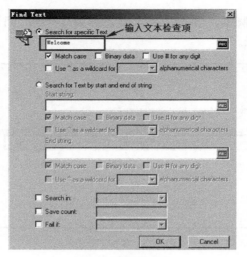

图 5-74　设置检查点

```
lr_think_time(6);

lr_start_transaction("Login");  //开始事务
//设置检查点
web_reg_find("Text=Welcome",
    LAST);
web_submit_data("login.pl",
    "Action=http://127.0.0.1:1080/cgi-bin/login.pl",
    "Method=POST",
    "TargetFrame=body",
    "RecContentType=text/html",
    "Referer=http://127.0.0.1:1080/cgi-bin/nav.pl?in=home",
    "Snapshot=t2.inf",
    "Mode=HTML",
    ITEMDATA,
//  "Name=userSession", "Value=119474.940704739zVtftQcpczcfDziHcpQfDfHf", ENDITEM,
    "Name=userSession", "Value={userSession}", ENDITEM,
    "Name=username", "Value=X001", ENDITEM,
    "Name=password", "Value=001", ENDITEM,
    "Name=JSFormSubmit", "Value=off", ENDITEM,
    "Name=login.x", "Value=48", ENDITEM,
    "Name=login.y", "Value=12", ENDITEM,
    LAST);
lr_end_transaction("Login", LR_AUTO);  //结束事务

return 0;
```

图 5-75　在事务中插入检查点

如果脚本能正确进入 Web Tours Welcome 页面，那么执行结果成功，如下所示。

```
    Action.c(26): Notify: Transaction "Login" ended with a "Pass" status (Duration: 0.3033 Wasted
Time: 0.0386).
```

如果脚本不能正确进入 Web Tours Welcome 页面，例如，把用户名×001 的密码改成 123，那么执行结果失败，如下所示。

```
    Action.c(26): Notify: Transaction "Login" ended with a "Fail" status (Duration: 0.2622 Wasted
Time: 0.0042).
    Action.c(26): Notify: Transaction "Login" has 1 error message(s).
    Action.c(26): Notify: The 1st error message associated with transaction "Login" is "Error
-26366: "Text=Welcome" not found for web_reg_find"
```

【补充说明】：在事务的内部也可以设置子事务，语法如下所示，但父事务支持的很多函数在子事务中无法实现，所以不推荐在脚本中使用子事务。

```
//父事务与子事务
lr_start_transaction("login"); //父事务开始
    lr_start_sub_transaction("loginpage","login");//打开登录页面 (子事务)
    web_url("WebTours","URL=……LAST);
    lr_end_sub_transaction("loginpage",LR_AUTO);//子事务结束
    lr_start_sub_transaction("submitpage","login");//单击登录按钮 (子事务)
    web_submit_data("login.pl","Action=,……LAST);
    lr_end_sub_transaction("submitpage",LR_AUTO);//子事务结束
lr_end_transaction("login", LR_AUTO);//父事务结束
```

与事务相关的函数还包括以下 5 种，在实际应用中请具体问题具体分析：

lr_get_transaction_duration() //获得对应事务到达该函数运行位置时持续的时间

lr_get_transaction_wasted_time()//获得对应事务到达该函数运行位置时的 wasted 时间

lr_wasted_time()//为一个事务添加 wasted 的时间

lr_stop_transaction()//将一个事务暂停，该函数后的操作都不会被记入事务时间

lr_resume_transaction()//将暂停的事务恢复

5.5 脚本优化之集合点+思考时间

5.5.1 如何并肩作战

在 VuGen 中的脚本录制最终是为了实现并发，集合点就是并发的一种手段。

举例说明：如果我们想实现×001~×010 10 位用户（默认这 10 位用户已成功注册）进入 Web Tours 页面，在同一秒钟单击“Login”按钮。从功能测试的角度讲，我们需要找 10 位用户，然后数一、二、三大家一起点登录。结果是可想而知的，在同一秒钟完成登录非常困难，如果人数上升到 500 人，这几乎是不可能完成的任务。

对于 LR12 来讲用户想要同时完成某一个任务并不困难，甚至用户可以同时完成不同的任务。例如，500 个用户中 70%执行注册操作，30%用户执行登录操作。

在 LR12 中集合点的使用分为两个部分。

步骤 1：在 VuGen 中确定并发操作步骤，添加集合点。

集合点函数 lr_rendezvous(char *rendezvous_name)，可以在录制脚本时添加，也可以在录制完成后通过鼠标右键插入。

【特别说明】：集合点只能在 Action 中添加，添加后并不会对 VuGen 脚本运行产生实质影响，真正的影响是在 Controller 中体现的。

步骤 2：在 Controller 并发操作之前，设置集合点策略。

集合点策略有以下 3 种，如图 5-76 所示。

第一种策略：Release when X% of all Vusers arrive at the rendezvous，当百分之 X 的 Vuser（占总数）到达时集合点后释放所有用户；

第二种策略：Release when X% of all running Vusers arrive at the rendezvous（默认选项），当百分之 X 的 Vuser（占运行的总数）到达时集合点后释放所有用户；

第三种策略：Release when X Vusers arrive at the rendezvous，当指定的 X 个 Vuser 到达时集合点后释放所有用户。

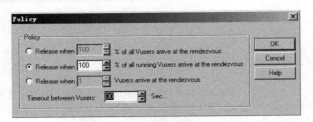

图 5-76　集合点策略

我们需要区分一下 3 种策略的含义，举个形象的例子，某公司组织登山活动，共 50 人报名参加，所有参赛人员按 5 人一组进行审核，每 10 分钟完成一组人员的登山资格审核（假设所有队员都符合登山要求），然后按指定路线进行登山。

第一种策略：当 50 名登山队员都审核完成后大家一起出发登山。

第二种策略：当第一组（5 名）登山队员完成审核后就可以出发登山了，不必等待第二组审核，同理，第二组（5 名）登山队员审核后就可以出发，不必等待后续小组审核。

第三种策略：按指定人数进行登山，如果指定每次登山必须 10 人一组，那么只要这 10 人都通过了审核就可以出发登山。

【特别说明】：集合点策略的选择不同，在场景中运行的效果可能会有很大的区别，从并发效果的角度来讲第一种策略效果最明显；但从仿真的角度来讲第二种策略更符合用户的增长方式；而第三种策略是按 Vuser 的数量，用得相对较少。

学习笔记

集合点对并发会产生较大的影响，是否需要设置集合点，以及在什么地方设置集合点都需要谨慎考虑，在做性能测试的时候要时刻牢记仿真的重要性，我们的测试不是制造用户不存在的访问操作，而是尽量模拟真实的用户行为。

5.5.2　集合点+思考时间操作演练

如果我们想实现 10 个用户的并发操作，我们需要在 VuGen 脚本中对 username 和 password 进行参数化设置，并添加集合点，这里我们选择录制完成后通过鼠标右键选择 Insert->rendezvous。如图 5-77 所示。

图 5-77　集合点及参数化设置

【特别说明】：注意集合点插入的位置一定是在事务之外，否则事务的时间统计会把集合点等待的时间也计算进去，这不符合实际情况。

要想脚本运行正确，我们需要确保被参数化的用户名和密码是可用的，这里我们假设已经调用"signup"脚本完成了 username: X001~X010,password:001~010 的用户注册。

下一步则是将调试好的脚本放入 Controller 中执行，除了打开 Controller 快捷键图标外，一般我们选择在 VuGen 中的"Tools"菜单下通过"Create Controller Secnario"选项进入 Controller 界面。如图 5-78 所示。

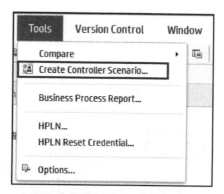

图 5-78　Create Controller Secnario

选择"Create Controller Secnario"，在弹出的基本选项对话框中选择手动场景，设置 Vuser 用户数为 10 个，如图 5-79 所示。

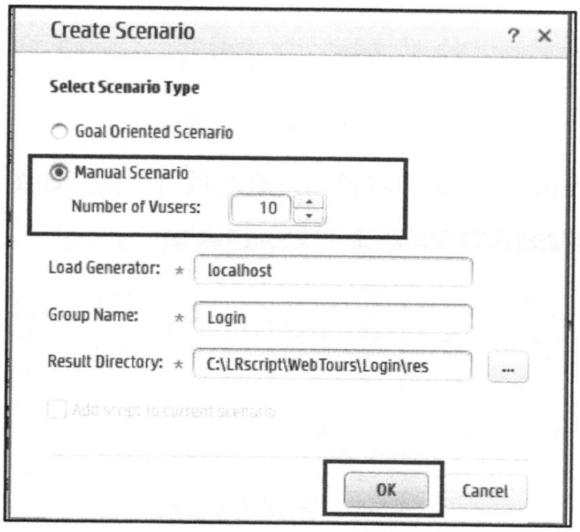

图 5-79　创建手动场景

进入 Controller 界面，选择 Secnario-> Rendezvous...打开集合点设置对话框，我们可以看到当前被加载的脚本名称为"Login"，集合点的名称为"Login"，虚拟用户有 10 个，如图 5-80 所示。

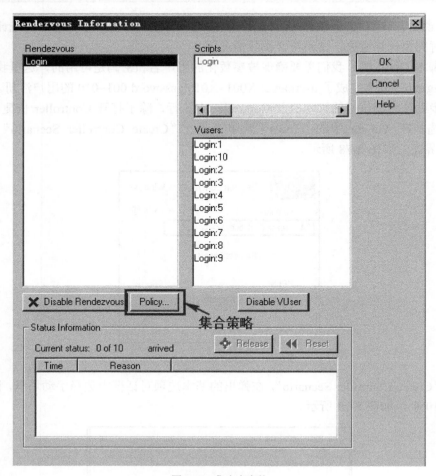

图 5-80　集合点窗体

选择集合点策略 "Policy" 按钮，将弹出策略选项对话框，如图 5-81 所示。

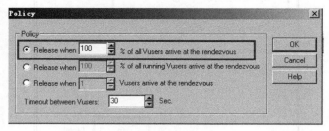

图 5-81　集合点策略选择

在 5.5.1 章节中我们了解到集合点的策略有三种，我们先选择第一种策略，当百分之×的 Vuser（占总数）到达时集合点后释放所有用户。这样集合点的设置就完成了，但真正的并发操作还需要设置 Controller 的场景（详见 6.2.1 章节 "集合点实战"），这样脚本才能如预期执行。

最后我们来理解一下思考时间的概念，在 VuGen 的 Runtime Settings 中，思考时间默认是被忽略的，这符合单脚本调试的需要。但在 Controller 中要模拟真实用户场景的并发行为，系统会自动将思考时间设置为 "As recorded" 按录制的实际时间。如图 5-82 所示。

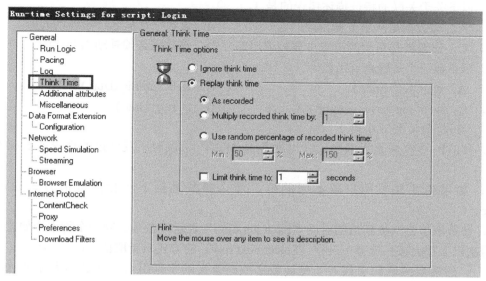

图 5-82 思考时间设置选项

【特别说明】: 思考时间的设置是在 Controller 中完成的, 为了实现更有效的仿真一般会选择使用录制思考时间的随机百分比模式, 即 "Use random percentage of recorded think time", Min50%, Max150%, 这样的设置就更接近于用户实际的快慢操作了。

5.6 本章小结

请和 Lucy 一起完成以下练习, 验证第 5 章节所学内容 (参考答案详见附录 "每章小结练习答案")。

一、选择题 (单选, 共 6 题)

1. HTTP 协议属于 TCP/IP 模型的哪一层? (   )

   A. 应用层　　　　B. 网络层　　　　C. 传输层　　　　D. 链路层

2. HTTP 协议请求方法中下列说法哪一个最符合 POST 请求的描述? (   )

   A. 从 Web 服务器上删除一个文件

   B. 检查一个对象是否存在 (获取报文首部)

   C. 向 Web 服务器发送数据让 Web 服务器进行处理

   D. 向 Web 服务器发送数据并存储在 Web 服务器内部

3. 示例程序 Web Tours 录制时选择哪种 Recording mode? (   )

   A. Remote Application visa LoadRunner Proxy

   B. Web Browser

   C. Windows Application

   D. Captured Traffic File Analysis

4. LR12 在录制脚本时, 我们一般使用基于哪种脚本的录制方式? (   )

   A. A script describing user actions　　　　B. URL-Based script

　　　　C．A script containing explicit URLs only　　D．A script containing explicit XML only

5．以下关于关联的特征描述错误的是（　　　）。

　　A．该数据是从服务器返回的值　　　　　　B．该数据是从客户端返回的值

　　C．该数据是后面的请求中要被调用的　　　D．该数据必须是动态变化的

6．以下哪一个是检查点函数？（　　　）

　　A．web_reg_find( )　　　　　　　　　　B．web_submit_data( )

　　C．web_reg_save_param( )　　　　　　　D．lr_reg_find( )

二、判断题（共 6 小题）

1．HTTP 协议是无状态协议。也就是说 HTTP 协议对于发送过的请求或响应不做保存。（　　　）

2．如果想要并发用户取不同的值，那么参数选择下一行的取值方式应该选择 Unique。（　　　）

3．参数取值方式更新值的时间 "Each iteration" 表示该参数在同一个脚本中如果出现两次或两次以上都会按照选择下一行（Select next row）的方式重新取值。（　　　）

4．一般需要关联的字段并非是纯数字或有意义的字母组合，而是不太能理解的随机数。（　　　）

5．事务是成对出现的，事务名称必须完全相同才能认为是一组事务。（　　　）

6．为了让集合点生效，我们通常会把集合点设置在一组事务的内部。（　　　）

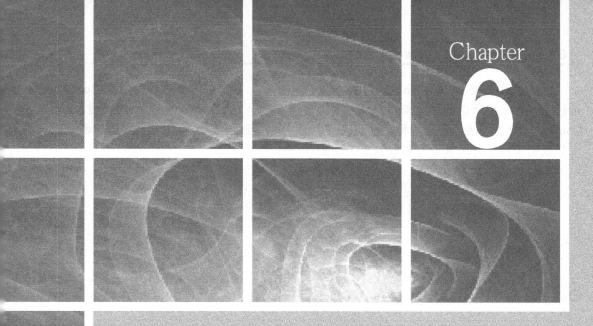

Chapter

6

第 6 章

脚本执行（Controller
设计执行测试）

　　已经是第三周了，VuGen 的学习总算是告一段落，调试好的脚本还需要在 Controller 中运行，才能实现所谓的并发操作。下面我们将和 Lucy 一起学习 Controller 的使用。LR12 中 Controller 除了包括场景设计和运行监控两个部分外，还增加了对 J2EE/NET 的诊断功能。本章节我们重点学习场景设计和数据监控功能。

　　本章主要包括以下内容：
- Controller 基本操作；
- 场景设计操作演练；
- 数据监控操作演练；
- 本章小结。

6.1　Controller 基本操作

6.1.1　创建场景

　　进入 Controller 场景设计页面需要先创建场景，场景包括手动场景和目标场景两种，如图 6-1 所示。

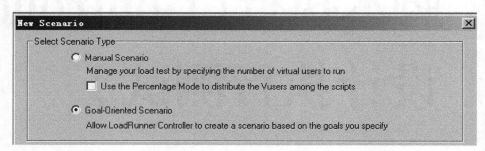

图 6-1　选择场景类型

　　Goal-Oriented Scenario：面向目标的场景，系统默认选项，允许 Controller 基于指定的目标创建场景。如图 6-2 所示。

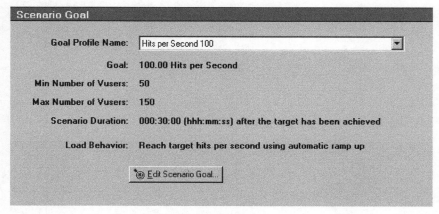

图 6-2　场景目标

用户可以选择目标场景类型，并设置具体的目标数，如图 6-3 所示。

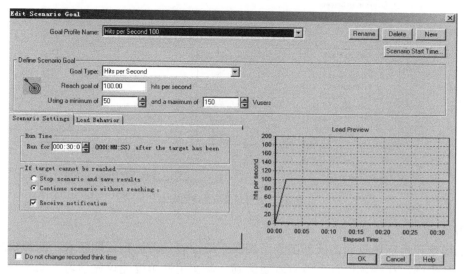

图 6-3　编辑场景目标

目标类型包括每秒单击次数、虚拟用户数、每秒事务数、事务响应时间和每分钟页数。使用者可以选择不同的场景目标，并拟定目标数，如果系统运行结果达到目标则性能测试通过，没有达到目标则需要进行性能分析与调优。

Manual Scenario：手动场景，通过指定的虚拟用户数来管理负载测试，也可以使用百分比模式在脚本间分配 Vuser，详见 6.1.2 章节"场景设计"。

进入 Controller 的学习后 Lucy 对于场景类型选择有点迷糊，于是决定打电话给 Mary 咨询一下。

> Lucy：Mary，在 Controller 中创建场景有"手动场景"和"目标场景"两种，在实际的测试项目中一般选哪种呢？
>
> Mary：学习还挺快嘛，都到场景设计了。实际项目中两种场景都有用到，但手动场景居多。
>
> Lucy：能举例说明吗？现在我正犯迷糊呢。
>
> Mary：好的，如果该项目的性能需求足够明确，那么我们设计场景的时候就可以直接用目标场景，若目标达到则测试通过，没有达到则要进行性能优化；如果项目的性能需求并不明确，或者想要了解系统的极限是多少，这类项目往往就需要手动场景模式。
>
> Lucy：听你这么一说我大致理解了，这样看来目标场景的应用远没有手动场景灵活。
>
> Mary：是的，你可以这样理解，但目标场景也有另外一种用法。比如，手动测试场景找到了系统负载的峰值，系统调优后需要进行回归验证，我们可以用目标场景来进行回归。
>
> Lucy：谢谢 Mary 指点，那我先把重心放在手动场景的学习上。

选择好场景类型后，还需要选择在该场景中使用的脚本，脚本可以单选也可以多选，依据场景的需要来确定，如图 6-4 所示。

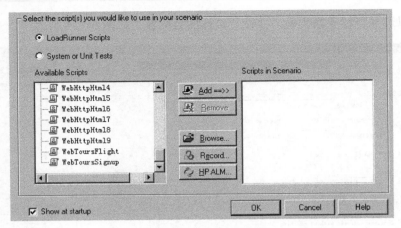

图 6-4　选择场景中使用的脚本

学习笔记

手动场景和目标场景的本质都是为了判断系统性能是否达到预期要求，两种模式只是在形式上略有不同，在脚本运行上没有本质区别，从实用性角度建议先学习手动场景细则，再辅助学习目标场景。

6.1.2　场景设计

Controller 中的 "Design" 选项卡主要用于设计测试场景，模拟并发用户行为，是执行并发执行的 "指挥官"。下面我们跟着 Lucy 一起来认识该窗体的三个组成区域。

1. 场景组 Scenario Groups

如图 6-5 所示。

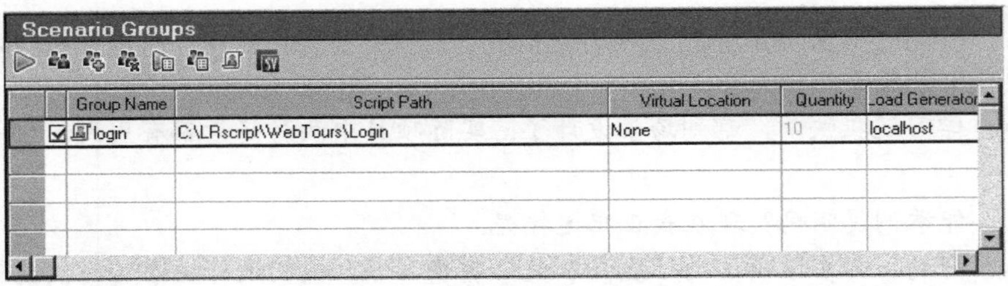

图 6-5　场景组设置区

场景组设置区的功能按导航栏从左到右的顺序进行介绍，主要包括如下部分。

▷：表示运行场景组中指定的脚本，单击运行按钮后，系统自动跳转到运行选项卡。

⚏：表示操作指定脚本的虚拟用户，该按钮会弹出 "Vusers" 的对话框，如图 6-6 所示，Vusers 可以对指定脚本的虚拟用户数进行增加或删除操作，还可以让同一个脚本中的虚拟用户来自不同的负载生成器（详见 6.2.3 "联机负载实践"）。

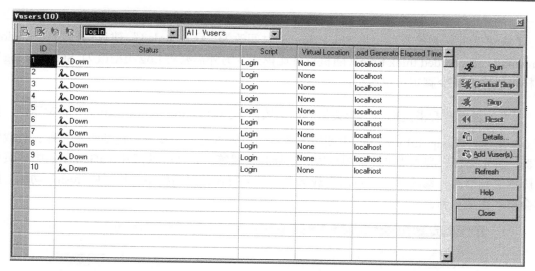

图 6-6　Vusers 对话框

[图标]：表示为场景组添加脚本，该按钮会弹出"Add Group"的对话框，如图 6-7 所示，**Add Group** 可以指定需要添加的脚本路径，并在添加时设置初始虚拟用户数"Vuser Quantity"，以及联机负载用哪台设备"Load Generator Name"。

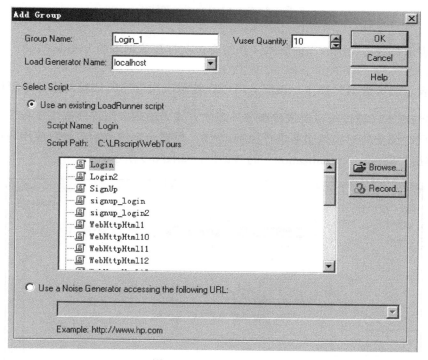

图 6-7　Add Group 对话框

[图标]：表示删除场景组中被勾选的脚本。

[图标]：表示运行时设置选项，该按钮会弹出"Runtime Settings"的对话框，同 VuGen 中

是一致的。

　　【特别说明】：系统会默认将 Think time 的时间改为"As recorded"，建议选择"Use random percentage of recorded think time"（随机百分比模式）；另外需要将 Log 类型改为"Standard log"，这样可以大大减少脚本占用的空间。

　　：表示查看指定脚本的相关信息，该按钮会弹出"Group Information"的对话框，如图 6-8 所示，Group Information 主要用于查看当前脚本的各类设置，包括脚本名称、负载生成器、脚本路径、脚本类型、虚拟位置、运行时设置等。并且可以打开 VuGen 中的脚本页面对脚本进行修改，修改后无需重新加载脚本，只需要在该对话框中使用"Refresh"功能，脚本会自动完成更新。

图 6-8　Group Information 对话框

　　：表示查看被勾选的当前脚本，系统会自动打开该脚本的 VuGen 页面。

　　：表示服务虚拟化操作，该服务可以在被测应用程序所依赖的服务不可用或者还未开发完成的情况下，通过模拟所依赖服务外观的方式为被测应用程序提供支持，使测试能够顺利进行。同时还支持对模拟服务进行控制。例如，根据一定规则响应被测应用程序的请求。该按钮会弹出"Service Virtualization"的对话框，如图 6-9 所示。

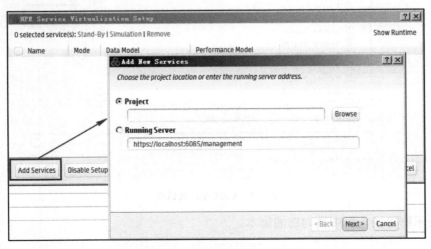

图 6-9　Service Virtualization 对话框

2. 服务水平协议 Services Level Agreement（SLA）

如图 6-10 所示。

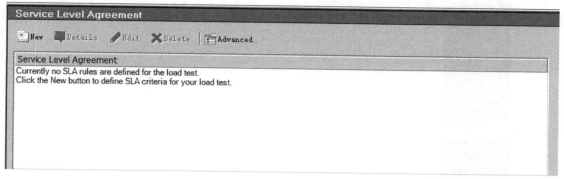

图 6-10 服务器协议设置区

服务水平协议（SLA）可以定义负载测试的目标。在负载测试期间，Controller 将收集性能数据。Analysis 会将该数据与在 SLA 中定义的目标进行比较，然后在 SLA 报告中显示结果。

单击"New"，我们可以对以下指标进行阈值的度量，主要指标为事务、单击率和吞吐量，如图 6-11 所示。

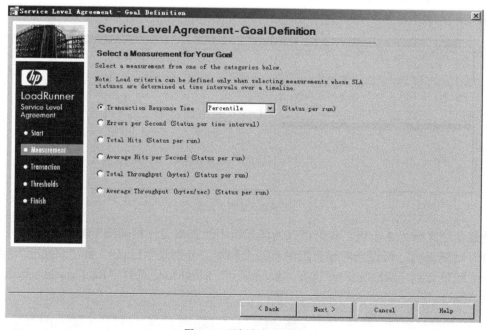

图 6-11 目标定义对话框

【特别说明】:在 Controller 中阈值的定义并不是必选项，除非已知目标场景精确的数据要求。例如，假设在某脚本的 Login 事务中，指定 90% 的 Vusers 需要在 2 秒内完成操作，那么我们可以在服务水平协议中设定事务的阈值，当运行结果大于 2 秒，将导致 SLA 失败，如图 6-12 所示。

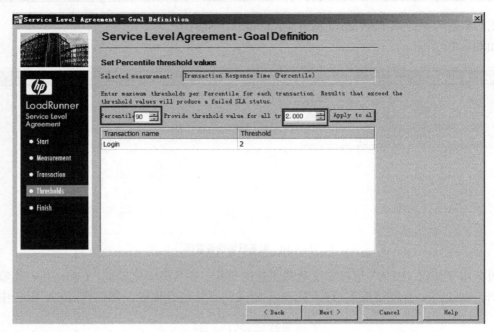

图 6-12　事务阈值设置

3．场景计划 Scenario Schedule

如图 6-13 所示。

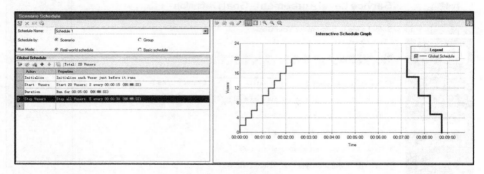

图 6-13　场景计划区

场景计划区分为 3 小块，我们可以为场景组中的脚本设计相同或不同的计划。

（1）举例说明：假设当前场景组中有两个脚本，分别是"Login"和"Signup"，我们定义了一个场景计划，Schedule by 选择"Scenario"，Run Mode 选择"Real-world schedule"如图 6-14 所示。

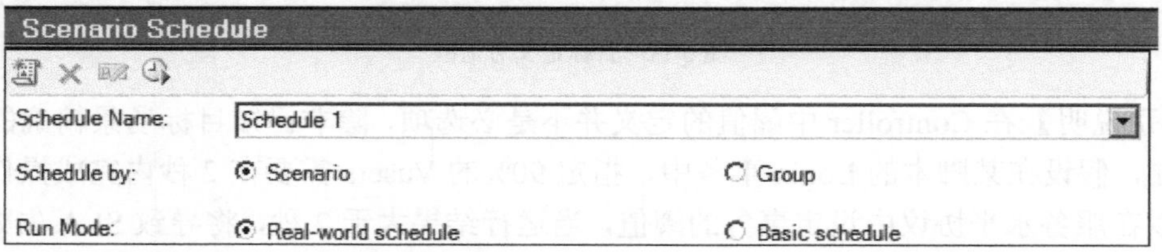

图 6-14　场景+实际计划

按场景+实际计划的设置方式，两个脚本的场景将完全相同，也就是说只能设置全局计划"Global Schedule"，如图 6-15 所示。

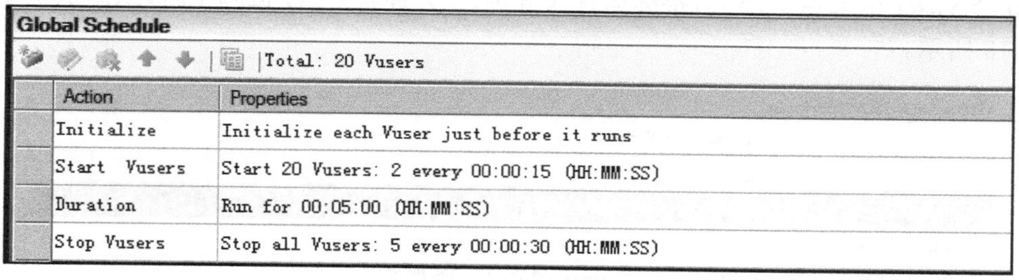

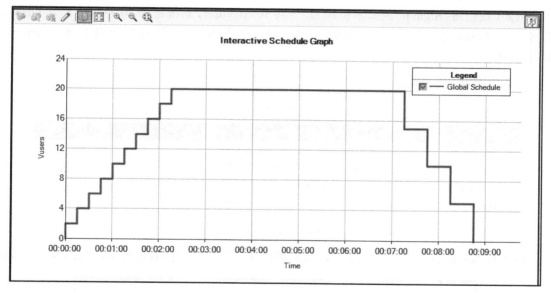

图 6-15　全局计划 1

全局计划的设置包括初始化 Vuser，由启动 Vuser 的方式、持续运行时长和停止 Vuser 的方式组成，除初始化外，其余操作的设置都会对"计划交互图"产生影响，如图 6-16 所示。

图 6-16　全局计划交互图

图中反映的正是在全局计划中的设置，一共 20 个 Vuser，系统每隔 15 秒启动 2 个 Vuser，直到 20 个 Vuser 全部启动，然后持续运行 5 分钟，5 分钟结束后，每隔 30 秒退出 5 个 Vuser。

（2）举例说明：下面我们来假设另一种场景，场景组中依然有两个脚本，分别是"Login"和"Signup"，我们定义了一个场景计划，Schedule by 选择"Group"，Run Mode 选择"Real-world schedule"，如图 6-17 所示。

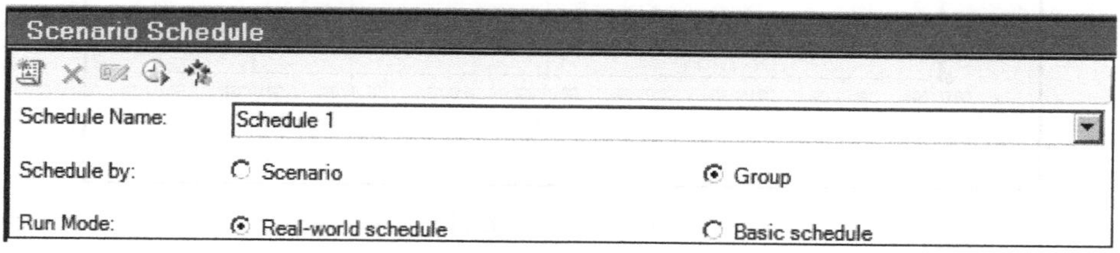

图 6-17　组+实际计划

按组+实际计划的设置方式，两个脚本的场景可以单独设置。

例如，我们将"Login"的脚本设计为，一共 10 个 Vuser，系统每隔 15 秒启动 2 个 Vuser，直到 10 个 Vuser 全部启动，然后持续运行 5 分钟，5 分钟结束后，每隔 15 秒退出 2 个 Vuser。如图 6-18 所示。

Group schedule for: login

Total: 10 Vusers

	Action	Properties
▷	Start Group	Start immediately after the scenario begins
	Initialize	Initialize each Vuser just before it runs
	Start Vusers	Start 10 Vusers: 2 every 00:00:15 (HH:MM:SS)
	Duration	Run for 00:05:00 (HH:MM:SS)
	Stop Vusers	Stop all Vusers: 2 every 00:00:15 (HH:MM:SS)

图 6-18 Login 的组计划

例如，我们将"Signup"的脚本设计为，一共 10 个 Vuser，系统每隔 30 秒启动 5 个 Vuser，直到 10 个 Vuser 全部启动，然后持续运行 3 分钟，3 分钟结束后，每隔 30 秒退出 5 个 Vuser，如图 6-19 所示。

Group schedule for: signup

Total: 10 Vusers

	Action	Properties
▷	Start Group	Start immediately after the scenario begins
	Initialize	Initialize each Vuser just before it runs
	Start Vusers	Start 10 Vusers: 5 every 00:00:30 (HH:MM:SS)
	Duration	Run for 00:03:00 (HH:MM:SS)
	Stop Vusers	Stop all Vusers: 5 every 00:00:30 (HH:MM:SS)

图 6-19 Signup 的组计划

两个脚本的组计划均设置完成后，我们可以从计划交互图中看出差别，如图 6-20 所示。

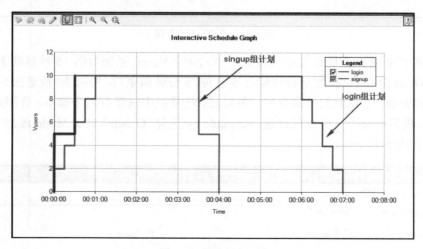

图 6-20 组计划交互图

【特别说明】：无论是在场景计划还是在组计划中，都极少会使用 Basic Schedule（基本计划），这主要是基本计划的局限性所决定的。在基本计划中脚本无法设置持续运行时间，不能够实现复杂的场景设计。

例如，在全局计划中要实现如下场景：一共 20 个 Vuser，先启动 10 个 Vuser，系统每隔 15 秒启动 2 个 Vsuer，直到 10 个 Vuser 全部启动，然后持续运行 5 分钟；5 分钟后又启动剩余的 10 个 Vuser，系统每隔 15 秒启动 2 个 Vsuer，直到剩余的 10 个 Vuser 全部启动， 最后持续运行 3 分钟，3 分钟结束后，每隔 30 秒退出 5 个 Vuser。

以上场景在基本计划中是无法实现的，所以必须使用实际计划创建场景。如图 6-21 所示。

Global Schedule		
	🔧 📝 🔧 ↑ ↓ 📋	Total: 20 Vusers
Action		Properties
▷ Initialize		Initialize each Vuser just before it runs
Start Vusers		Start 10 Vusers: 2 every 00:00:15 (HH:MM:SS)
Duration		Run for 00:05:00 (HH:MM:SS)
Start Vusers		Start 10 Vusers: 2 every 00:00:15 (HH:MM:SS)
Duration		Run for 00:03:00 (HH:MM:SS)
Stop Vusers		Stop all Vusers: 5 every 00:00:30 (HH:MM:SS)

图 6-21　全局计划 2

"组+实际计划"同"场景+实际计划"都可以通过左上角的菜单栏 🔧 📝 🔧 ↑ ↓ 进行多个峰值的设置，添加操作如图 6-22 所示，修改、删除、排序这里就不再细述。

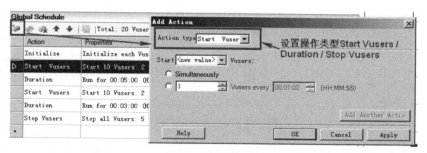

图 6-22　添加 Action

学习笔记

场景设计有很多学问在里面，每个细节都至关重要。虽然现在熟悉了场景设计的基本操作，但和真正运用还是有很大差距。就像学会了等价类的黑盒用例分析方法，真要到具体项目中实践的时候，又会觉得无从入手。后续学习一定要多做项目，多去看有经验的性能工程师是如何设计场景的。

6.1.3　场景运行

Controller 中的"Run"选项卡主要用于执行大量用户操作并监控相关指标，将最终的结果反馈到 Analysis 中。下面我们跟着 Lucy 一起来认识这几个区域。

（1）Run-Scenario Groups 区域

场景组区域，当场景开始运行，这里可以显示出脚本当前 Vuser 所处的状态，包括准备、初始化、运行、退出、停止等所有状态过程。如图 6-23 所示。

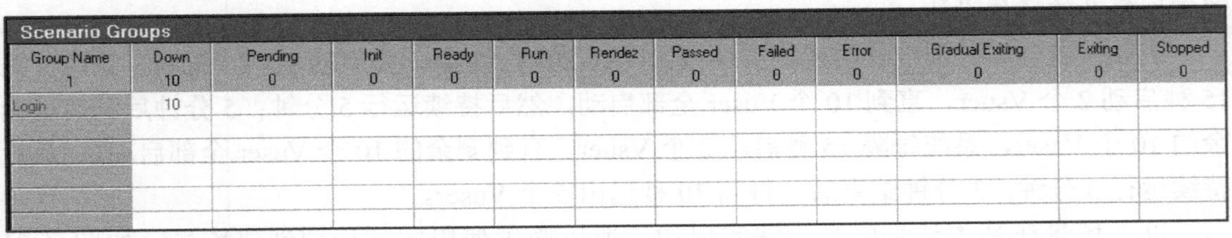

Scenario Groups												
Group Name	Down	Pending	Init	Ready	Run	Rendez	Passed	Failed	Error	Gradual Exiting	Exiting	Stopped
1	10	0	0	0	0	0	0	0	0	0	0	0
Login	10											

图 6-23　Run-Scenario Groups 区域

场景运行期间还可以在该区域增加虚拟用户，操作方式如下。

步骤 1：当场景运行时，双击当前场景中的某个脚本，可以在"Vusers"对话框中 Add Vuser(s)，如图 6-24 所示。

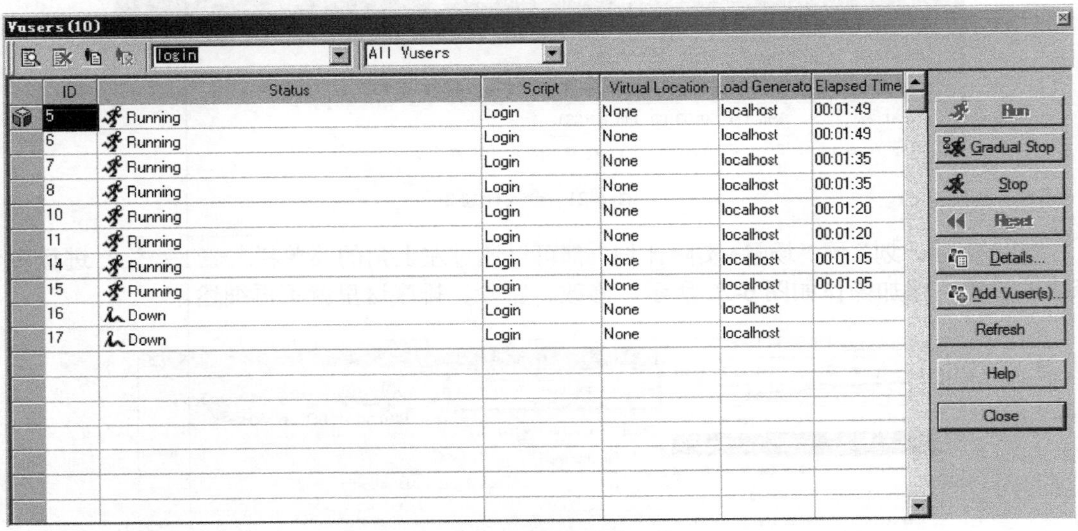

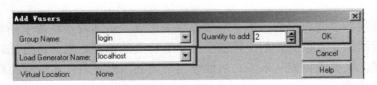

图 6-24　Run-Vusers 对话框

步骤 2：选中"Add Vuser(s)"按钮，在弹出的对话框中设置新增虚拟用户数，以及负载生成器，如图 6-25 所示。

图 6-25　Add-Vusers 对话框

步骤 3：添加虚拟用户后，并不会马上对运行脚本生效，需要返回 Run-Scenario Groups 区域，单击鼠标右键选中该脚本，选择 Run Vusers，这样添加的 Vusers 才能真正被执行。如图 6-26 所示。

在运行期间除了新增虚拟用户外，还可以对正在运行的虚拟用户进行停止操作，在图 6-24 Run-Vusers 对话框中选择 Stop Vuser(s)，那么该用户将在后续执行中被停止，被停止的 Vuser

可以再次启动。

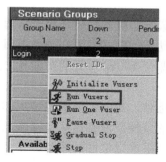

图 6-26 运行新增 Vuser(s)

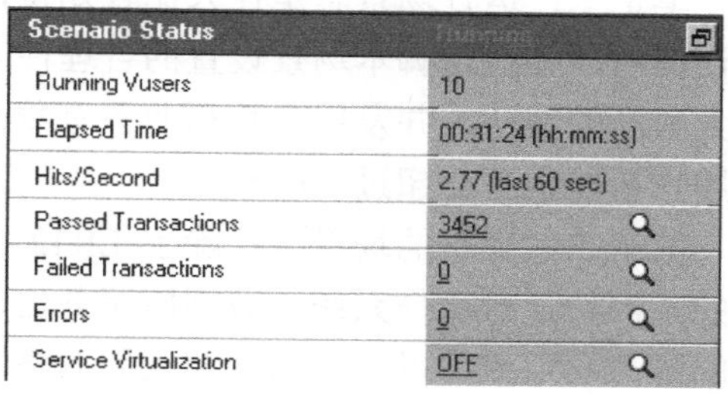

图 6-27 Scenario Status 区域

【特别说明】：当脚本进入运行状态，原则上不要添加新的虚拟用户，这会打乱在 Design 选项卡中的场景设置，除非有特殊场景需要。如果脚本运行前设置有误，请停止当前脚本运行，并返回 Design 选项卡重新设置场景。

（2）Scenario Status 区域

该区域是当前场景运行的实时反馈，包括运行的虚拟用户数、运行时间、最后 60 秒的单击率、通过事务数、失败事务数、错误信息以及服务虚拟化状态。如图 6-27 所示。

在该区域单击放大镜按钮，可以查看事务通过/失败的情况，以及出错的提示信息，该出错信息可作为后期脚本分析的重要参考。如果启用了服务虚拟化，可以单击放大镜按钮查看虚拟化详情。

（3）Available Graphs 区域

该区域提供了若干监控指标，其中蓝色部分（仅工具可见）的指标是 LR12 自带的监控指标，其余监控指标可根据实际需要手动添加。如图 6-28 所示。

左边列表的所有指标均可拖曳到右边的资源监控区域，当鼠标单击资源监控区域时，该区域的下方将展示出该指标的具体情况，包括最大值、最小值、平均值、标准值等。

【特别说明】：拖曳到右边的资源监控区域只是为了在执行期间观察脚本运行情况，所以被 LR 监控的指标数据都会被记录和保存，待脚本运行结束后在 Analysis 中查看。

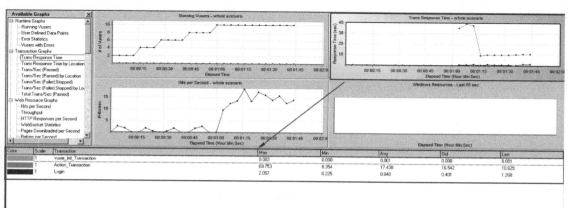

图 6-28 Available Status 区域

如何添加监控指标详见 6.3 章节"数据监控操作演练"部分。

学习笔记

笔记一：运行场景总是让人比较期待，初学者往往最担心脚本报错，报错后要及时查看错误信息，并检查脚本场景设置的合理性。有的初学者动不动就并发 100 个虚拟用户，这是不太科学的做法，并发用户数和业务有着密切的关系，即使 100W 每天的访问量，最终并发的用户可能也不会超过 50 个。

笔记二：真正的场景运行除了 LR12 自带的监控指标外，是一定要手工增加部分监控指标的，例如，对操作系统、数据库服务器、应用服务器的监控。没有这些指标就无法了解系统的资源利用率，以及数据库和应用服务器的使用情况，很难定位性能瓶颈。

6.1.4 J2EE/.NET 诊断

Diagnostics for J2EE/.NET 选项卡，可以打开 HP Diagnostics System Health Monitor，以便监控并分析 Java2 Enterprise Edition（J2EE）、NET-connected、SAP、Oracle 和其他复杂环境的性能。

要想使用 J2EE/.NET 诊断功能，需要先预装对应的 HP Diagnostics Server 组件，如图 6-29 所示。

Name	File Size	Using Standard Download ⌄ ⑦
HP Diagnostics Server 9.26 Windows Setup (HP_Diagnostics_Server_9.26_Windows_Setup.zip)	920 MB	Download
HP Diagnostics Server 9.26 Linux Setup (HP_Diagnostics_Server_9.26_Linux_Setup.zip)	925 MB	Download
HP Diagnostics Collector 9.26 Windows Setup (HP_Diagnostics_Collector_9.26_Windows_Setup.zip)	239 MB	Download
HP Diagnostics Collector 9.26 Linux Setup (HP_Diagnostics_Collector_9.26_Linux_Setup.zip)	245 MB	Download
HP Diagnostics Java Agent 9.26 for Windows (HP_Diagnostics_Java_Agent_9.26_for_Windows.zip)	70 MB	Download
HP Diagnostics Java Agent 9.26 for Linux/Unix (HP_Diagnostics_Java_Agent_9.26_for_Linux_Unix.zip)	70 MB	Download
HP Diagnostics Java Agent 9.26 for zOS (HP_Diagnostics_Java_Agent_9.26_for_zOS.zip)	70 MB	Download
HP Diagnostics .NET Agent 9.26 (HP_Diagnostics_dotNET_Agent_9.26.zip)	98 MB	Download
HP Diagnostics Python Agent 9.26 (HP_Diagnostics_Python_Agent_9.26.zip)	3 MB	Download

图 6-29　HP Diagnostics Server Info

【特别说明】：Diagnostics 组件安装请参考 12.2 章节 Diagnostics "安装部署"。

在运行负载测试场景之前，配置 J2EE/.NET 诊断，访问方式为开始菜单->所有程序->HP

Software->HP LoadRunner->Tools->Diagnostics for J2EE/.NET Setup。找到路径后在 Diagnostics for J2EE/.NET Setup 对话框中填写诊断服务器的详细信息，完成配置。如图 6-30 所示。

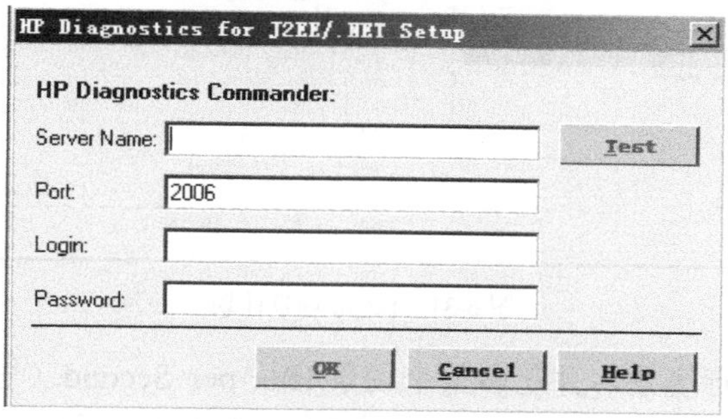

图 6-30　Diagnostics 对话框

Server Name：输入 Diagnostics Server 机器的 IP 地址。

Port：2006 为 Diagnostics 默认端口号。

Login：默认为 admin。

Password：默认为 admin。

设置完成后单击"Test"按钮，如果链接成功则表示 Diagnostics 配置完成。

配置完成后进入 Controller->Diagnostics for J2EE/.NET 选项卡，在该选项卡中选择诊断->配置以打开"诊断分布"对话框，然后选择启动诊断，并制定要收集的 J2EE/.NET 诊断数据的 Vuser 的百分比。详细图表请参考 12.3 章节 Diagnostics"使用说明"。

【特别说明】：在场景运行期间，可以通过 Diagnostics for J2EE/.NET 选项卡，查看当前运行场景内监控的事务、服务器请求、负载和探测器视图。如果在场景运行期间移动到其他选项卡，然后再返回 Diagnostics for J2EE/.NET 选项卡，将显示查看的最后一个屏幕。

场景运行结束后，J2EE/.NET 的诊断结果可以在 Analysis 诊断图中查看。访问方式为在"Run"选项卡中，选择 Results->Analysis Results，或单击分析结果按钮。

有关使用 J2EE/.NET 诊断的更多信息，请参阅《HP Diagnostics User Guide》。

6.2　场景设计操作演练

6.2.1　集合点实战

集合点的策略直接影响着场景运行的启动方式，下面 Lucy 将用"Login"脚本（该脚本中登录部分添加了集合点）对第一种策略和第二种策略进行演示。

第一种集合策略：Release when X% of all Vusers arrive at the rendezvous，当百分之 100 的 Vuser（占总数）到达时集合点后释放所有用户。

场景设计如下所示：一共 10 个 Vuser，系统每隔 15 秒启动 2 个 Vuser，直到 10 个 Vuser 全部启动，然后持续运行 2 分钟，2 分钟结束后一次性退出所有用户，如图 6-31 所示。

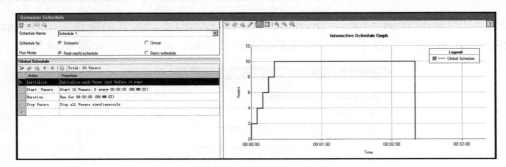

图 6-31 Login 场景计划

设置完成后启动运行场景，并观察整个场景 Hits per Second（每秒单击次数）的变化，待运行结束后，Lucy 发现 Hits per Second 在前 75 秒持续处于低位，75 秒后爆发式增长，并在后续的 2 分钟内持续处于高位，直到断崖式结束。这说明在所有虚拟用户达到集合点之前都没有被释放。如图 6-32 所示。

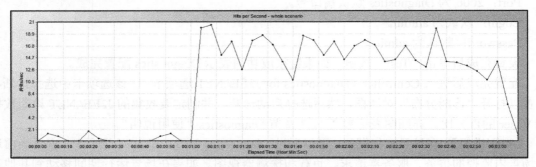

图 6-32 每秒单击次数（第一种集合策略）

第二种集合策略：Release when X% of all running Vusers arrive at the rendezvous（默认选项），当百分之 100 的 Vuser（占运行的总数）到达时集合点后释放所有用户。

场景设计同第一种策略。

设置完成后启动运行场景，并观察整个场景 Hits per Second（每秒单击次数）的变化，待运行结束后，Lucy 发现 Hits per Second 在前 75 秒并不像第一种策略持续处于低位，而是出现了阶梯式增长，并在 75 秒后增长到顶峰，并在后续的 2 分钟内持续波动，直到结束。这说明只要一组有 2 个用户到达集合点就会被释放，随着集合数的增加，释放的越多增长就越多。如图 6-33 所示。

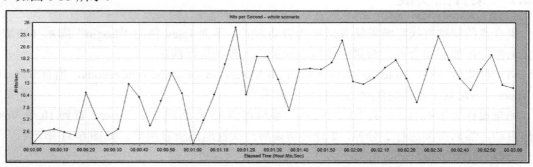

图 6-33 每秒单击次数（第二种集合策略）

Lucy 完成集合点操作后，开始思考一个问题，我们真的需要集合点吗？从仿真的角度来讲，集合点的设置反而让用户的行为变得比较刻意。如果不用集合点场景会怎么运行呢？Lucy 做了一个实验，如图 6-34 所示。

步骤 1：注释掉 Login 脚本中的节点函数，并保存脚本；

```
// lr_rendezvous("Login");    //插入集合点
```

步骤 2：在 Group Information 对话框中 Refresh 脚本；

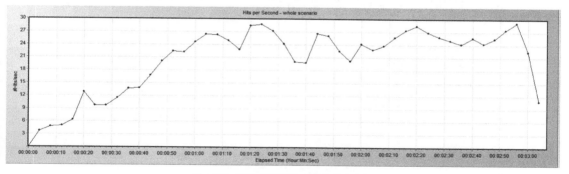

图 6-34　Refresh 脚本

步骤 3：按相同的场景设计运行脚本，发现脚本中的用户单击次数在前 75 秒内持续平稳增长，75 秒后达到顶峰，并在后续的 2 分钟内持续处于高位，直到断崖式结束。如图 6-35 所示。

图 6-35　每秒单击次数（不含集合点）

Lucy 将 3 张分析图发给了 Mary，并电话询问集合点的设置问题。

Lucy：Mary，我在右键中发的 3 张图表你收到了吗？

Mary：收到了，从你的描述上 3 张图标的场景计划是完全相同的，只是前两种是不同集合策略下的表现，最后一张是场景计划中没有集合点的情况，对吗？

Lucy：是这样的，我感觉没有必要使用集合点，平稳的增长更符合实际情况。

Mary：你的推测没错，我在实际运用中集合点的使用也并不多。

Lucy：那集合点在实际项目中如何运用的？

Mary：如果脚本无需持续运行一段时间，仅仅是单纯地想要知道高并发效果，那么集合点的设置就非常有必要了。另外在模拟用户量陡增和剧烈波动的场景中也非常实用。所以不能认为集合点无用，还是要具体问题具体分析。

　　Lucy：好的，那我就豁然开朗啦……

　　学习笔记

　　集合点的设置在企业的实际应用中并不是常态化的，通常如果脚本没有特殊的并发要求，我们可以忽略集合点的设置，没有集合点不代表就没有并发，我们可以在虚拟用户持续运行的时间段内观察并发操作。

6.2.2　联机负载实战

　　在以上场景的测试中，我们是通过本地的负载生成器向服务器发起的压力，下面我们来介绍一下负载生成器 Load Generators。

　　如果你的电脑上部署了全套的 LR12，那么 Load Generators 默认已安装并启动，在右下角状态栏图标中显示为 ▨ （类似雷达一样的图标）。

　　如果关闭了该程序，则需要再找到 Agent Runtime Settings Configuration 对话框，选择允许虚拟用户运行，并输入用户名和密码。访问方式为开始菜单->所有程序->HP Software->HP LoadRunner->Tools->Agent Runtime Settings Configuration，如图 6-36 所示。

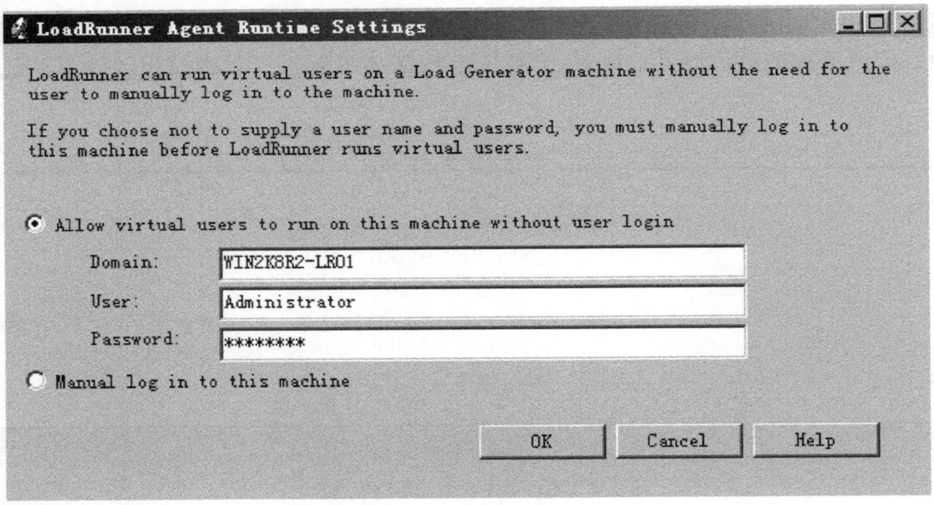

图 6-36　代理运行时设置对话框

　　以 LR12 的服务器发起负载请求是可行的，但除了发起负载外，LR12 的服务器还需要监控和收集各类性能指标，并最终生成 Analysis 诊断图标。为了降低 LR12 服务器的压力，我们一般会选择在其他硬件设备上安装负载生成器的方式来实现，本次场景设计结构如图 6-37 所示。

　　【特别说明】：本书中使用的 IP 地址均为虚拟环境 IP 地址，读者在实际操作中使用的 IP 地址同该 IP 地址不完全相同。

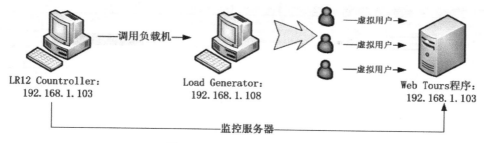

图 6-37 Web Tours 联机负载场景

我们继续以"Login"脚本为例, Lucy 申请了一台新的硬件设备, 操作系统同样是 Windows Server 2008, 设备的 IP 地址为 192.168.1.108, 在该机器上预装了 Load Generators。详细操作步骤如下所示。

步骤 1: 在"Design"选项卡左上角单击 Load Generators 图标 📥, 弹出 Load Generators 对话框, 如图 6-38 所示。

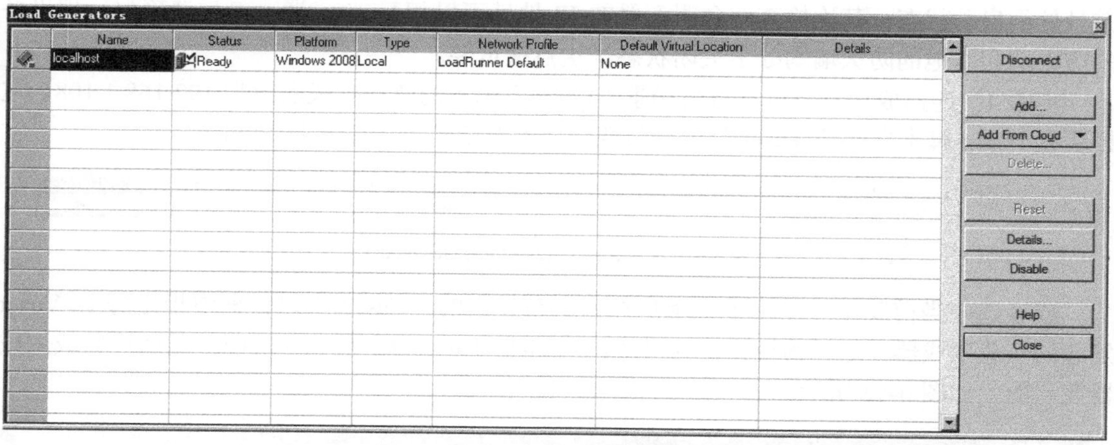

图 6-38 Load Generators 对话框

步骤 2: 在该对话框中单击 Add 按钮, 配置访问名为 192.168.1.108, 平台为 Windows, 如图 6-39 所示。

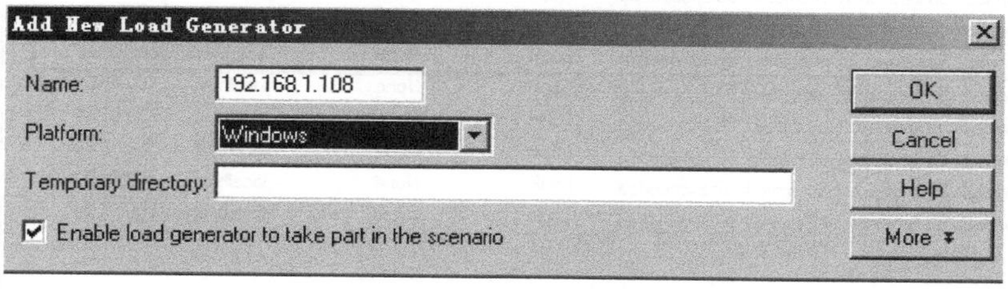

图 6-39 新增 Load Generators 对话框

步骤 3: 设置完成后单击"OK"按钮, 在返回的 Load Generators 对话框中单击"Connect"按钮, 尝试连接远程负载机(IP: 192.168.1.108)。如连接成功, 则 Status 状态栏显示"Ready", 如图 6-40 所示。

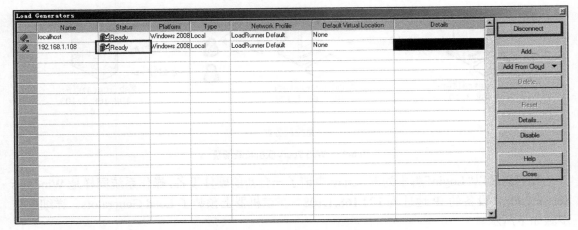

图 6-40　Load Generators 对话框连接检查

【特别说明】：如果连接失败，请排查原因，首先确保连接的设备上预装了 Load Generators，并且处于启动状态；其次检查两台服务器的 IP 地址可以相互 ping 通；最后请确保远程设备的防火墙和本地的防火墙均处于关闭状态，这点很重要。

步骤 4：连接成功后可以直接将场景"Login"脚本的负载生成器改为 192.168.1.108，这样所有 Login 脚本发起的 Vuser 是远程负载生成器发起的。如图 6-41 所示。

	Group Name	Script Path	Virtual Location	Quantity	Load Generators
☑	login	C:\LRscript\WebTours\Login	None	10	192.168.1.108

图 6-41　在 Group 区设置 Load Generators

或者选中当前脚本，单击虚拟用户按钮，在弹出的"Vusers"对话框中指定每个 Vuser 发起的负载生成器，这样的设置更为灵活。例如我们可以指定前 5 个 Vuser 是远程负载生成器发起的，如图 6-42 所示。

ID	Status	Script	Virtual Location	Load Generato	Elapsed Time
1*	Stopped　57 iteration(s) attempted: 57 succeeded.	Login	None	192.168.1.108	00:05:57
2*	Stopped　57 iteration(s) attempted: 57 succeeded.	Login	None	192.168.1.108	00:05:57
3*	Stopped　55 iteration(s) attempted: 55 succeeded.	Login	None	192.168.1.108	00:05:42
4*	Stopped　55 iteration(s) attempted: 55 succeeded.	Login	None	192.168.1.108	00:05:42
5*	Stopped　52 iteration(s) attempted: 52 succeeded.	Login	None	192.168.1.108	00:05:27
6*	Stopped　57 iteration(s) attempted: 57 succeeded.	Login	None	localhost	00:05:59
7*	Stopped　55 iteration(s) attempted: 55 succeeded.	Login	None	localhost	00:05:44
8*	Stopped　55 iteration(s) attempted: 55 succeeded.	Login	None	localhost	00:05:44
9*	Stopped　52 iteration(s) attempted: 52 succeeded.	Login	None	localhost	00:05:29
10*	Stopped　52 iteration(s) attempted: 52 succeeded.	Login	None	localhost	00:05:29

图 6-42　在 Vusers 对话框设置 Load Generators

步骤 5：Lucy 选择"Login"脚本全部的负载由远程负载生成器发起，运行脚本后发现系统报错，错误提示如图 6-43 所示。

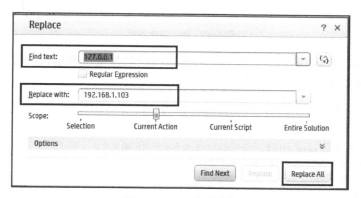

Type	Message Code [3]	Sample Message Text	Total Messages	Vusers	Scripts	Genera
	-27792	Action.c(9): 错误 -27792: 连接服务器[127.0.0.1:1080]失败: [[10061]连接被拒绝]	72	6	1	
	-26377	Action.c(9): 错误 -26377: 找不到所请求参数[userSession]的匹配项。响...	72	6	1	
	-26374	Action.c(9): 错误 -26374: 以上哦不到错误可由分别为 0 和 0 的标头和正文字节计数来解释。	72	6	1	

图 6-43 Login 脚本错误提示

通过错误提示我们发现连接服务器 127.0.0.1 失败是本次出错的主要原因，这里我们需要简单理解一下这个特殊的 IP 地址。

【特别说明】：127.0.0.1 是一种回送地址，类似于 localhost，Windows 自动将 localhost 解析为 127.0.0.1，但和所谓的本地 IP 还是有区别的，我们来对比一下这 3 个地址：

（1）localhost 是不经网卡传输，它不受网络防火墙和网卡相关的限制；

（2）127.0.0.1 是通过网卡传输，依赖网卡，并受到网络防火墙和网卡相关的限制；

（3）本机 IP 也是通过网卡传输的，依赖网卡，并受到网络防火墙和网卡相关的限制。

通过理解，我们大致上可以把 127.0.0 和 localhost 划等号，它们都只能通过本机访问，所以我们需要调整脚本为本机 IP 地址，这样远程负载生成器向本机发起的操作才能生效。

步骤 6：Lucy 当即查询了 Web Tours 示例程序的主机 IP 地址 192.168.1.103，于是决定把脚本中的 **127.0.0.1** 全部替换成本机 IP 地址 192.168.1.103。返回 VuGen 界面，打开"Login"脚本，使用 Ctrl+H 选择全部替换，如图 6-44 所示。

图 6-44 Login 脚本替换

步骤 7：替换完成后保存并更新"Login"脚本，再次启动 Controller 场景，运行"Login"脚本，场景设置如图 6-45 所示。

Global Schedule

Total: 10 Vusers

	Action	Properties
	Initialize	Initialize each Vuser just before it runs
	Start Vusers	Start 10 Vusers: 2 every 00:00:15 (HH:MM:SS)
	Duration	Run for 00:05:00 (HH:MM:SS)
	Stop Vusers	Stop all Vusers: 5 every 00:00:30 (HH:MM:SS)

图 6-45 Login 脚本场景设计

步骤 8：查看运行结果，如图 6-46 所示。联机负载的设置就算是完成了。

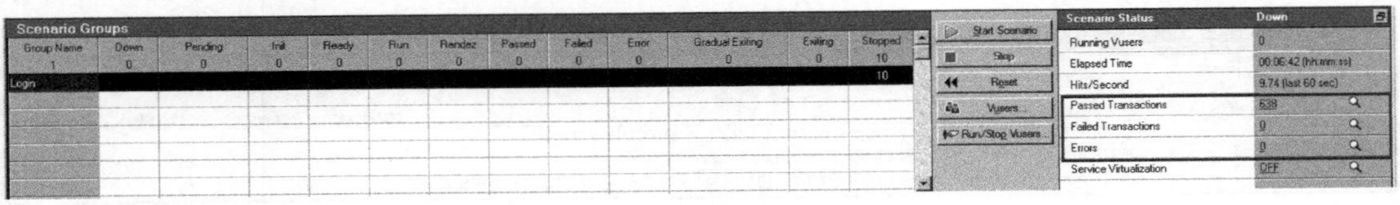

图 6-46 Login 脚本运行结果

【补充介绍】：在脚本运行中如果想要了解参数的运行情况，我们可以通过编写脚本来自定义监控信息，如图 6-47 所示。

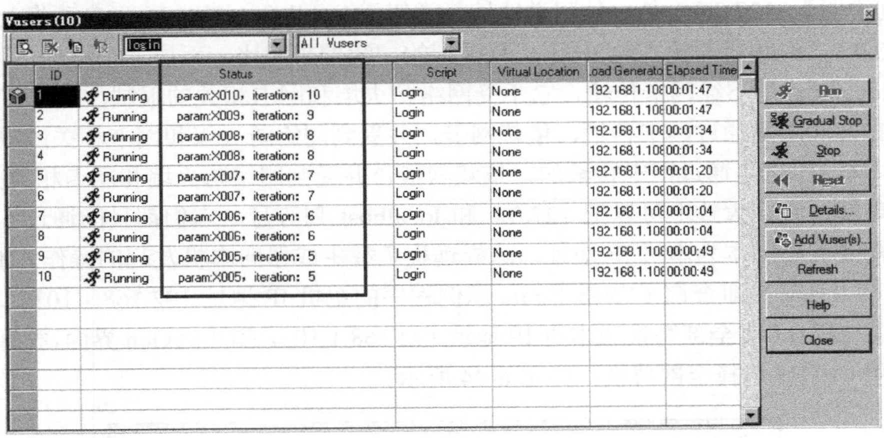

图 6-47 增加监控条件

要想在 Vusers 对话框的状态栏看到当前虚拟用户的参数值和迭代次数，我们需要提前在 Login 脚本中添加如下内容：

```
static int iteration;  //定义一个迭代（注意位置）
Action()
{
//在 Controller 的 Vusers 对话框中显示当前参数值和当前值的迭代次数
lr_vuser_status_message("param:%s, iteration:%d",
lr_eval_string("{username}"),++iteration);
    return 0;
}
```

学习笔记

笔记一：在企业的实际应用中我们不能指望全部的负载由一台机器发起，往往需要多台负载机协助完成。在使用中，我们要尽量减轻 LR 服务器自身压力，不然负载量急剧增大，结果不是被测对象出问题，而是 LR 服务器崩溃了。

笔记二：被测对象和 LR 服务器设备往往是完全独立的，本次示例程序 Web Tours 和 LR12 服务器在同一台设备上，算是特例，在实际项目中这样的情况一般是不允许的，需要特别注意。

6.2.3　IP 欺骗实战

Controller 使用固定 IP 模拟多用户，对于 Web Tours 示例程序并没有问题，但目前世面上的多数服务器都可以限制同一个 IP 地址在指定时间内的请求次数。从安全角度来讲，这样做减轻了服务器处理的压力，也拒绝了部分用户的恶意攻击。

IP 请求限制对虚拟用户来讲是不得不解决的实际问题，Controller 允许本地计算机模拟多个 IP 地址向服务器发起请求，我们把这样的技术叫作 IP 欺骗。

下面我们跟着 Lucy 一起学习如何设置多个 IP 地址，实现 IP 欺骗。

步骤 1：我们先进行相对简单的双 IP 实验，找到本地连接对话框，选择"属性"按钮，找到"Internet 协议版本 4（TCP/IPv4）"选项。如图 6-48 所示。

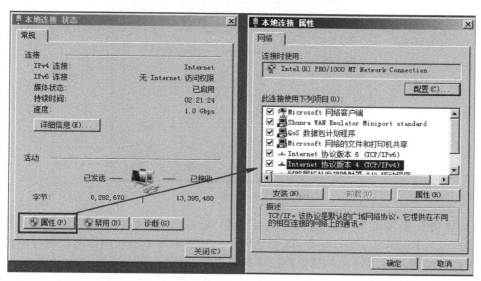

图 6-48 本地连接-状态/属性对话框

双击"Internet 协议版本 4（TCP/IPv4）"，在其对应的属性对话框中选择手动配置 IP 地址，然后单击"高级"按钮，在"高级 TCP/IP 设置"对话框中添加 IP 地址。如图 6-49 所示。

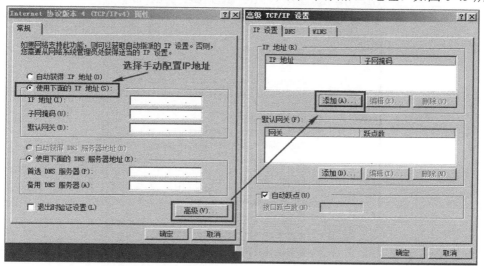

图 6-49 手动配置 IP 地址 1

本次我们为安装了 Load Generator 的服务器 192.168.1.108 添加一个新的 IP 地址

192.168.1.109，如图 6-50 所示。

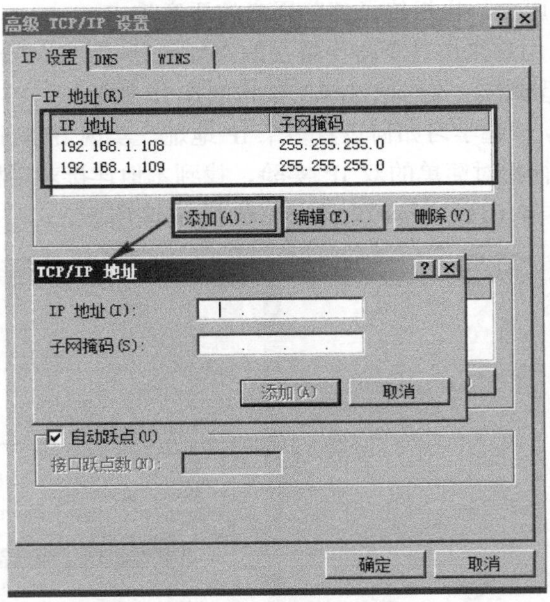

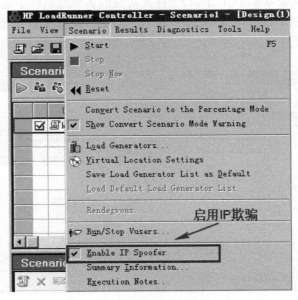

图 6-50　手动配置 IP 地址 2

【特别说明】：新增的 IP 地址要确保是可用的，通过上述方法我们可以为该服务器增加若干 IP 地址。一旦 Controller 运行场景，就会导致公司其他成员无法使用该网段进行测试工作。这也是为何性能测试环境往往和其他测试环境隔离的原因。

步骤 2：IP 地址设置完成后，Lucy 进入 Controller 界面，在菜单栏选择 Scenario->Enable IP Spoofer，这样双 IP 的设置在场景启动运行时才能生效。如图 6-51 所示。

图 6-51　启动 IP 欺骗器

步骤 3：在 Controller 启用 IP 欺骗后我们可以在场景运行时，通过 Windows 命令提示符窗口输入 netstat –an，查看本地的连接状况，有两个 IP 地址在向本地服务器发起请求，如图 6-52 所示。

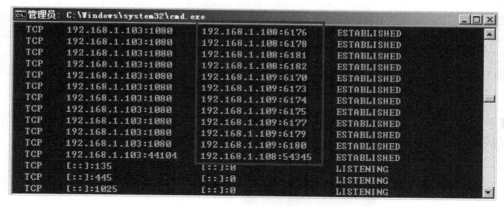

图 6-52　监控 IP 地址

【补充说明】：手动设置多个 IP 地址的效率是很低下的，一般会采用批处理的方式来设置，详见附录 B "如何批量添加 IP 地址"。

进行 IP 欺骗操作的注意事项如下：

（1）虚拟 IP 地址必须是真实存在的，并且可以和被测服务器建立连接，如果两个 IP 地址不在同一网段，需要通过路由器进行设置；

（2）在进行 IP 欺骗时，需要把无关的网络设备全部禁用，包括无线网卡、蓝牙等；

（3）每次测试完成后一定要释放所有占用的 IP 地址，切记，切记；

（4）NAT（内网地址映射）机制下，IP 欺骗无效。

学习笔记

笔记一：IP 欺骗是实现并发操作的重要手段，特别是批量设置 IP 地址的功能需要勤加练习。不要仅仅局限在 Windows 平台上，也要尝试在 Linux 平台下进行 IP 地址的设置。

笔记二：IP 地址根据网络号和主机号来分，分为 A、B、C 三类及特殊地址 D、E。在局域网和广域网中有很大差别，如果对 IP 地址相关内容不太了解，可以参考 TCP/IP 协议中关于 IP 地址设置的部分内容。学习性能测试不仅仅是掌握某款工具的应用，还需要了解许多网络方面的知识。

6.3　数据监控操作演练

6.3.1　Windows 指标监控

场景设置成功后，除了 Controller 自带的常规监控指标外，我们需要增加对当前操作系统的监控，监控方法操作如下。

步骤 1：在 Available Graphs 区域下找到 System Resources->Windows Resources,并将其拖曳到右边的资源监控区域，如图 6-53 所示。

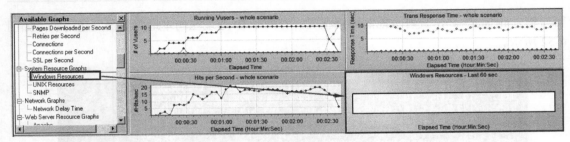

图 6-53　Windows Resources 页面区域

【补充说明】：在资源监控区域单击鼠标右键，可以对区域图表的展示方式进行调整，可以只显示一张图、二张图、四张图、八张图。如图 6-54 所示。

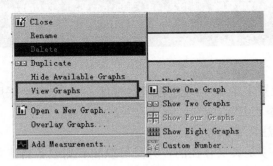

图 6-54　View Graphs

步骤 2：选择 Windows Resources 图标，单击鼠标右键，选择添加度量项 Add Measurements，出现 Windows Resources 对话框，然后单击对话框的"Add"按钮，出现 Add Machine 对话框，如图 6-55 所示。

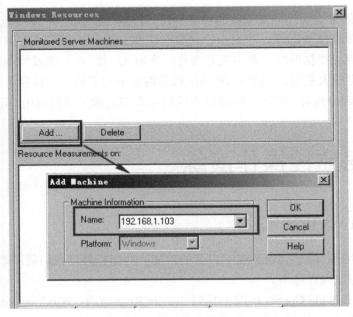

图 6-55　Add Machine Name

在 Name 处输入被监控设备的 IP 地址，因 Web Tours 示例程序安装在 LR12 的服务器上，所以被监控的对象是 192.168.1.103（本地 IP 地址）。

步骤 3：设置完成后单击 OK 按钮，在 Windows Resources 对话框中将看到若干个待监控的指标选项。如图 6-56 所示。

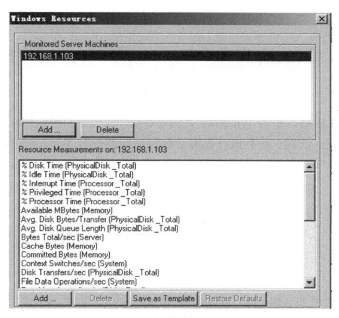

图 6-56　监控指标

这些指标中的大多数 Lucy 感到很陌生，对这些并不完全理解的指标全部监控并没有实际意义，于是 Lucy 给 Mary 打了通电话，询问 Mary 对监控指标的看法。

> Lucy：Mary，我现在遇到了件头痛的事，我想利用 LR 自带的监控指标对 Window 操作系统进行监控，但被监控的指标实在太多啦，而且很多指标我并不完全理解。
>
> Mary：这是很正常的，最开始我对很多指标也不了解，哪怕是现在对部分指标也只是略知一二。
>
> Lucy：那你们是如何解决的？
>
> Mary：很简单，先选择你看得懂的指标，然后逐步扩展一些关键性指标。
>
> Lucy：我目前能看懂的就是 CUP、内存和 I/O 相关的指标。那我是否在监控后只看这些指标就可以了？
>
> Mary：目前你可以在监控前去掉其余指标的，只保留你能看懂的，等有了具体项目再进行扩展。而且监控的越多，对机器的额外压力也会越大。
>
> Lucy：好的，那我理解了，我会照你说的做，先学着监控几个基本指标（也就是自己能看懂的）。

通话后，Lucy 删除了下方所有的监控指标，通过"Add"按钮，手动查找并添加了如下指标，如图 6-57 所示。

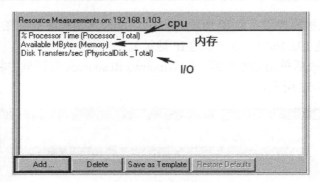

图 6-57　监控指标筛选

步骤 4：筛选完成后，单击 Windows Resources 对话框中的确认按钮，Controller 将持续监控指定的操作系统（注意：并不是只在场景运行期间监控），Windows 指标监控设置结束。如图 6-58 所示。

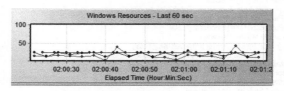

图 6-58　监控 Windows 指标

【补充说明】：使用 LoadRunner 直接监控 Windows 指标，实际上调用的是 Windows 自带的资源管理器。为了保证 LoadRunner 的监控准确性，我们可以通过对比两边的监控指标排除 LoadRunner 自身可能存在的问题。

访问方式：开始菜单->管理工具->性能监视器，如图 6-59 所示。

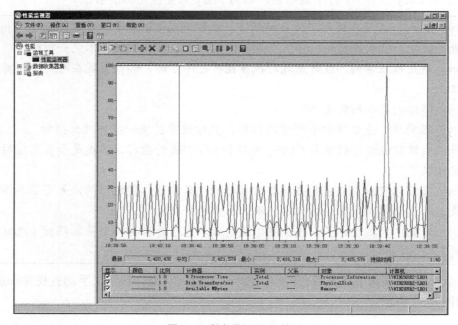

图 6-59　性能监视器对话框

默认状态下计数器指标只有% Processor Time，在计数器区域单击鼠标右键选择"添加计数器"选项，可以根据需要添加相关监控指标。如图 6-60 所示。

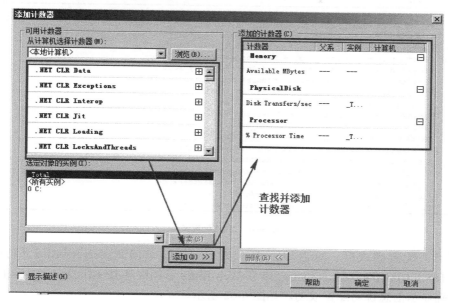

图 6-60　添加计数器对话框

LR 监控 Windows 系统资源指标，详见附录 C "LR 主要计数器指标"。

学习笔记

监控指标不是越多越好，指标的学习需要具备计算机原理和操作系统相关知识，随着项目实践的增加而不断扩展，只有通过大量实践去慢慢理解和掌握。

6.3.2　Apache 指标监控

因 Web Tours 示例程序使用 Apache 作为应用服务器，下面我们将和 Lucy 一起学习在 Controller 中监控 Apache 相关指标的方法。

步骤 1：找到 Apache 服务器中的 httpd 配置文件，开启自带的 server-status 辅助分析工具。文件默认路径为 C:\Program Files (x86)\HP\LoadRunner\WebTours\conf。

步骤 2：打开并修改配置文件。

该文件中有许多可被调用的模块，前面有"#"开头的代表该模块代码已被注释，在运行中不生效。我们需要启动 LoadModule status_module modules/mod_status.so，如图 6-61 所示。

启动该模块后需要在 httpd 配置文件中添加如下代码：

```
<Location /server-status>
    SetHandler server-status
    Order deny,allow
#   Deny from all
    Allow from all
</Location>
ExtendedStatus On
```

Order deny,allow：表示访问控制顺序；Deny from all：表示禁止的访问地址；Allow from all：表示允许的访问地址；ExtendedStatus On：表示启动 server-status。

```
httpd.conf
110  #LoadModule proxy_ajp_module modules/mod_proxy_ajp.so
111  #LoadModule proxy_balancer_module modules/mod_proxy_balancer.so
112  #LoadModule proxy_connect_module modules/mod_proxy_connect.so
113  #LoadModule proxy_ftp_module modules/mod_proxy_ftp.so
114  #LoadModule proxy_http_module modules/mod_proxy_http.so
115  #LoadModule proxy_scgi_module modules/mod_proxy_scgi.so
116  #LoadModule reqtimeout_module modules/mod_reqtimeout.so
117  #LoadModule rewrite_module modules/mod_rewrite.so
118  LoadModule setenvif_module modules/mod_setenvif.so
119  #LoadModule speling_module modules/mod_speling.so
120  #LoadModule ssl_module modules/mod_ssl.so
121  LoadModule status_module modules/mod_status.so
122  #LoadModule substitute_module modules/mod_substitute.so
123  #LoadModule unique_id_module modules/mod_unique_id.so
124  #LoadModule userdir_module modules/mod_userdir.so
125  #LoadModule usertrack_module modules/mod_usertrack.so
126  #LoadModule version_module modules/mod_version.so
127  #LoadModule vhost_alias_module modules/mod_vhost_alias.so
```

图 6-61　httpd 配置文件

步骤 3：配置完成后，重启 Apache，通过 URL 访问到 server-status。访问地址为 http://192.168.1.103:1080/server-status（本书 Web Tours 示例程序 IP 地址为 192.168.1.103），如果可以正确显示信息说明配置成功。如图 6-62 所示。

Srv	PID	Acc	M	SS	Req	Conn	Child	Slot	Client	VHost	Request
0-0	1432	0/3/3	W	0	0	0.0	0.00	0.00	192.168.1.103	WIN2K8R2-LR01.FSHome	GET /server-status HTTP/1.1
0-0	1432	0/3/3	_	2256	2	0.0	0.00	0.00	192.168.1.143	WIN2K8R2-LR01.FSHome	NULL
0-0	1432	57/764/764	K	0	2	115.6	1.51	1.51	192.168.1.108	WIN2K8R2-LR01.FSHome	GET /server-status?auto HTTP/1.1

图 6-62　Apache 状态信息 1

如果想要了解详细的状态信息，可以在 URL 地址加上两个参数。

?auto：表示 Apache 服务器处于访问状态下的动态信息。

?refresh=N：表示每隔 N 秒后重新获取一次动态信息。

例如，http://192.168.1.103:1080/server-status?auto&refresh=5 表示每隔 5 秒动态刷新一次服务器信息，如图 6-63 所示。

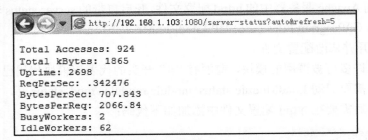

图 6-63　Apache 状态信息 2

Total Accesses：到目前为止 Apache 接受到的连接数量及传输的数据量。

Total kBytes：接受的总字节数。

Uptime：服务器运行的总时间。

ReqPerSec：平均每秒请求数。

BytesPerSec：平均每秒发送的字节数。

BytesPerReq：平均每个请求发送的字节数。

BusyWorkers：正在工作数。

IdleWorkers：空闲工作数。

【特别说明】：BusyWorkers+ IdleWorkers=服务器同时允许的线程数。

步骤 4：在 Controller 的"Run"选项卡中，在 Available Graphs 区域，选择 Web Server Resource Graphs->Apache 并将其拖曳到右侧的资源监控区域。

步骤 5：添加度量项的步骤同 Windows 指标监控类似。单击鼠标右键，选择 Add Measurements，添加待监控的 Apache 服务器的 IP 地址，最后选择要添加的监控指标，注意端口号设为 1080（WebTours 演示程序端口），如图 6-64 所示。

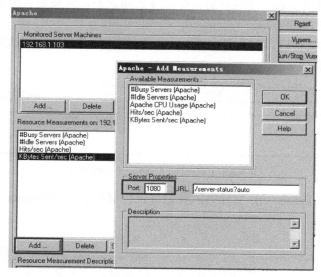

图 6-64　LR 为 Apache 添加监控项对话框

步骤 6：添加监控项后我们发现 Apache 监控成功，但部分指标监控失败，如图 6-65 所示。

Color	Scale	Measurement	Machine	Max	Min	Avg	Std	Last
	1	#Busy Servers (Apache)	192.168.1.103					
	1	#Idle Servers (Apache)	192.168.1.103					
		Apache CPU Usage (Apache)	192.168.1.103					
	10	Hits/sec (Apache)	192.168.1.103	1.000	0.667	0.860	0.165	0.667
	10	KBytes Sent/sec (Apache)	192.168.1.103	2.000	1.333	1.754	0.303	1.667

图 6-65　Controller_Apache 的监控指标 1

未能被监控的指标有 3 个，它们依次是#BusyServers、#Idle Servers、Apache CPU Usage。我们可以通过修改 LR 的默认计数器配置文件来对 Apache 的监控项进行调整。

默认计数器配置文件访问地址为<LoadRunner 根文件夹>/dat/monitors 目录下的 apache.cfg 文件。

打开该文件，发现 LR 监控的指标和 Apache server-status 的监控名称并不相符，需要调整监控指标的命名：

（1）BusyServers 改为 BusyWorkers

```
#Counter4=BusyServers
Counter4=BusyWorkers
Label4=#Busy Servers (Apache)
Description4=Number of servers in the Busy state
```

（2）IdleServers 改为 IdleWorkers

```
#Counter0=IdleServers
Counter0=IdleWorkers
Label0=#Idle Servers (Apache)
Description0=Number of servers in the Idle state.
```

【特别说明】：因 Web Tours 自带的 Apache 服务器没有提供 CPU 相关度量项，所以本次无需度量 Apache CPU Usage。这也从另一个角度告知我们，只要是 Apache server-status 提供的度量项，都可以在 LoadRunner apache.cfg 文件中添加。

调整 apache.cfg 文件后，需要重启 Controller，这点非常重要，再次添加 Apache 监控指标，结果如图 6-66 所示。

Color	Scale	Measurement	Machine	Max	Min	Avg	Std	Last
	10	#Busy Servers (Apache)	192.168.1.103	3.000	3.000	3.000	0.000	3.000
	1	#Idle Servers (Apache)	192.168.1.103	61.000	61.000	61.000	0.000	61.000
	10	Hits/sec (Apache)	192.168.1.103	1.000	0.667	0.870	0.162	1.000
	10	KBytes Sent/sec (Apache)	192.168.1.103	2.333	1.333	1.778	0.333	2.000

图 6-66　Controller_Apache 的监控指标 2

【补充说明】：在 apache.cfg 文件中，我们可以依据需要对 Delimiter=:后默认服务器属性进行修改。

```
Delimiter=:
infoURL=/server-status?auto
serverPort=80
SamplingRate=0
```

infoURL：表示服务器统一信息 RUL。

serverPort：表示服务器默认端口。

SamplingRate：表示 LoadRunner 轮询服务器获取统计信息的时间间隔，单位为毫秒。

如果 SamplingRate 大于 1000，LoadRunner 将使用该值作为采样速率。否则 LoadRunner 将使用在"选项"对话框的"监控器"选项卡中定义的采样速率。

如果要通过防火墙监控 Apache 服务器，请使用 Web 服务器端口（默认情况下使用端口 80）。

LR 监控 Apache 服务器资源指标，详见附录 C "LR 主要计数器指标"。

学习笔记

LoadRunner 对服务器资源的监控，从本质上来讲都是利用服务器自带的辅助软件完成的，只要理解了辅助软件的监控原理就能配置好 Controller 的监控指标。如果有更好的监控方式我们可以同 LR12 集成，没有必要否定 LR12 对各类服务器指标的监控能力。

6.4 本章小结

请和 Lucy 一起完成以下练习，验证第 6 章节所学内容（参考答案详见附录 "每章小结练习答案"）。

一、选择题（单选，共 6 题）

1. Controller 中 "Design" 选项卡的主要作用是什么？（   ）

    A. 执行测试脚本，向服务器发起并发压力

    B. 设计测试场景，模拟并发用户行为

    C. 调试测试脚本，添加集合点策略

    D. 收集性能测试指标，分析测试结果

2. 以下哪些指标可以通过 Services Level Agreement（SLA）设置阈值？（   ）

    A. Transaction Response Time   B. Total Hits

    C. Average Throughput   D. Errors Log

3. 请判断下图采用的是哪种结合点策略？（   ）

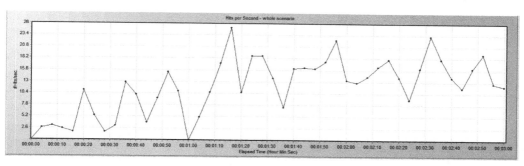

    A. Release when 100% of all Vusers arrive at the rendezvous

    B. Release when 100% of all running Vusers arrive at the rendezvous

    C. Release when 10 Vusers arrive at the rendezvous

    D. 没有使用结合点策略

4. 在 Web Tours 的 Login 脚本中，如果用本地 Load Generators 场景脚本运行成功，但替换成其他设备的 Load Generators 运行失败，以下哪一个不是失败的原因？（   ）

    A. 远程 Load Generators 连接中断了

    B. 脚本中的 IP 127.0.0.1 没有替换成本机 IP

    C. 远程访问受到防火墙限制

    D. Web Tours 服务器的 Apache Server 未启动

5. 要想实现 IP 欺骗，以下哪个操作的描述是错误的？（   ）

    A. 虚拟 IP 地址必须是真实存在的，并且可以和被测服务器建立连接

    B. 在进行 IP 欺骗时，只关注有线网络设备，无线网卡、蓝牙等设备无需禁用

    C. 设置 IP 地址后，需要在场景菜单下选择启用 IP 欺骗功能

    D. 在 NAT 机制下，如果 IP 段不在内网指定范围，则无法实现 IP 欺骗

6. 以下哪一个指标不属于 Windows 监控的？（   ）

    A．Swap-in/out rate   B．Available MBytes

    C．Disk Transfers/sec   D．%Processor Time

二、判断题（共 5 小题）

1．在场景运行期间，Controller 允许增加或删除虚拟用户。（　　　　）

2．在"Run"选项卡的 Available Graphs 区域，其中蓝色部分的指标是 LR12 自带的监控指标，其余监控指标可根据实际需要手动添加。（　　　）

3．在脚本中如果没有集合点就意味着无法实现并发操作。（　　　）

4．在 Controller 场景中，一个脚本只能使用同一个 Load Generator 向服务器发起负载。（　　　）

5．市面上所有的服务器都会有 IP 访问限制，所以我们录制脚本后都需要设置 IP 欺骗功能。（　　　）

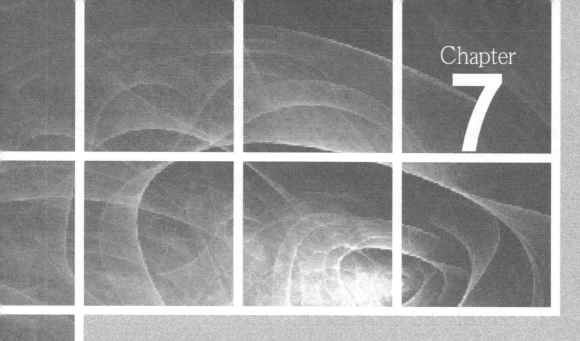

Chapter

7

第 7 章

结果分析（Analysis
分析测试结果）

还剩下四天，眼看考核的期限就要到了，Lucy 倍感压力，数据分析不是一朝一夕就能见到成效的，Lucy 决定请 Mary 利用周末来指导自己分析基础数据。在 Analysis 的分析部分，我们将接触到图表的基本设置、如何阅读摘要报告、常见分析图表的含义、如何自定义性能测试报告等相关内容。

本章主要包括以下内容：
- Analysis 基本操作；
- 看懂摘要报告；
- 图表分析实战；
- 提交性能测试报告；
- 本章小结。

7.1 Analysis 基本操作

7.1.1 不可忽略的准备工作

数据分析是脚本运行后的主要工作，Analysis 提供了较为详尽的图表分析功能，帮助我们收集场景数据，生成测试报告。

按照 Mary 的要求，Lucy 继续使用 Web Tours 示例程序的“Login”脚本，完整的 Action 脚本代码如下所示：

```
static int iteration;  //定义一个迭代
Action()
{
//在 Controller 的 Vusers 对话框中显示当前参数值和当前值迭代次数
lr_vuser_status_message("param:%s, iteration:%d",
        lr_eval_string("{username}"),++iteration);
//建立 userSession 的关联
    web_reg_save_param("userSession",
        "LB=\"userSession\" value=\"",
        "RB=\"/>",
        LAST);
//打开 Web Tours 页面
        web_url("index.htm",
        "URL=http://192.168.1.103:1080/WebTours/index.htm",
        "TargetFrame=",
        "Resource=0",
        "RecContentType=text/html",
        "Referer=",
        "Snapshot=t1.inf",
        "Mode=HTML",
            EXTRARES,
        //IE11 向服务器发起的响应请求，从用户模拟的角度不建议删除
        "Url=http://www.bing.com/favicon.ico", "Referer=", ENDITEM,
        LAST);
        lr_think_time(6);  //用户思考时间
        //lr_rendezvous("Login");  //注意集合点已被注释
        lr_start_transaction("Login");  //开始事务
```

```
        web_reg_find("Text=Welcome",LAST);  //设置检查点

// 输入用户名、密码登录
web_submit_data("login.pl",
        "Action=http://192.168.1.103:1080/cgi-bin/login.pl",
        "Method=POST",
        "TargetFrame=body",
        "RecContentType=text/html",
        "Referer=http://192.168.1.103:1080/cgi-bin/nav.pl?in=home",
        "Snapshot=t2.inf",
        "Mode=HTML",
        ITEMDATA,
        "Name=userSession", "Value=119474.940704739zVtftQcpczcfDziHcpQfDfHf", ENDITEM,
        //被关联字段的原始数据
        "Name=userSession", "Value={userSession}", ENDITEM,
        "Name=username", "Value={username}", ENDITEM, //参数化 username:X001~X010
        "Name=password", "Value={password}", ENDITEM, //参数化 password:001~010
        "Name=JSFormSubmit", "Value=off", ENDITEM,
        "Name=login.x", "Value=48", ENDITEM,
        "Name=login.y", "Value=12", ENDITEM,
        LAST);
        lr_end_transaction("Login", LR_AUTO);  //结束事务
        return 0;
}
```

【特别说明】：上述脚本实现了 Web Tours 的登录操作，注意事项如下：

（1）请务必确保被参数化的用户名和密码已经提前注册成功；

（2）请务必确保上述脚本中 IP 地址对应的 Apache 服务启动；

（3）在加载到 Controller 前，请在 VuGen 中保证脚本运行成功。

脚本准备完毕后，Lucy 设计了一个较为简单的测试场景：并发 10 个虚拟用户登录，每隔 15 秒增加 2 个用户，持续运行 5 分钟，5 分钟后每 30 秒退出 5 个用户，结束任务。如图 7-1 所示。

Global Schedule	
Total: 10 Vusers	
Action	Properties
Initialize	Initialize each Vuser just before it runs
Start Vusers	Start 10 Vusers: 2 every 00:00:15 (HH:MM:SS)
Duration	Run for 00:05:00 (HH:MM:SS)
Stop Vusers	Stop all Vusers: 5 every 00:00:30 (HH:MM:SS)

图 7-1　Login 场景设计 1

【特别说明】：本次脚本使用 Load Generator：192.168.1.108 的设备发起请求，相关设备的对应关系如图 7-2 所示。

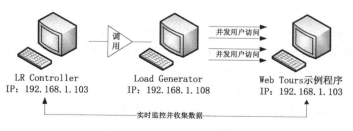

LR Controller　　　　　　Load Generator　　　　　Web Tours示例程序
IP: 192.168.1.103　　　IP: 192.168.1.108　　　IP: 192.168.1.103

调用　　　　　　　并发用户访问　　　并发用户访问

实时监控并收集数据

图 7-2　测试设备的对应关系

【特别说明】：本书中使用的 IP 地址均为虚拟环境 IP 地址，读者在实际操作中使用的 IP 地址同该 IP 地址不完全相同。

最后，运行前请按照 6.3.1 章节和 6.3.3 章节的要求配置 Windows 和 Apache 的监控指标，注意监控设备的 IP 地址为 192.168.1.103。如图 7-3 所示。

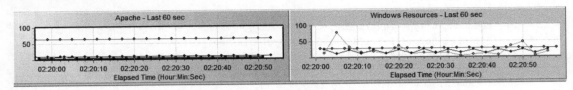

图 7-3　Windows 和 Apache 的监控指标

场景设计完成后，不要急于运行脚本，我们需要完成一些分析前的准备工作。

首先，请检查 Controller 控制器中 Results-> Auto Collate Results 选项是否勾选（默认勾选）。如图 7-4 所示。

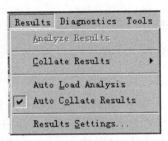

图 7-4　勾选自动整理结果

其次，选择 Results-> Results Settings 选项，设置最终脚本的保存方式。如图 7-5 所示。

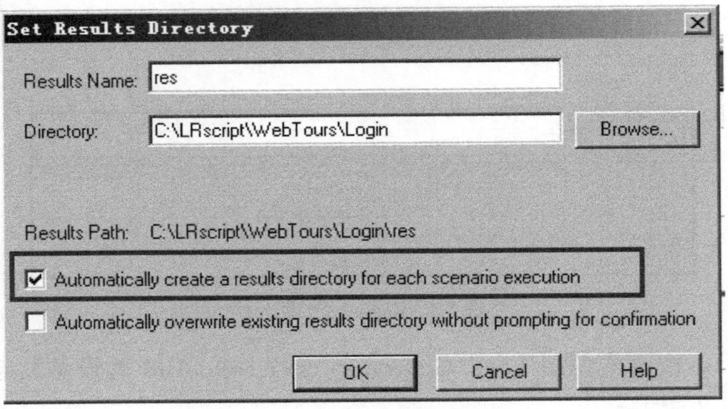

图 7-5　设置结果目录对话框

Automatically create a results directory for each scenario execution：表示自动为每次场景执行创建目录。例如默认 Results Name 为 res，再次执行就会 +1，保存为 res1，依此类推。

Automatically overwrite existing results directory without prompting for confirmation：表示无需确认提示，自动覆盖现有结果目录。

为了防止测试数据被意外覆盖，一般我们会选择第一种方式保存测试结果。

最后，运行 Login 脚本场景，数据将存储在扩展名为 .lrr 的结果文件中，如图 7-6 所示。

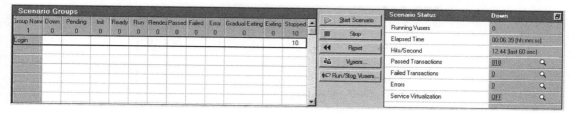

图 7-6　Login 场景运行界面 1

学习笔记

脚本运行的目的是为了获取数据，运行前首先要确保脚本的正确性，然后是场景设计的合理性，最后不要忘了设置监控指标，包括对操作系统及相应服务器的监控。这样才能在运行后对数据进行分析。

7.1.2　进入 Analysis 的世界

在运行结束后，在 Controller 选择 Results-> Analyze Results 选项，进入 Analysis 查看各项监控指标。如图 7-7 所示。

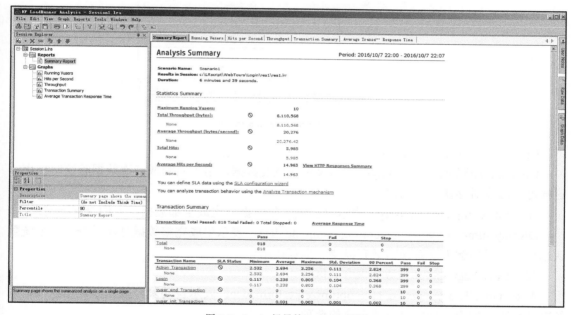

图 7-7　Login 场景的 Analysis 界面

Mary 告诉 Lucy 为了让分析指标便于阅读和理解，有时需要在查看各类分析图表前进行数据的"过滤"，也就是利用 Analysis 设置筛选条件。下面是 Mary 给 Lucy 介绍的一些常规设置。

这里主要介绍 Result Collection 选项卡设置。

打开 Analysis 窗体后，选择 Tools->Options，进入 Result Collection 选项卡，如图 7-8 所示。

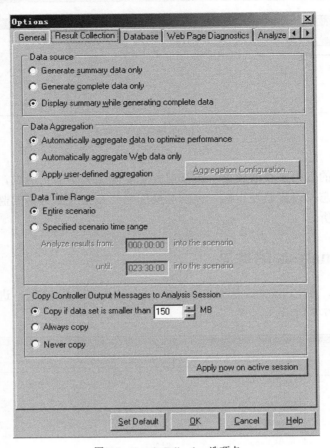

图 7-8　Result Collection 选项卡

（1）Data source（数据源）区域

Generate summary data only：表示仅生成概要数据，用于回测或多次数据验证时使用，这样可以减少对存储空间的浪费。

Generate complete data only：表示仅生成完整数据，生成全部数据，方便查阅详情；

Display summary while generating complete data：表示生成完整数据时显示概要，系统默认选项，可以理解为既有详情又有概要，推荐使用。

（2）Data Aggregation（数据聚合）区域

Automatically aggregate data to optimize performance：表示自动聚合数据以优化性能，系统默认选项，如果不确定自己要聚合的选项。

Automatically aggregate Web data only：表示仅自动聚合 Web 数据，仅针对 Web 项目可用；

Apply user-defined aggregate：表示应用用户定义的聚合，该选项仅用于完整数据，单击 Aggregation Configuration... 按钮会弹出聚合配置的对话框，用户可选择聚合的数据类型，例如事务、Web、监控器、数据点等。如图 7-9 所示。

【特别说明】：如果选择 "Web data aggregation only"（仅聚合 Web 数据），默认情况下，Analysis 每 5 秒总结一次 Web 度量。要缩小数据库，请增大粒度。要重点查看更详细的结果，请减小粒度。

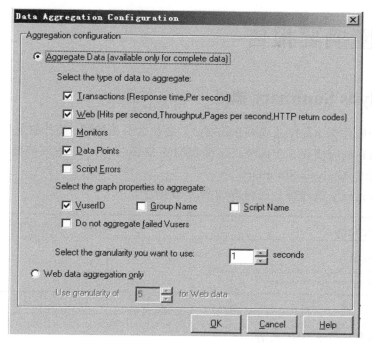

图 7-9 聚合配置对话框

（3）Data Time Range（数据时间范围）区域

Entire scenario：表示时间范围是整个时间场景内的，系统默认选项。

Specified scenario time range：表示指定场景的时间范围，如果只想知道场景中某段时间内的数据情况可以使用此选项。

【特别说明】：在分析 Oracle11i 和 Siebel 数据库诊断图时请使用系统默认选项，因为数据可能不完整。

【特别说明】：数据时间范围的设置，不适用于 Vusers 的图表。

（4）Copy Controller Output Messages to Analysis session（将 Controller 输出消息复制到 Analysis 会话）区域

Copy if data set is smaller than 150 MB：系统默认选项，表示如果数据集小于指定大小则复制，一般 150MB 足够存放，可依据实际情况调整存放大小。

Always copy：表示无论大小始终复制，不推荐使用，容易影响数据收集系统的性能。

Never copy：表示从不复制。

按实际需要设置完成后单击 Apply now on active session 按钮，立即在活动会话中应用。

本次 Mary 介绍的目的是让 Lucy 熟悉 Analysis 分析指标，所以介绍完筛选条件后并未进行任何调整，先以默认值来学习 Analysis 分析。

学习笔记

Analysis 为我们提供了各类数据的实际指标，但真正的数据分析工作还是要依靠人工完成，千万不要误认为 Analysis 能够告知你系统的性能瓶颈到底在哪儿。举例来说，这就好比股票分析软件，数据有了，可以按图形呈现出来，但怎么去理解这些数据才是关键。

7.2 看懂摘要报告

7.2.1 Analysis Summary 概述

摘要报告一般作为 Analysis 分析的开始，主要包含分析概述、统计信息摘要、事务摘要、SLA 分析、HTTP 响应摘要 5 个部分。下面我们听 Mary 介绍一下这些摘要。

1. 分析概述 Analysis Summary

Analysis Summary 概述部分的内容如图 7-10 所示。

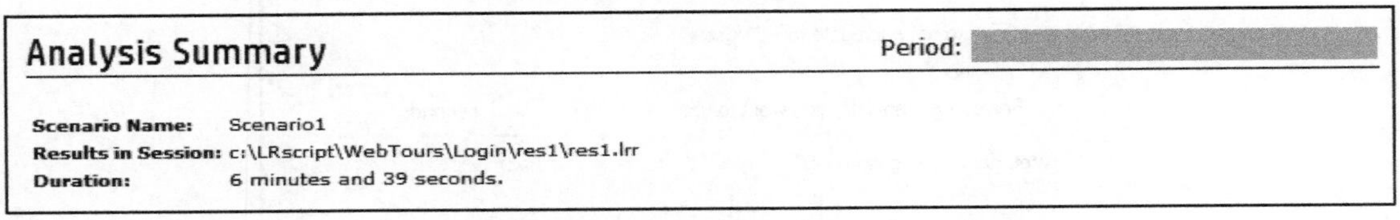

Analysis Summary   Period:

Scenario Name:	Scenario1
Results in Session:	c:\LRscript\WebTours\Login\res1\res1.lrr
Duration:	6 minutes and 39 seconds.

图 7-10　分析概述区域

分析概述包括三个部分的内容。

Secnario Name：表示场景名称，默认场景从 Scenario1 开始，依次类推；

Results in Session：表示会话中的结果存在位置，Analysis 页面关闭后可以找到该路径直接打开数据分析结果；

Duration：表示持续运行时间，如果脚本中包含有思考时间，持续运行时间会自动排除。

2. 统计信息摘要 Statistics Summary

Statistics Summary 统计信息部分的内容如图 7-11 所示。

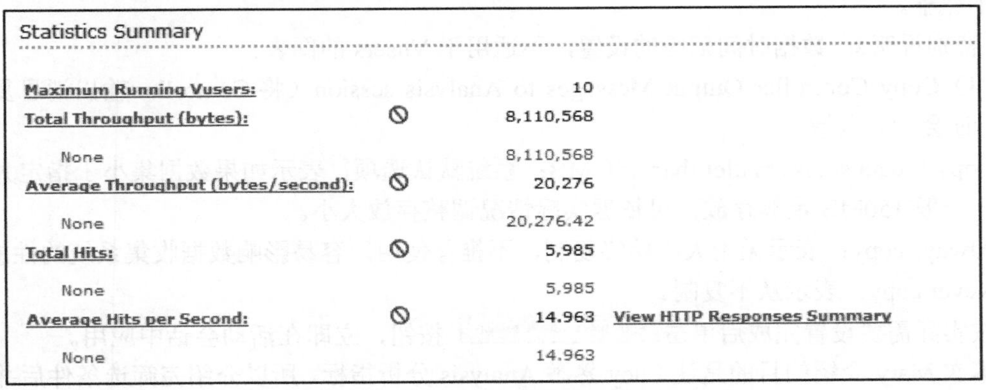

Statistics Summary

Maximum Running Vusers:		10	
Total Throughput (bytes):	⊘	8,110,568	
None		8,110,568	
Average Throughput (bytes/second):	⊘	20,276	
None		20,276.42	
Total Hits:	⊘	5,985	
None		5,985	
Average Hits per Second:	⊘	14.963	View HTTP Responses Summary
None		14.963	

图 7-11　统计信息摘要区域

统计信息包括 6 个链接内容。

Maximum Running Vusers：表示运行虚拟用户的最大数目，这和我们最初设计的场景应该是完全一致的。

Total Throughput (bytes)：表示系统总吞吐量（字节），也就是系统运行时产生的全部网络流量。

Average Throughput (bytes/second)：表示系统平均吞吐量（字节/秒），也就是所谓的吞吐率。

Total Hits：表示系统总单击次数，在 Login 脚本中表示向服务器发起的 HTTP 请求总数；

Average Hits per Second：表示系统平均每秒的单击数。

View HTTP Responses Summary：表示查看 HTTP 响应摘要，实际是个跳转功能，指向下方的 HTTP 响应摘要（HTTP Responses Summary）。

3．事务摘要 Transaction Summary

Transaction Summary 事务摘要部分的内容如图 7-12 所示。

Transaction Summary

Transactions: Total Passed: 818 Total Failed: 0 Total Stopped: 0　　　Average Response Time

	Pass	Fail	Stop
Total	818	0	0
None	818	0	0

Transaction Name	SLA Status	Minimum	Average	Maximum	Std. Deviation	90 Percent	Pass	Fail	Stop
Action Transaction	⊘	2.532	2.694	3.256	0.111	2.824	399	0	0
None		2.532	2.694	3.256	0.111	2.824	399	0	0
Login	⊘	0.117	0.238	0.805	0.104	0.368	399	0	0
None		0.117	0.238	0.805	0.104	0.368	399	0	0
vuser_end_Transaction	⊘	0	0	0	0	0	10	0	0
None		0	0	0	0	0	10	0	0
vuser_init_Transaction	⊘	0	0.001	0.002	0.001	0.002	10	0	0
None		0	0.001	0.002	0.001	0.002	10	0	0

图 7-12　事务摘要区域

事务摘要表格的第一部分为总述，表示所有事务通过、失败或停止的数量。下方的表格中包括若干项事务执行的详细信息。表格中每列的意义如下。

Transaction Name：表示事务名称，所有事务名称自带链接地址，链接位置为"Average Transaction Response Time"选项卡。

SLA Status：表示服务水平协议状态，当前为 ⊘，表示未做目标设置（详见 7.2.2 章节）。

Minimum：表示事务运行的最短时间。

Average：表示事务运行的平均时间，平均值因百分比（Percent）的不同而不同。

Maximum：表示事务运行的最长时间。

Std.Deviation：表示标准方差，用于描述一组数据偏离平均值的情况。方差越小数据偏离的情况波动就越小，从性能测试的角度来讲这是我们希望看到的结果。

举例，这就好比有两组学生参加同一试卷的测验，第一组共 3 位成员，测验成绩为 95、85、90；第二组也是 3 位成员，测验成绩为 120、50、100。这两组数据的平均分都是 90 分，但很明显第一组 3 位同学的成绩在 90 分上下波动，方差较小。而第二组成绩波动相对较大，所以方差也就较大。

90 Percent：表示系统执行过程中的第 90%个事务所花的时间。例如一个事务执行了 100次，Analysis 对这 100 次事务响应时间进行升序排列，第 90%等于第 90 次运行事务的时间。如果拿 Login 事务为例，就是 399 次事务按响应时间升序排列，然后取第 359（399×90%）次运行事务的时间。

【特别说明】：该指标一般结合标准偏差和平均值综合来看的，如果标准偏差过大，那么平均值和第 90%的数据偏差也会较大。

Pass/Fail/Stop：表示通过/失败/停止的事务数。

【特别说明】：事务并不是要百分之百通过才算是成功，一般要求通过率在 95%以上即可，特别是在并发大量数据的情况下，服务器出现少量异常是允许的。

4．SLA 分析 Service Level Agreement Legend（服务水平协议）

Service Level Agreement Legend 部分内容如图 7-13 所示。

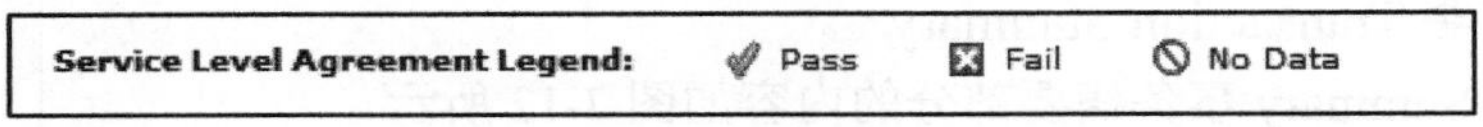

图 7-13　服务器水平协议状态区域

Pass：表示系统实际结果满足预期设置的要求。

Fail：表示系统实际结果不满足预期设置的要求。

No Data：表示没有进行 SLA 设置。

详见 7.2.2 章节 SLA 概述部分。

5．HTTP 响应摘要 HTTP Responses Summary

HTTP Responses Summary 响应摘要部分的内容如图 7-14 所示。

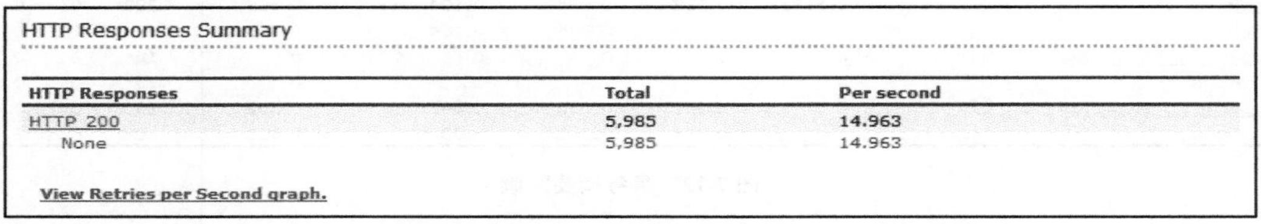

图 7-14　HTTP 摘要区域

反映了 Web Server 的处理情况，如果没有启用 HTTP 协议该部分摘要将不显示。

HTTP Responses：表示 HTTP 请求的状态码。

Total：该状态码总的单击数。

Per second：该状态码每秒的单击数。

【特别说明】：HTTP 相关介绍请阅读 5.1.2 章节。

学习笔记

笔记一：指标分析是一点一滴的事，可以先从基本指标开始看起，然后再扩展到各类指标的细节。

笔记二：如果对众多指标毫无头绪，建议找位有经验的前辈指导，这样可以少走许多弯路。

7.2.2　如何分析预设目标（SLA）

Service Level Agreement Legend（服务水平协议）是典型的目标预设，可在场景执行前添加预设条件。在 6.1.1 章节中介绍过添加过程，下面 Mary 让 Lucy 按如下要求设置协议。

预设目标一：90%的 Login 事务响应时间不超过 2 秒，步骤如下所示。

步骤 1：返回 Controller 界面，在 SLA 区域选择"New"图标。

步骤 2：打开 SLA 目标定义说明对话框，对话框中描述了 SLA 的定义及其作用，单击"Next"按钮。如图 7-15 所示。

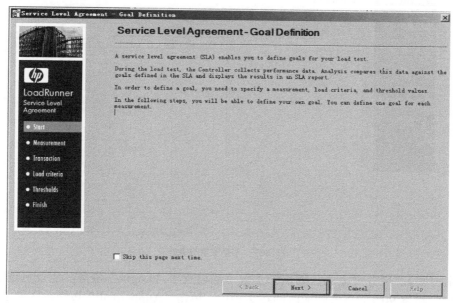

图 7-15　SLA 目标定义对话框

步骤 3：设置事务按百分比的模式度量，并单击"Next"按钮。如图 7-16 所示。

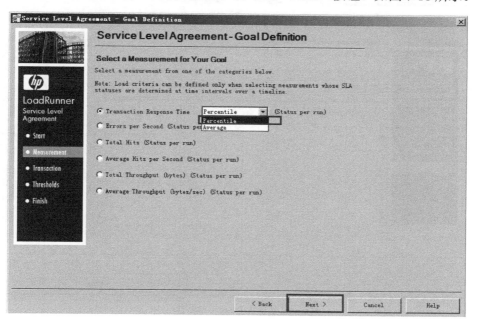

图 7-16　选择 SLA 度量项

【特别说明】：如果脚本中未设置事务，事务选项将不会出现在对话框中，即无法设置事务。

步骤 4：选择要被度量的事务"Login"，并单击"Next"按钮。如图 7-17 所示。

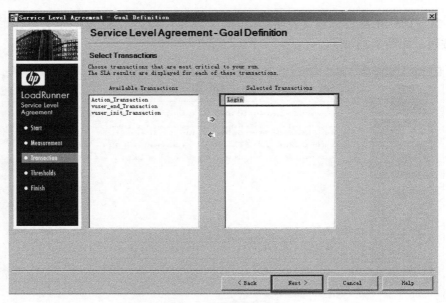

图 7-17　选择度量的事务

【特别说明】：事务可多选，因该脚本仅手动设置了"Login"事务，所以只选了 Login。

步骤 5：设置 90% 的事务响应时间在 2 秒内，单击"Apply to all"按钮，并单击"Next"按钮。如图 7-18 所示。

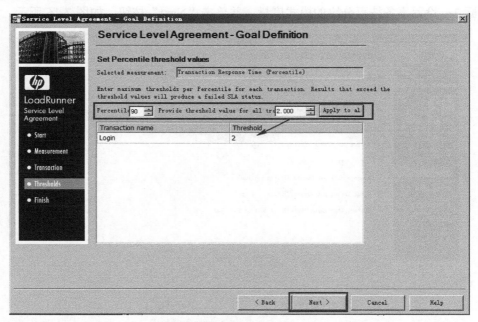

图 7-18　选择事务响应时间的百分比

预设目标二：按事务平均响应时间来衡量，虚拟用户数少于 10 个，则事务响应时间不超过 1 秒，虚拟用户数大于等于 10 个事务响应时间不超过 2 秒。步骤如下所示。

步骤 1：返回 Controller 界面，在 SLA 区域选择"New"图标。

步骤 2：打开 SLA 目标定义说明对话框，对话框中描述了 SLA 的定义及其作用，单击

"Next"按钮。（同事务百分比的设置。）

步骤3：设置事务按平均响应时间的模式度量，并单击"Next"按钮。如图7-19所示。

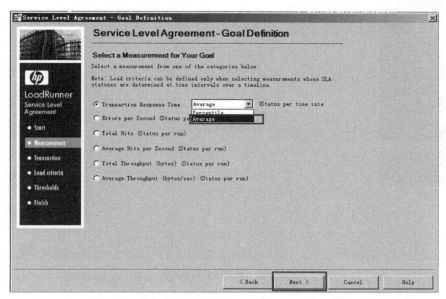

图7-19　选择事务平均响应时间

步骤4：选择要被度量的事务"Login"，并单击"Next"按钮。（同事务百分比的设置。）

步骤5：设置按虚拟用户数来衡量事务响应变化，以10个为分界点，并单击"Next"按钮。如图7-20所示。

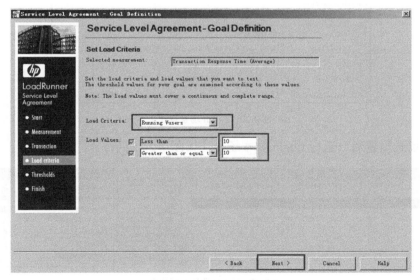

图7-20　选择事务负载标准

步骤6：设置按虚拟用户数来衡量事务响应变化，以10个Vuser为分界点，虚拟用户数少于10个，则事务响应时间不超过1秒，虚拟用户数大于等于10个事务响应时间不超过2秒，并单击"Next"按钮。如图7-21所示。

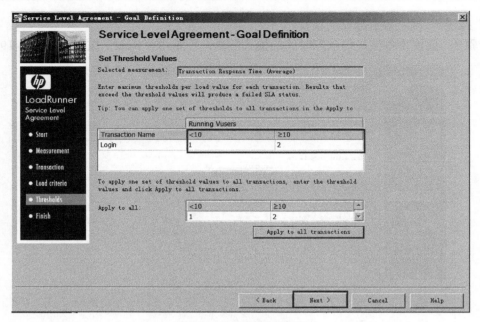

图 7-21 选择事务负载阈值

为了验证 SLA 设置效果，Mary 让 Lucy 选择"预设目标二"进行后续的场景执行。

运行前，需要对场景进行微调，这次 Lucy 把并发用户数改为 20 个，每隔 15 秒增加 2 个用户，持续运行 5 分钟，5 分钟后每 30 秒退出 5 个用户，结束任务。场景设置调整如图 7-22 所示。

Global Schedule

Total: 20 Vusers

Action	Properties
Initialize	Initialize each Vuser just before it runs
Start Vusers	Start 20 Vusers: 2 every 00:00:15 (HH:MM:SS)
Duration	Run for 00:05:00 (HH:MM:SS)
Stop Vusers	Stop all Vusers: 5 every 00:00:30 (HH:MM:SS)

图 7-22 Login 场景设计 2

调整好场景设置后，运行 Login 脚本场景，如图 7-23 所示。

Scenario Groups													
Group Name	Down	Pending	Init	Ready	Run	Rended	Passed	Failed	Error	Gradual Exiting	Exiting	Stopped	
1	0	0	0	0	0	0	0	0	0	0	0	20	
Login												20	

- ▷ Start Scenario
- ■ Stop
- ◀◀ Reset
- ♣♣ Vusers...
- ◀● Run/Stop Vusers

Scenario Status	Down
Running Vusers	0
Elapsed Time	00:08:54 (hh:mm:ss)
Hits/Second	12.41 (last 60 sec)
Passed Transactions	1326
Failed Transactions	0
Errors	0
Service Virtualization	OFF

图 7-23 Login 场景运行界面 2

场景运行结束后，查看 Analysis 摘要报告，摘要报告中将显示出 Login 事务在不同时间区域中的响应时间表现。绿色块表示和预期要求一致，红色块表示不符合预期要求（颜色仅工具可见），如图 7-24 所示。

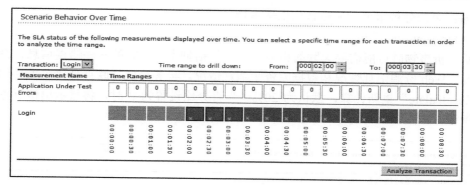

图 7-24 SLA 超时行为摘要

本次测试结果详细信息如下。

绿色块（工具可见）：时间域 00:00:00~00:01:30、时间域 00:07:30~00:08:30。

红色块（工具可见）：时间域 00:02:00~00:07:00。

单击"Analyze Transaction"按钮，系统会显示出 Login 事务的详细分析信息选项卡，如图 7-25 所示。

LoginTransaction Analysis   Analyzed period:000:02:15 - 000:04:20

Transaction Name:	Login
Transaction Duration:	000:00:14 - 000:08:54
Filter:	(125 <= Scenario Elapsed Time) and (270 >= Scenario Elapsed Time), (do not Include Think Time)

Observations

Showing measurements with a correlation to Login of at least: 20 % ▲ ▼   Recalculate

System Resources

50.54% negative correlation with % Processor Time (Processor _Total):192.168.1.103 (Windows Resources)

Web Resources

47.96% negative correlation with New Connections (Connections Per Second)

46.18% negative correlation with Connections (Connections)

28.37% negative correlation with Throughput (Throughput)

⊠View graph

Errors

Application Under Test errors

Error Type	Error code	Error template	Total messages

All errors

Error Type	Error code	Error template	Total messages

Observation Settings

Correlated graphs: Running Vusers,Errors per Second (by Description),Errors per Second,Hits per Second,Throughput,Pages Downloaded per Second,Connections,Connections Per Second,Windows Resources,UNIX Resources,SNMP Resources,SiteScope,Network Delay Time,DB2,Oracle,SQL Server,Server Resources,Sybase

图 7-25 Login 事务详细信息选项卡

事务摘要区域包括如下内容。

Transaction Name：表示分析事务的名称。

Transaction Duration：表示事务持续时间。

Filter：表示分析事务时所设置的筛选条件。

1．Observations 区域

显示分析事物时可能需要关联的相关信息，包括脚本运行时的一些错误信息、系统资源消耗情况、Web 资源消耗情况和数据库资源消耗情况。事务最低关联百分比可手动调整，并单击"Recalculate"重新计算，默认为 20%。当百分比设置为 0 时，将显示出该事务的所有相关性指标，如图 7-26 所示。

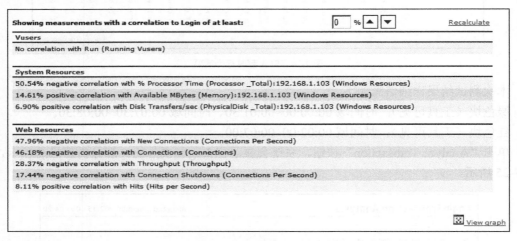

图 7-26　事务详细信息区域

在事务详细信息选项卡中选中想要细看的指标，单击右下角"View Graph"打开对应的分析图表选项卡，例如，选中 Processor Time 单击"View Graph"查看数据详情，如图 7-27 所示。

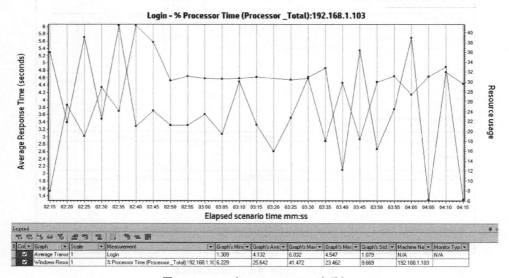

图 7-27　Login 与 Processor Time 选项卡

2．Errors 区域

该区域详细地记录了错误类型、错误代码、错误模板、总消息数相关指标，单击后可查

看错误详情。如图 7-28 所示。

Errors

Application Under Test errors

Error Type	Error code	Error template	Total messages

All errors

Error Type	Error code	Error template	Total messages

图 7-28　错误信息区域

3．Graph 区域

主要描述在 SLA 预设的时间区域内事务的响应时间和 Vuser 的情况，如图 7-29 所示。

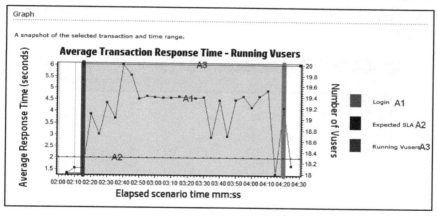

图 7-29　事务响应时间与 Vuser

　　图中 A1 曲线表示平均事务响应时间，A2 曲线表示预期 SLA 的时间设置，A3 曲线表示虚拟用户运行情况。如果 A1 曲线在 A2 以上则表示 SLA 此段"Fail"，如果 A1 曲线在 A2 以下，则表示此段 SLA "Pass"。

　　所以，按照该场景运行脚本，本次 SLA 预设的事务结果在摘要报告中一定是"Fail"状态。如图 7-30 所示。

Transaction Name	SLA Status	Minimum	Average	Maximum	Std. Deviation	90 Percent	Pass	Fail	Stop
Action Transaction	⊘	2.529	6.966	18.978	3.361	10.572	643	0	0
None		2.529	6.966	18.978	3.361	10.572	643	0	0
Login	☒	0.118	2.82	10.488	2.139	4.71	643	0	0
None		0.118	2.82	10.488	2.139	4.71	643	0	0
vuser end Transaction	⊘	0	0	0	0	0	20	0	0
None		0	0	0	0	0	20	0	0
vuser init Transaction	⊘	0	0.001	0.001	0	0.001	20	0	0
None		0	0.001	0.001	0	0.001	20	0	0

Service Level Agreement Legend: ✔ Pass　☒ Fail　⊘ No Data

图 7-30　Login 事务的 SLA 状态

学习笔记

许多人在预设指标上不愿意下功夫，认为直接看图表中的数据是一样的，其实很多问题都可以通过对事务的细节分析得到答案。

7.3 图表分析实战

7.3.1 基础图表分析

除摘要报告外，系统提供了大量可分析的图表。例如，Web 系统常见分析图主要有Transactions（事务分析图）、Web Resources（页面资源分析图）和 Web Page Diagnostics（网页细分图）。

【特别说明】：本次图表数据分析来源于 7.2.2 章节中"预设目标二"的基础数据。

单击顶部"Graph"菜单栏，"Add New Graph"按钮，我们可以从列表中选择想要查看的任意图表。如图 7-31 所示。

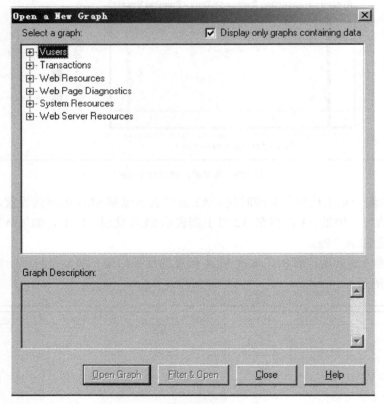

图 7-31　添加查看图表对话框

在 Mary 的指导下，Lucy 尝试理解 Analysis 自动加载的五个基础图表，如图 7-32 所示。

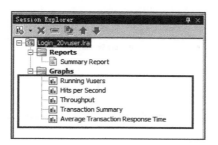

图 7-32　会话浏览器区域

1. 运行的虚拟用户（Running Vusers）

运行的虚拟用户图表直接反映了 Controller 的场景设置，理论上这里的图表和场景设计保持一致。在 Login 的运行用户图表中，我们可以看到 00:00~02:00 以慢增长的方式逐步增加用户数，持续运行 5 分钟，再以慢增长的方式退出，而且退出的速度要比增加时更快。如图 7-33 所示。

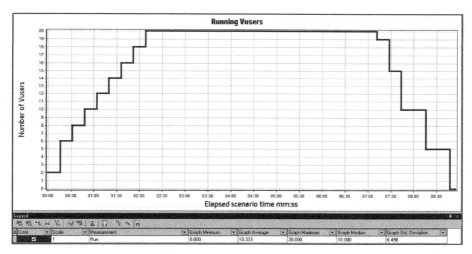

图 7-33　Running Vusers 选项卡

下方图例为具体数据描述，从左到右依次如下。

Color：表示当前图表颜色，当多张图表叠加时可用不同颜色加以区分。

Scale：表示图表比例，比例可调，默认为常规比例 1，可用于多张图表叠加时调整比例。

Measurement：表示度量项，图表叠加后可显示多个不同的度量项。

Graph Minimum：表示图最小值，此图运行场景 Vuser 最小值 0.000 个。

Graph Average：表示图平均值，此图运行场景 Vuser 的平均值 10.333 个。

Graph Maximum：表示图最大值，此图运行场景 Vuser 的最大值 20.000 个。

Graph Median：表示图中间值，此图运行场景 Vuser 的中间值 10.000 个。

Graph Std.Deviation：表示图标准偏差，此图运行场景 Vuser 的偏差为 6.498。

2. 每秒单击次数（Hit per Second）

"每秒单击次数"是 Web 应用特有的一个指标（详见 2.1.2 章节），即运行场景过程中虚拟用户每秒向 Web 服务器提交的 HTTP 请求数。从图表中可以看出单击率随着用户数的增长而增长，持续运行期间单击率保持相对一致的高位，随后开始退出，单击率和用户数的增长呈正相关。如图 7-34 所示。

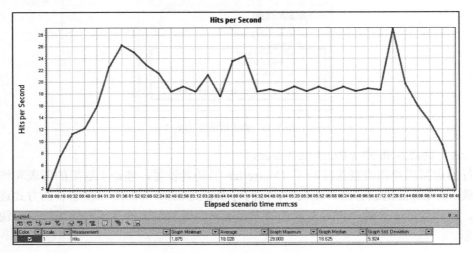

图 7-34　Hit per Second 选项卡

3. 吞吐量（Throughput）

吞吐量显示的是场景运行过程中服务器每秒处理的字节数。其度量单位是字节，表示虚拟用户在任何给定的每一秒从服务器获得的数据量。从图表中可以看出，Login 场景的吞吐量随着用户数的增加而增加，用户数的减少而减少，可以依据服务器的吞吐量来评估虚拟用户产生的负载量，以及看出服务器在流量方面的处理能力以及是否存在瓶颈。如图 7-35 所示。

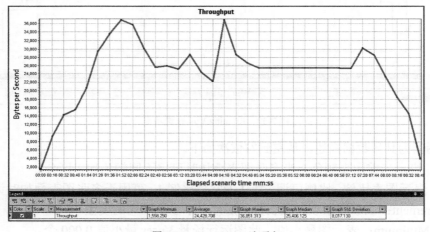

图 7-35　Throughput 选项卡

【特别说明】：很多初学者容易将"吞吐率"和"单击率"混淆，这里简单解释一下。

"吞吐率"：在 Login 场景中指的是每秒的吞吐量，也就是服务器每秒处理的总数据量（强调服务器的能力）。

"单击率"：在 Login 场景中指的是每秒的单击次数，也就是客户端每秒向服务器提交的 HTTP 请求总数（强调客户端的能力）。

4. 事务摘要（Transaction Summary）

对事务进行综合分析是性能分析的第一步，通过分析测试时间内用户事务的成功与失败情况，可以直接判断出系统是否运行正常。从 Login 图表中可以看出当前 Action 脚本中只有 Login 一个事务，且 643 个事务状态均为"Pass"，如图 7-36 所示。

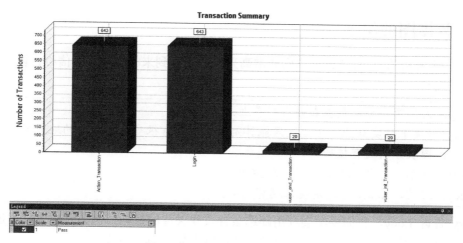

图 7-36　Transaction Summary 选项卡

5. 事务平均响应时间（Average Transaction Response Time）

"事务平均响应时间"显示的是测试场景运行期间的每一秒内事务执行所用的平均时间，通过它可以分析测试场景运行期间应用系统的性能走向。从 Login 图表中可以看出，事务 Login 随着 Vuser 的缓慢递增而增加，持续运行期间事务响应时间处于高位，Vuser 缓慢退出事务的速度开始逐渐变慢。如图 7-37 所示。

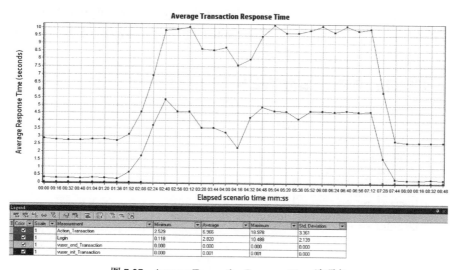

图 7-37　Average Transaction Response Time 选项卡

【特别说明】：如果想要查看某图中的局部细节，可以单击鼠标左键，选中想要放大的区域，注意鼠标初始单击的位置不要在图中的线上，松开鼠标键后选中的部分就可以放大，方便查看细节。

学习笔记

通过反复运行实验并观察相关图表，会发现在不同设备上运行，甚至在同一台设备上运行相同的场景，运行结果都会存在差异。所以，性能测试的分析工作不能以一次的数据指标作为测试的最终结果，需要在符合性能测试环境要求的基础上进行多次验证。

7.3.2 数据图的筛选

经过图表分析的学习，Lucy 感到非常高兴，对即将到来的考核有了信心。以下是 Lucy 和 Mary 的对话。

> Lucy：太好了，原来数据表并没有看上去复杂嘛。
>
> Mary：（笑）确实如此，不过这只能算是入门，还有很多值得学习的地方呢。
>
> Lucy：图表分析还有技巧？
>
> Mary：当然，这里先教你如何筛选数据。
>
> Lucy：好的，Analysis 真是越来越有趣啦。

Mary 告诉 Lucy，我们要学会利用筛选条件查找关注的数据。例如，你可以通过筛选图数据来显示负载测试场景特定时段的事务，从而减少显示的事务数。

因当前场景较为简单，只有一个 Login 组，且只有一台 Load Generator 发起负载，可分析的数据量有限，仅做简单介绍，可通过项目实战持续学习。

筛选器主要有 3 类，一种是针对全局的，叫作全局筛选器；另一种是针对摘要报告的，叫作摘要筛选器；第三种，是针对单个图的，叫图筛选器。

【特别说明】：本次图表数据分析来源于 7.2.2 章节中"预设目标二"的基础数据。

1. 全局筛选器

针对负载测试场景中的所有图一并设置筛选条件（包括已显示的和未打开的）。

打开方式为选择菜单栏"File"->"Set Global Filter…"，或者使用窗口工具栏的快捷图标 打开。全局筛选条件对话框如图 7-38 所示。

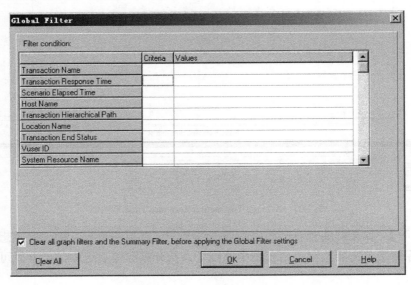

图 7-38 "Global Filter"对话框

【特别说明】：图 7-36 中 Global Filter 对话框中的复选框条件勾选，则表示应用全局条件筛选之前会先把图筛选和摘要筛选还原。为了降低多个筛选器组合后造成的数据遗漏风险，一般都会勾选此项。

2. 摘要筛选器

为摘要报告设置筛选条件。

打开方式为选中 Summary Report 选项卡，然后选择菜单栏"View"->"Summary Filter…"，或者选中 Summary Report 选项卡，使用窗口工具栏的快捷图标圆打开。Analysis 摘要筛选条件对话框如图 7-39 所示。

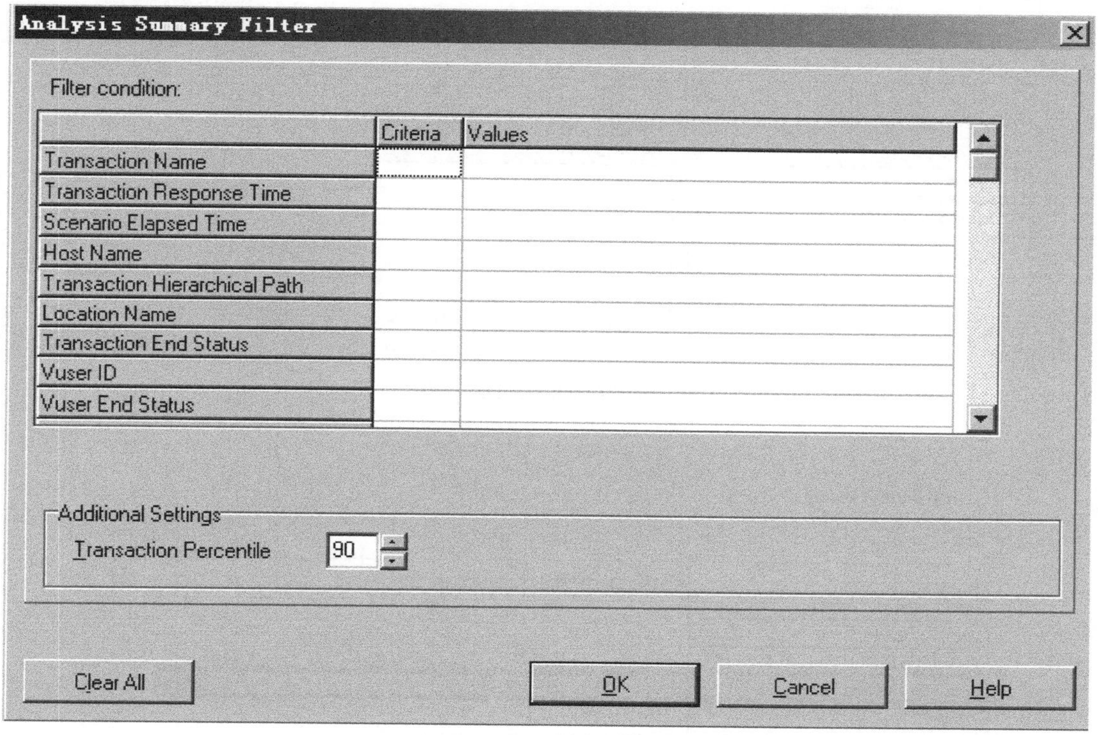

图 7-39 "Analysis Summary Filter" 对话框

3. 图筛选器

为单个图设置筛选条件。

打开方式为选中 Summary Report 选项卡，然后选择菜单栏"View" -> "Set Filter/Group By…"，或者使用窗口工具栏的快捷图标圆打开。

通常来讲，单一图的筛选条件不完全相同，会依据实际情况展示所需的筛选条件。这里我们以 Login 场景举例说明。

例如，Running Vusers，我们想查看最后两分钟内的 Vuser 运行情况。

步骤 1：选中 Running Vusers 选项卡，打开图筛选器组设置对话框，如图 7-40 所示。

步骤 2：在对话框中选中场景已用时间范围，在时间范围对话框中设置初始时间为 6 分 55 秒，如图 7-41 所示。

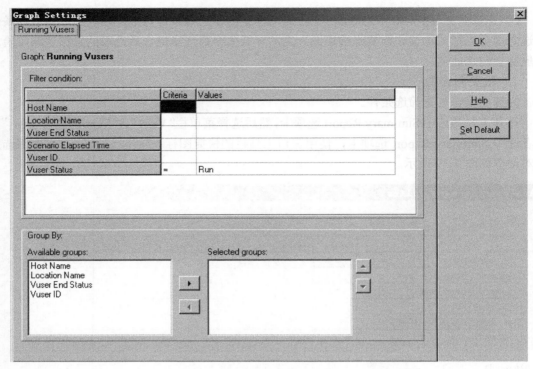

图 7-40　"Graph Settings"对话框

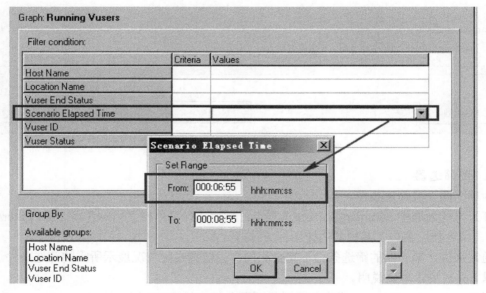

图 7-41　"Scenario Elapsed Time"对话框

步骤 3：确定后可以获取最后 2 分钟的 Running Vusers 选项卡，如图 7-42 所示。

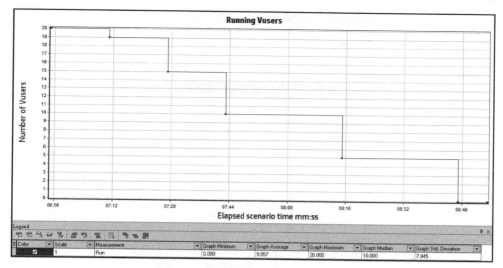

图 7-42 筛选后的 Running Vusers 选项卡

再例如，只想查看个别 Vuser 的 Login 事务的情况，则需要在"Transaction Summary"选项卡中进行如图 7-43 所示的设置。

Filter condition:		
	Criteria	Values
Transaction Name	= ▼	Login
Transaction Response Time		
Scenario Elapsed Time		
Host Name		
Transaction Hierarchical Path		
Location Name		
Transaction End Status		
Vuser ID		Vuser5,Vuser20
Think Time	=	

图 7-43 分组查看部分数据

【特别说明】：单一图会依据筛选条件发生变化，图例中对应的展示数据也会一同变化。如果想取消筛选条件，可以使用菜单栏"View"->"Clear Filter/Group By"，或者使用窗口工具栏的快捷图标 清除筛选或分组方式。

学习笔记

在相对简单的场景中，即使不进行筛选，我们也可以直接从数据中得到诸多有用信息。但在复杂的场景下就需要利用筛选条件帮助我们减少干扰信息，直接针对特定数据分析。

7.3.3　图表的合并

图表的分析往往不是单一的，除了学会筛选外，还要懂得合并数据，综合分析。下面我们跟着 Lucy 和 Mary 来学习一些常见的图表合并技巧。

以运行用户为例，选择"Running Vusers"选项卡，单击鼠标右键选择"Merge Graphs…"（合并图）。在弹出的合并图对话框中选择合并项。如图 7-44 所示。

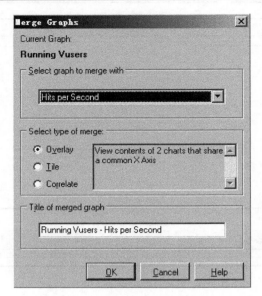

图 7-44 "Merge Graphs" 对话框

（1）"Select graph to merge with"，下拉列表中的选项都是 X 轴度量单位相同的图。

（2）"Select type of merge"，提供了 3 种合并图表的方式，分别是"Overlay"（叠加）、"Tile"（平铺）、"Correlate"（关联）。

（3）"Title of merged graph"，显示合并图的标题，默认为两张图名字的叠加，也可以自行命名。

如果我们尝试将"Running Vusers"和"Hits per Second"（每秒单击率）进行合并，选择叠加的方式，那么它们将共用同一个 X 轴。合并图左侧的 Y 轴显示"Running Vusers"的值，合并图右侧的 Y 轴显示"Hits per Second"的值。如图 7-45 所示。

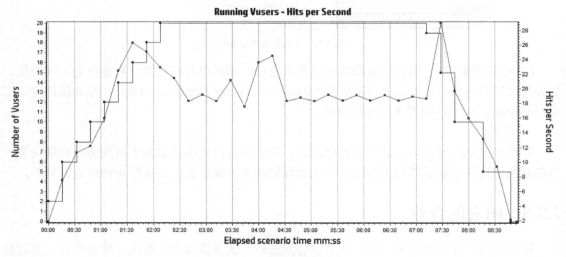

图 7-45 叠加合并分析图

如果我们尝试将"Running Vusers"和"Hits per Second"（每秒单击率）进行合并，选择平铺的方式，那么它们将共用同一个 X 轴。合并进来的"Hits per Second"图显示在当前图的上方。如图 7-46 所示。

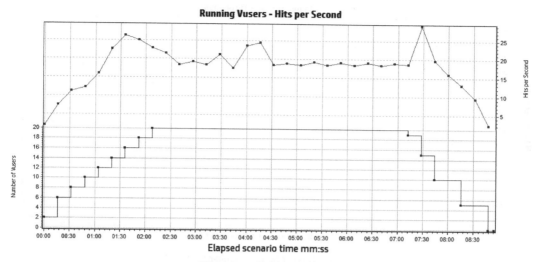

图 7-46　平铺合并分析图

如果我们尝试将"Running Vusers"和"Hits per Second"（每秒单击率）进行合并，选择关联的方式，那么"Running Vusers"的 Y 轴将变成合并图的 X 轴。"Hits per Second"的 Y 轴将变成合并图的 Y 轴。如图 7-47 所示。

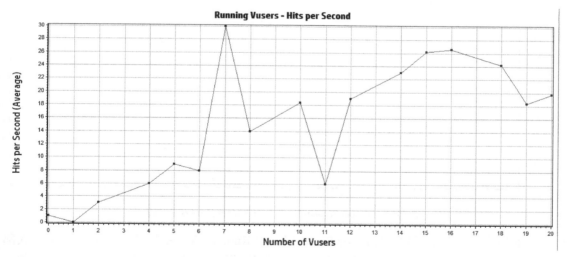

图 7-47　关联合并分析图

Lucy：Mary，图的合并只能是两张吗？

Mary：当然不是，可以合并很多数据呢，2 张、3 张、N 张，只要数据有合并价值都是可以的。

Lucy：那就演示一下 3 张图合并的效果吧。

Mary：没问题，现在我们就来演示。

例如，我们先合并"Hits per Second"和"Throughput"（吞吐量），采用叠加合并的方式，如图 7-48 所示。

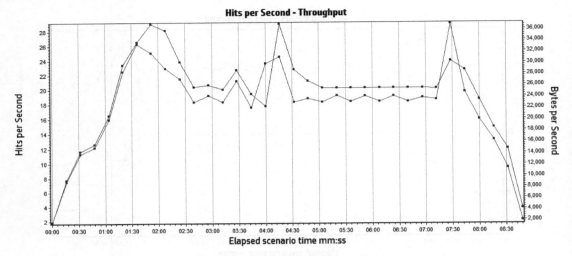

图 7-48　Hits per Second-Throughput 合并图

然后再同 "Running Vusers" 合并，依然采用叠加合并的方式，如图 7-49 所示。

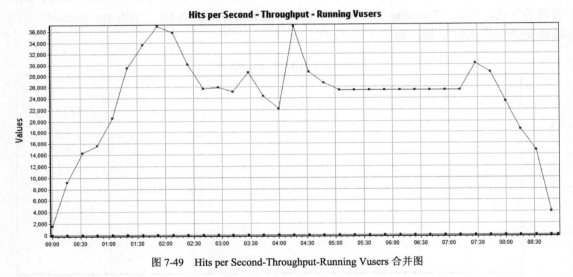

图 7-49　Hits per Second-Throughput-Running Vusers 合并图

3 张图合并后我们发现 "Hits per Second" 和 "Running Vusers" 数据几乎成了 X 轴底部的两条直线，没有办法观察数据同 "Throughput" 的关系。这是因为 Y 轴粒度较小的缘故。

通过图例中的 "Configure Measurements" 图标，修改 "Throughput" 的 Y 轴度量比例缩小 1000 倍，如图 7-50 所示。

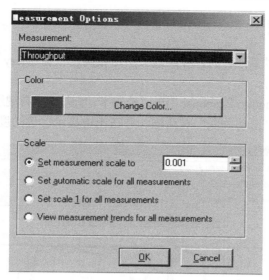

图 7-50 Measurement Options 对话框

（1）"Set measurement scale to"，设置度量比例。

（2）"Set automatic scale for all measurements"，为所有度量设置自动比例（推荐）。

（3）"Set scale 1 for all measurements"，为所有度量设置比例为 1。

（4）"View measurement trends for all measurements"，查看所有度量的度量趋势。

通过最终的合并图我们可以看出，每秒单击次数和吞吐量的趋势是相对一致的，都是随着用户数的增加而增加。如图 7-51 所示。

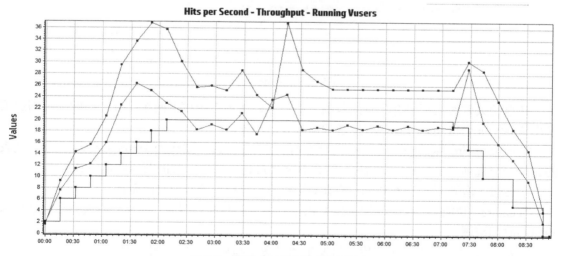

图 7-51 更改 Y 轴百分比后的合并图

学习笔记

图的合并可以帮助我们更好地理解数据之间的关系，学习性能测试分析可以先尝试合并一些基础图，并加以分析再逐步扩展。

7.3.4 图表的关联

图表的自动关联类似多张表的合并，但又不尽相同。下面 Mary 以平均事务响应时间为例，给大家演示关联技巧。

选择"Average Transaction Response Time"选项卡，单击鼠标右键选择"Auto Correlate…"自动关联。此时将打开"自动关联"对话框，并在图中显示已选的度量。如图 7-52 所示。

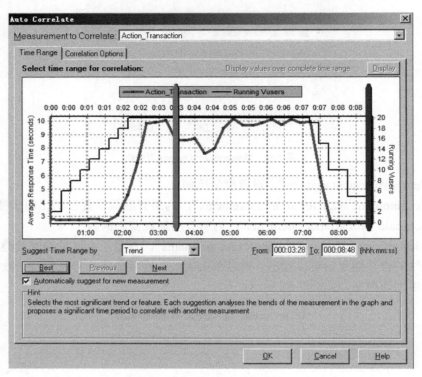

图 7-52 Auto Correlate 对话框

在自动关联对话框中有"时间范围"和"关联选项"选项卡两个部分。在时间范围选项卡中 Analysis 会自动划分场景中度量的最重要时间段。

"Suggest Time Range by"，表示建议时间范围的方式，默认为 Trend（趋势），下拉列表的另外一个选项是 Feature（功能）。结合 Best（最佳）按钮，时间范围取值方式有 3 种。

"Trend（趋势）"：选择关联度量值变化趋势相对稳定的一段时间范围。

"Feature（功能）"：在关联度量值变化相对稳定的时间范围内，选择一段大体与整个趋势相似的时间范围。

"Best（最佳）"：选择关联度量值发生明显变化趋势的一段时间范围。

如果想对时间范围进行手动调整，可以手动填写具体的开始时间和结束时间，也可以利用鼠标拖动绿色和红色线来指定起止时间（颜色线仅工具可见，绿色表示开始时间，红色表示结束时间）。图 7-53 为手动调整后的时间范围。

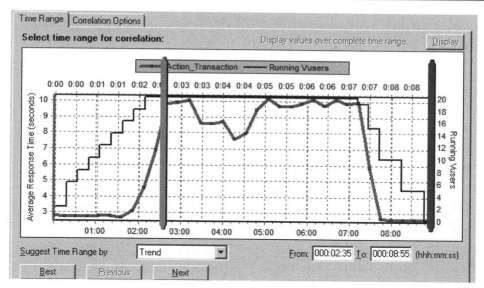

图 7-53　Auto Correlate-Time Range 选项卡

【特别说明】：尽量选择一个相对较大的时间范围，如果时间范围太小得到的关联度有可能达到 100。

在关联选项卡中可以设置要关联的图、数据间隔和输出选项。图 7-54 罗列了可与平均事务响应时间进行关联的相关数据，可依据实际需要进行选择，本次我们尝试选择部分度量类别。

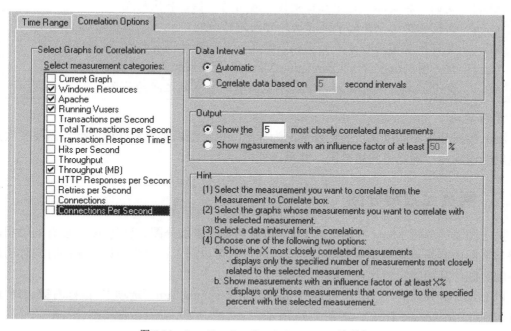

图 7-54　Auto Correlate-Correlation Options 选项卡

确定选择后系统将自动关联出相关数据度量项的叠加图效果，系统默认勾选最密切关联的 5 个度量，得到结果后可以在图例中增加勾选项，如图 7-55 所示。

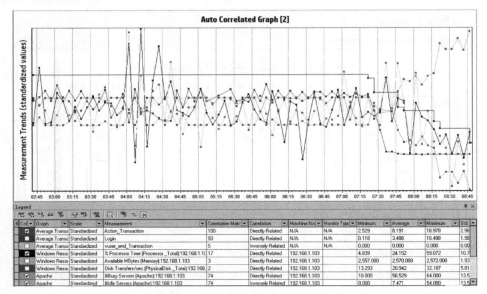

图 7-55   Auto Correlated Graph

从图中可以看出在 04.02~04.37 的时间段内，Windows CPU 资源和 Apache 的每秒单击次数波动较大，后续可对该脚本进行回归验证，如果依然是该时段波动较大则需要对该时间段内的数据进行进一步分析。

> Lucy: 听你一介绍，发现合并图和自动关联功能有很多相似之处。
>
> Mary: 是的，在实际工作中往往是搭配着用的，但也有区别呢。
>
> Lucy: 让我想想，合并似乎没有切片时间段的功能。
>
> Mary: 你仔细观察两种方式的图例，除了切片功能外还有什么不一样的地方？
>
> Lucy: 合并图例似乎没有 Correlation Match（关联匹配）。
>
> Mary: 完全正确，没有关联匹配就不能衡量两个参数之间的关系。

学习笔记

测试数据分析不能以某次的特殊情况为标准，也不能以某个特殊值为准，需要多次回归后找出普遍规律，确定出问题范围，并重点分析。

7.3.5   网页元素细分图

关于图表的分析 Mary 打算再给 Lucy 讲讲网页元素细分图。这是 Web 独有的数据，用来评估页面内容是否影响事务的响应时间，通过它可以深入地分析网站上哪些时间片消耗了最多的时间，从而确定调优点。

以 Login 事务为例，选中"Average Transaction Response Time"选项卡，鼠标右键选择"Hide Transaction Breakdown Tree"，如图 7-56 所示。

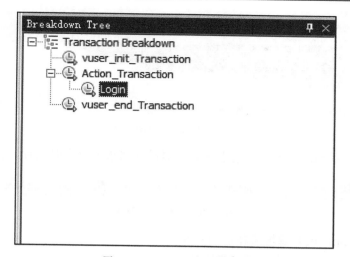

图 7-56 Login Breakdown Tree

在 Breakdown Tree 图中，单击鼠标右键选择"Web Page Diagnostics for Login"，这样就打开了 Login 事务的网页细分图。

"Web Page Diagnostics"图中显示了该页面运行时的响应时间，在 Legend（图例）区域中可以选择需要的页面进行分析，如图 7-57 所示。

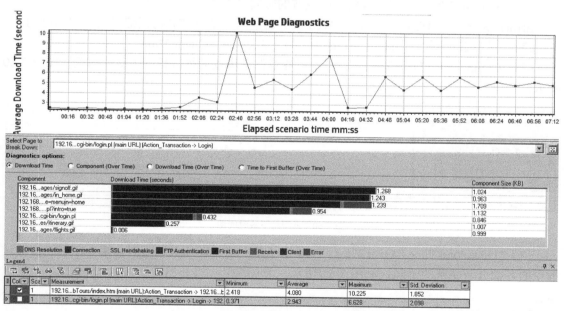

图 7-57 Login Web Page Diagnostics 选项卡

在"Diagnostics options"中显示了该页面包含的所有组件，以及组件的大小和下载的时间。可按 4 种方式进行进一步细分。

（1）"Download Time"：显示了该页面包含的所有组件，以及组件的大小和下载的时间，如图 7-58 所示。

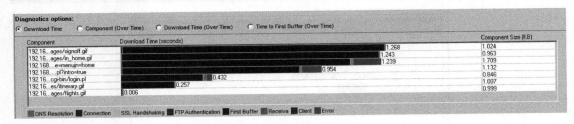

图 7-58　Download Time 时间图

在该图中可以看到浏览器发送请求到服务器返回请求的整个时间片，如图 7-59 所示。

图 7-59　网络时间分解图

DNS Resolution：域名解析所花费的时间。

Connection：建立 Web 连接所花费的时间。

SSL Handshaking：SSL 握手协议所花费的时间（用到该协议的页面较少）。

FTP Authentication：FTP 身份验证所花费的时间。

First Buffer：从发起请求到浏览器成功接收第一个字节所花费的时间。

Receive：从浏览器收到第一个字节起，到所有字节完成接收的时间。

Client：请求在客户端浏览器延迟所花费的时间。

Error：发送一个 HTTP 请求，到 Web 服务器返回一个 HTTP 错误信息所花费的时间。

【特别说明】：事务响应时间 = First Buffer + Receive + Client Time。

（2）"Component（Over Time）"：显示了各组件在场景运行过程中下载的时间。如图 7-60 所示。

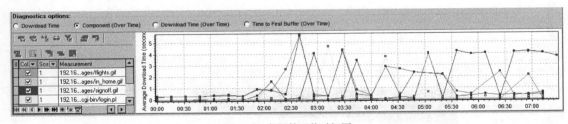

图 7-60　各组件下载时间图

（3）"Download Time（Over Time）"：显示了单一组件在场景运行时，组件在网络传输过程中的各部分所花费的时间，如图 7-61 所示。

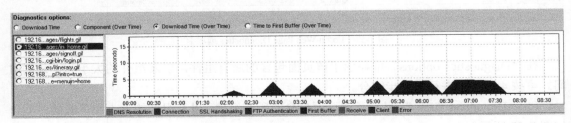

图 7-61　单一组件运行时间图

（4）"Time to First Buffer（Over Time）"：显示了单一组件在场景运行时，网络传输过程中所花费的时间和服务器运行所花费的时间（两个部分的时间是分别计算的），如图 7-62 所示。

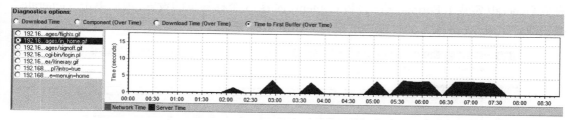

图 7-62 单一组件 First Buffer 时间图

【特别说明】：LR 中网页细分图对事务的细分只针对客户端到 WebServer 之间的细分，从后面 WebServer 到 appserver 再到 dbserver 的时间我们只能得到一个总和。

学习笔记

笔记一：在系统和用户的交互行为中产生了响应时间，而响应时间是由若干页面元素组成的。如果响应时间超过预期值就需要查看页面元素的细节，找到问题所在。

笔记二：要想对响应时间有更多认识建议扩展学习，目前市面上有大量类似监控响应时间的工具，可以辅助 LR 完成分析。国内目前应用比较广泛的是 HttpWatch 和 WireShark。

7.4 性能测试报告提取

完成图表分析工作后就需要给出一份分析报告了。首先保存分析数据，Analysis 图表显示和布局设置存储在扩展名为.lra 的文件中。

LR12 的 Analysis 提供了自动生成报告的功能，在菜单栏中选择"Reports"->"HTML Reports..."，系统会按照当前 Analysis 的 Session Exporer 展示的选项进行保存（并不是保存所有图表数据），如图 7-63 所示。

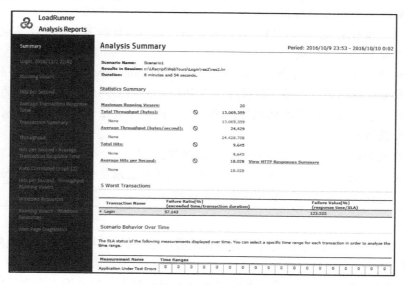

图 7-63 HTML 报告

　　以 HTML 的形式保存报告非常方便，但想要编辑其中的内容却非常麻烦。所以 LR12 保留了生成其他格式报告的功能。操作步骤为在菜单栏中选择"Reports"->"New Reports…"完成 General（常规）、Format（格式）和 Content（内容）3 个标签页的设置，最后单击"Generate"按钮即可生成 Word 版本的性能测试报告，如图 7-64 所示。

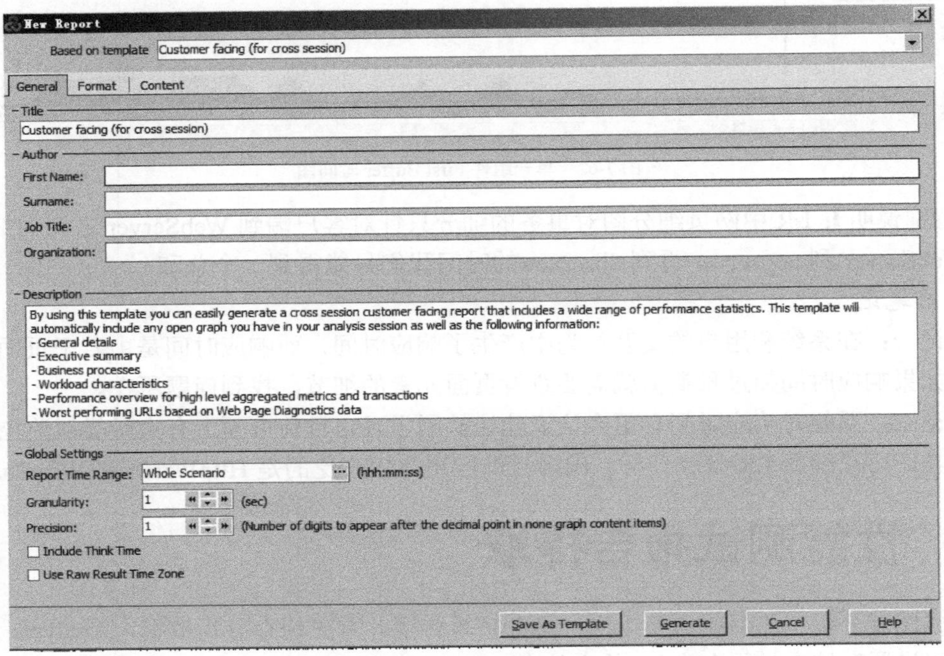

图 7-64　New Report Word 报告

　　在最终的报告保存方式上有诸多选择，例如导出为 PDF 文件格式、HTML 文件格式、Text 文件格式、Excel 文件格式、GIF 文件格式，甚至是 PowerPoint 文件格式等。

　　Lucy：Mary，那么企业应用一般是用什么格式的测试报告呢？

　　Mary：这要看报告是给谁看的，公司领导层、技术人员和客户的关注点是不一样的。

　　Lucy：能分别举例说明吗？

　　Mary：好的，例如，给领导看的报告，主要展示 Summary Report 和最终的测试结论，没有必要过多地累述细节；而展示给技术人员的报告则非常详细，里面包含的图表和数据用于指明存在性能问题，或潜在的风险；给客户看的报告更强调整体感，特别是对基础数据的展示，增强用户信心。

　　Lucy：原来如此，测试报告还有这么多学问呢。

　　Mary：不仅如此，我们给技术人员的报告都是手动截取关键图和数据，加入测试策略的介绍进行问题分析，最后以 Word 的方式完成报告。

　　学习笔记

　　笔记一：性能测试报告并非是简单的图表堆叠，要有针对性，能找出性能问题的数据更有展示的价值。

　　笔记二：对不同角色的人员展示不同的报告内容。在实际的分析工作中性能测试报告是取 Analysis 中的图表和数据，最终加入测试人员的分析和结论，所以手动完成的报告居多。

笔记三：建议给客户的报告最好是 HTML 或者 PDF 的文件格式，这样可以增强客户对测试结果的信任度。

7.5 本章小结

请和 Lucy 一起完成以下练习，验证第 7 章节所学内容（参考答案详见附录"每章小结练习答案"）。

一、选择题（单选，共 4 题）

1．在 Statistics Summary 中不包含以下哪个选项？（　　　）

 A．Maximum Running Vusers　　　　B．Average Running Vusers

 C．Total Hits　　　　　　　　　　　D．Average Hits per Second

2．Analysis 自动加载的五个基础图表中不包含哪一张图表？（　　　）

 A．Running Vusers　　　　　　　　B．Hits per Second

 C．Throughput　　　　　　　　　　D．Web Page Diagnostics

3．图表合并提供了三种方式，以下哪种不是合并图表的方式？（　　　）

 A．Overlay　　　B．Tile　　　C．Contrast　　　D．Correlate

4．以下关于 Web Page Diagnostics 的描述哪个是正确的？（　　　）

 A．"Download Time（Over Time）"：显示了该页面包含的所有组件，以及组件的大小和下载的时间

 B．"Component（Over Time）"：显示了各组件在场景运行过程中下载的时间

 C．"Download Time"：显示了单一组件在场景运行时，组件在网络传输过程中的各部分所花费的时间

 D．"Time to First Buffer（Over Time）"：显示了单一组件在场景运行时，网络传输和服务器运行所花费的时间总和

二、判断题（共 6 小题）

1．SLA Status 表示服务水平协议状态，用于描述一组数据偏离平均值的情况。（　　　）

2．Std.Deviation 表示事务的标准方差，方差越小数据偏离的情况波动就越小。（　　　）

3．事务平均响应时间显示的是测试场景运行期间的每一秒内事务执行所用的平均时间，通过它可以分析测试场景运行期间应用系统的性能走向。（　　　）

4．全局筛选器在进行筛选之前必须把图筛选和摘要筛选的数据还原才能使用。（　　　）

5．在自动关联的时间范围中，选择 Trend（趋势）表示关联度量值发生明显变化趋势的一段时间范围。（　　　）

6．Analysis 的分析报告可以导出为 PDF 文件格式、HTML 文件格式、Text 文件格式、Excel 文件格式、GIF 文件格式，甚至是 PowerPoint 文件格式。（　　　）

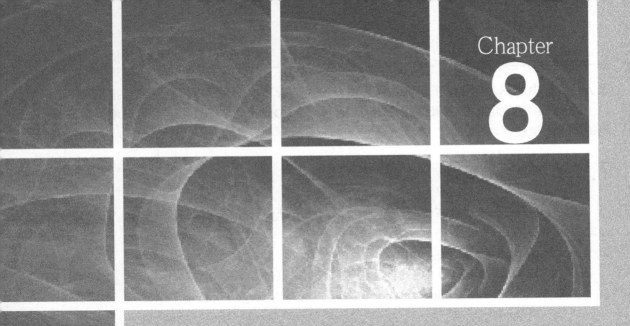

Chapter

8

第 8 章

成果验收

一个月的时间过得太快，考核的日子终于还是到了，这次考核到底如何安排呢？Lucy 心里七上八下的。PM 张指定本次的考核人是王经理，也就是未来性能测试部门的负责人。所以这次也算是直属上级选人的过程。

下面是王经理为本次考核所出的题目。

题目总述：以 Web Tours 系统为被测对象，按要求完成如下性能测试场景，并提交测试脚本和报告。

环境准备：4 台普通台式 PC（人手一台），操作系统 Windows Server 2008（已预装），IE11（已预装），LoadRunner（已预装）。

完成时间：60 分钟内。

参与人员：4 名准备"转岗"的内部测试人员（包括 Lucy 在内）。

脚本要求如下。

脚本一：录制一个用户注册脚本，脚本命名为 WebToursSignup。

（1）将注册用户名和密码参数化，参数条件如表 8-1 所示。

表 8-1 用户注册参数信息表

用 户 名	密 码
test001	001
test 002	002
test 003	003
……	……
test 020	020

（2）对用户注册进行响应时间的监控。

脚本二：录制一个飞机订票脚本，脚本命名为 WebToursFlight。

（1）对登录、订票、查看订票、登出 4 个环节进行响应时间的监控。

（2）飞机的出发地、到达地、座位偏好、仓位均为随机。

（3）出发日期要求是明天，到达日期是后天。

场景设置：执行上面两个脚本，飞机订票脚本模拟 4 个 Vuser，用户注册脚本模拟 1 个 Vuser，以每 10 秒增加 1 个用户开始，总共 5 个用户，持续运行 5 分钟，再以每 10 秒退出 2 个用户结束。

结果分析：查看系统整体稳定率，要求额外监控 Windows 系统运行情况，并提交最终的测试结果报告。

经过前面的学习，拿到题目后 Lucy 感觉并不困难，主要考察的知识点都是自己学习过的内容。于是很快动手录制了第一个脚本"WebToursSignup"，脚本如下所示：

```
Action()
{
    //打开 Web Tours 页面
    web_url("index.htm",
        "URL=http://127.0.0.1:1080/WebTours/index.htm",
        "TargetFrame=",
        "Resource=0",
        "RecContentType=text/html",
```

```
            "Referer=",
            "Snapshot=t1.inf",
            "Mode=HTML",
            LAST);

    //单击注册按钮
    web_url("sign up now",
            "URL=http://127.0.0.1:1080/cgi-bin/login.pl?username=&password=&getInfo=true",
            "TargetFrame=body",
            "Resource=0",
            "RecContentType=text/html",
            "Referer=http://127.0.0.1:1080/WebTours/home.html",
            "Snapshot=t2.inf",
            "Mode=HTML",
            EXTRARES,
            //IE11 向服务器发起的响应请求，从用户模拟的角度不建议删除
            "Url=http://www.bing.com/favicon.ico", "Referer=", ENDITEM,
            LAST);
            lr_think_time(45);
            //填写注册信息
            lr_start_transaction("signup");//signup 事务开始
            web_submit_data("login.pl",
            "Action=http://127.0.0.1:1080/cgi-bin/login.pl",
            "Method=POST",
            "TargetFrame=info",
            "RecContentType=text/html",
            "Referer=http://127.0.0.1:1080/cgi-bin/login.pl?username=&password=&getInfo=true",
            "Snapshot=t3.inf",
            "Mode=HTML",
            ITEMDATA,
            "Name=username", "Value={username}", ENDITEM, //参数化: test001~test020
            "Name=password", "Value={password}", ENDITEM, //参数化: 001~020
            "Name=passwordConfirm", "Value={password}", ENDITEM, //参数化: 001~020
            "Name=firstName", "Value=test", ENDITEM,
            "Name=lastName", "Value=test", ENDITEM,
            "Name=address1", "Value=test", ENDITEM,
            "Name=address2", "Value=test", ENDITEM,
            "Name=register.x", "Value=50", ENDITEM,
            "Name=register.y", "Value=7", ENDITEM,
            LAST);
            lr_end_transaction("signup", LR_AUTO);//signup 事务结束
            return 0;
    }
```

如法炮制，Lucy 很快完成了第二个脚本的基本录制。并根据以往的经验对 userSession 字段进行了关联，并参数化了飞机的出发地、到达地、座位偏好和仓位，脚本如下所示：

```
Action()
{
    //建立 userSession 的关联
    web_reg_save_param("userSession",
        "LB=\"userSession\" value=\"",
        "RB=\"/>",
        LAST);
    //打开 Web Tours 页面
```

```
web_url("index.htm",
    "URL=http://127.0.0.1:1080/WebTours/index.htm",
    "TargetFrame=",
    "Resource=0",
    "RecContentType=text/html",
    "Referer=",
    "Snapshot=t1.inf",
    "Mode=HTML",
    EXTRARES,
    //IE11 向服务器发起的响应请求，从用户模拟的角度不建议删除
    "Url=http://www.bing.com/favicon.ico", "Referer=", ENDITEM,
    LAST);
    lr_think_time(13);
    lr_start_transaction("Login");//Login 事务开始
    //登录 Web Tours 页面
    web_submit_data("login.pl",
    "Action=http://127.0.0.1:1080/cgi-bin/login.pl",
    "Method=POST",
    "TargetFrame=body",
    "RecContentType=text/html",
    "Referer=http://127.0.0.1:1080/cgi-bin/nav.pl?in=home",
    "Snapshot=t2.inf",
    "Mode=HTML",
    ITEMDATA,
//"Name=userSession", "Value=119779.774240583zVzVVHcpVDHfDzQzHpADcicf", ENDITEM,
    "Name=userSession", "Value={userSession}", ENDITEM, //建立关联
    "Name=username", "Value=X001", ENDITEM, //已注册用户
    "Name=password", "Value=001", ENDITEM, //已注册用户对应密码
    "Name=JSFormSubmit", "Value=off", ENDITEM,
    "Name=login.x", "Value=50", ENDITEM,
    "Name=login.y", "Value=12", ENDITEM,
    LAST);
    lr_end_transaction("Login",LR_AUTO);//Login 事务结束
    lr_think_time(9);
    //进入订票页面
    web_url("Search Flights Button",
    "URL=http://127.0.0.1:1080/cgi-bin/welcome.pl?page=search",
    "TargetFrame=body",
    "Resource=0",
    "RecContentType=text/html",
    "Referer=http://127.0.0.1:1080/cgi-bin/nav.pl?page=menu&in=home",
    "Snapshot=t3.inf",
    "Mode=HTML",
    LAST);
    lr_think_time(29);
    //填写订票信息页面
    lr_start_transaction("flight");//flight 事务开始
    web_submit_data("reservations.pl",
    "Action=http://127.0.0.1:1080/cgi-bin/reservations.pl",
    "Method=POST",
    "TargetFrame=",
    "RecContentType=text/html",
    "Referer=http://127.0.0.1:1080/cgi-bin/reservations.pl?page=welcome",
    "Snapshot=t4.inf",
    "Mode=HTML",
    ITEMDATA,
```

```
"Name=advanceDiscount", "Value=0", ENDITEM,
"Name=depart", "Value={depart}", ENDITEM, //参数化: 出发地随机
"Name=departDate", "Value=11/10/2016", ENDITEM,
"Name=arrive", "Value={arrive}", ENDITEM, //参数化: 到达地随机
"Name=returnDate", "Value=11/11/2016", ENDITEM,
"Name=numPassengers", "Value=1", ENDITEM,
"Name=seatPref", "Value={seatPref}", ENDITEM, //参数化: 偏好随机
"Name=seatType", "Value={seatType}", ENDITEM, //参数化: 仓位随机
"Name=.cgifields", "Value=roundtrip", ENDITEM,
"Name=.cgifields", "Value=seatType", ENDITEM,
"Name=.cgifields", "Value=seatPref", ENDITEM,
"Name=findFlights.x", "Value=65", ENDITEM,
"Name=findFlights.y", "Value=10", ENDITEM,
LAST);
lr_end_transaction("flight",LR_AUTO);//flight 事务结束
lr_think_time(10);
//确认订票信息页面
lr_start_transaction("flight2");//flight2 事务开始
web_submit_data("reservations.pl_2",
"Action=http://127.0.0.1:1080/cgi-bin/reservations.pl",
"Method=POST",
"TargetFrame=",
"RecContentType=text/html",
"Referer=http://127.0.0.1:1080/cgi-bin/reservations.pl",
"Snapshot=t5.inf",
"Mode=HTML",
ITEMDATA,
"Name=outboundFlight", "Value=251;717;11/10/2016", ENDITEM,
"Name=numPassengers", "Value=1", ENDITEM,
"Name=advanceDiscount", "Value=0", ENDITEM,
"Name=seatType", "Value=Business", ENDITEM, //参数化: 仓位随机
"Name=seatPref", "Value=Window", ENDITEM, //参数化: 偏好随机
"Name=reserveFlights.x", "Value=46", ENDITEM,
"Name=reserveFlights.y", "Value=15", ENDITEM,
LAST);
lr_end_transaction("flight2",LR_AUTO);//flight2 事务结束
lr_think_time(16);
//填写购票人信息页面
lr_start_transaction("flight3");//flight3 事务开始
web_submit_data("reservations.pl_3",
"Action=http://127.0.0.1:1080/cgi-bin/reservations.pl",
"Method=POST",
"TargetFrame=",
"RecContentType=text/html",
"Referer=http://127.0.0.1:1080/cgi-bin/reservations.pl",
"Snapshot=t6.inf",
"Mode=HTML",
ITEMDATA,
"Name=firstName", "Value=X", ENDITEM,
"Name=lastName", "Value=001", ENDITEM,
"Name=address1", "Value=test", ENDITEM,
"Name=address2", "Value=test", ENDITEM,
"Name=pass1", "Value=X001", ENDITEM,
"Name=creditCard", "Value=85678", ENDITEM,
"Name=expDate", "Value=2099", ENDITEM,
"Name=oldCCOption", "Value=", ENDITEM,
```

```
        "Name=numPassengers", "Value=1", ENDITEM,
        "Name=seatType", "Value=Business", ENDITEM, //参数化: 仓位随机
        "Name=seatPref", "Value=Window", ENDITEM, //参数化: 偏好随机
        "Name=outboundFlight", "Value=251;717;11/10/2016", ENDITEM,
        "Name=advanceDiscount", "Value=0", ENDITEM,
        "Name=returnFlight", "Value=", ENDITEM,
        "Name=JSFormSubmit", "Value=off", ENDITEM,
        "Name=.cgifields", "Value=saveCC", ENDITEM,
        "Name=buyFlights.x", "Value=41", ENDITEM,
        "Name=buyFlights.y", "Value=13", ENDITEM,
        LAST);
        lr_end_transaction("flight3",LR_AUTO);//flight3 事务结束
        lr_think_time(25);
        //查看订票信息页面
        lr_start_transaction("view_flight");//view_flight 事务开始
        web_url("Itinerary Button",
        "URL=http://127.0.0.1:1080/cgi-bin/welcome.pl?page=itinerary",
        "TargetFrame=body",
        "Resource=0",
        "RecContentType=text/html",
        "Referer=http://127.0.0.1:1080/cgi-bin/nav.pl?page=menu&in=flights",
        "Snapshot=t7.inf",
        "Mode=HTML",
        LAST);
        lr_end_transaction("view_flight",LR_AUTO);
        lr_think_time(30);
        //退出 WebTours 页面
        lr_start_transaction("sign off");//sign off 事务开始
        web_url("SignOff Button",
        "URL=http://127.0.0.1:1080/cgi-bin/welcome.pl?signOff=1",
        "TargetFrame=body",
        "Resource=0",
        "RecContentType=text/html",
        "Referer=http://127.0.0.1:1080/cgi-bin/nav.pl?page=menu&in=itinerary",
        "Snapshot=t8.inf",
        "Mode=HTML",
        LAST);
        lr_end_transaction("sign off",LR_AUTO);//sign off 事务结束
        return 0;
}
```

脚本录制完成后 Lucy 尝试回放，发现回放非常顺利，就差在 Controller 中运行脚本了。但心里仍有点不踏实，总觉得张经理出的题目不至于如此简单，再次检查题目发现出发日期大有文章。

题目中出发日期要求是明天，到达日期是后天。当天运行脚本只需选择明天出发，后天到达即可。但如果是第二天运行脚本，甚至第三天运行脚本，那么订票日期就会出现问题。这一检查吓得 Lucy 出了一身冷汗，发现题目也许比预想的复杂，需要对日期进行参数化。

日期参数化的方式如下。

步骤 1：设置出发日期和到达日期，并为参数命名：

```
"Name=departDate", "Value={departDate}", ENDITEM,
"Name=returnDate", "Value={returnDate}", ENDITEM,
```

步骤 2：设置参数类型如下。

在"Parameter Properties"对话框中选择参数类型为"Date/Time",查找日期格式同WebToursDate 相符的选项。并设置偏离日期参数{ departDate }偏离 1 天,参数{ returnDate }偏离 2 天。如图 8-1 所示。

图 8-1　Parameter Properties 对话框

【特别说明】:日期格式必须完全相符,系统默认日期格式为%m/%d/%y,年只保留两位,但 WebTours 要求保留 4 位,所以需要将小写 y 改为大写%m/%d/%Y,得到的结果才和实际相符。

设置完参数后 Lucy 回放脚本成功,但却发现了一个让她十分困惑的问题:脚本无论运行几次航班的出发地和到达地始终都是 Flight 251 leaves London for Portland(录制时的预设选项)。为何参数化的其他值都没有生效呢?通过反复检查脚本,Lucy 最终把问题定位在"outboundFlight"的取值上。如下所示:

```
"Name=outboundFlight", "Value=251;717;11/10/2016", ENDITEM,
```

按照关联的相关要求 Lucy 对该字段添加了关联函数,脚本如下所示:

```
//建立 outboundFlight 关联
web_reg_save_param("outboundFlight",
    "LB=\"outboundFlight\" value=\"",
    "RB=\">",
    LAST);
```

【特别说明】:注意 web_reg_save_param 函数插入位置,请放在"填写订票信息页面"的脚本之前。

outboundFlight 在脚本中涉及两处位置的参数化。

（1）"确认订票信息页面"的脚本调整如下所示：

```
//确认订票信息页面
lr_start_transaction("flight2");//flight2 事务开始
web_submit_data("reservations.pl_2",
    "Action=http://127.0.0.1:1080/cgi-bin/reservations.pl",
    "Method=POST",
    "TargetFrame=",
    "RecContentType=text/html",
    "Referer=http://127.0.0.1:1080/cgi-bin/reservations.pl",
    "Snapshot=t5.inf",
    "Mode=HTML",
    ITEMDATA,
//"Name=outboundFlight", "Value=251;717;11/10/2016", ENDITEM,
    "Name=outboundFlight", "Value={outboundFlight}", ENDITEM,//建立关联
    "Name=numPassengers", "Value=1", ENDITEM,
    "Name=advanceDiscount", "Value=0", ENDITEM,
    "Name=seatType", "Value={seatType}", ENDITEM,
    "Name=seatPref", "Value={seatPref}", ENDITEM,
    "Name=reserveFlights.x", "Value=46", ENDITEM,
    "Name=reserveFlights.y", "Value=15", ENDITEM,
    LAST);
    lr_end_transaction("flight2",LR_AUTO);//flight2 事务结束
```

（2）"填写购票人信息页面"的脚本调整如下所示：

```
//填写购票人信息页面
lr_start_transaction("flight3");//flight3 事务开始
web_submit_data("reservations.pl_3",
    "Action=http://127.0.0.1:1080/cgi-bin/reservations.pl",
    "Method=POST",
    "TargetFrame=",
    "RecContentType=text/html",
    "Referer=http://127.0.0.1:1080/cgi-bin/reservations.pl",
    "Snapshot=t6.inf",
    "Mode=HTML",
    ITEMDATA,
    "Name=firstName", "Value=X", ENDITEM,
    "Name=lastName", "Value=001", ENDITEM,
    "Name=address1", "Value=test", ENDITEM,
    "Name=address2", "Value=test", ENDITEM,
    "Name=pass1", "Value=X001", ENDITEM,
    "Name=creditCard", "Value=85678", ENDITEM,
    "Name=expDate", "Value=2099", ENDITEM,
    "Name=oldCCOption", "Value=", ENDITEM,
    "Name=numPassengers", "Value=1", ENDITEM,
    "Name=seatType", "Value={seatType}", ENDITEM,
    "Name=seatPref", "Value={seatPref}", ENDITEM,
//"Name=outboundFlight", "Value=251;717;11/10/2016", ENDITEM,
    "Name=outboundFlight", "Value={outboundFlight}", ENDITEM, //建立关联
    "Name=advanceDiscount", "Value=0", ENDITEM,
    "Name=returnFlight", "Value=", ENDITEM,
    "Name=JSFormSubmit", "Value=off", ENDITEM,
    "Name=.cgifields", "Value=saveCC", ENDITEM,
    "Name=buyFlights.x", "Value=41", ENDITEM,
    "Name=buyFlights.y", "Value=13", ENDITEM,
    LAST);
```

```
lr_end_transaction("flight3",LR_AUTO);//flight3事务结束
```

再次运行脚本，订票的出发地和到达地终于发生了变化。Lucy 很满意地保存了脚本，接下来进入到 Controller 页面设置场景。

场景的设置并不复杂，Lucy 按场景要求添加了"WebToursSignup"和"WebToursFlight"两个脚本，并设置了 Vuser 的数量，如图 8-2 所示。

	Group Name	Script Path	Virtual Location	Quantity	Load Generators
☑	webtoursflight	C:\LRscript\WebTours\WebToursFlight	None	4	localhost
☑	webtourssignup	C:\LRscript\WebTours\WebToursSignup	None	1	localhost

图 8-2　添加 Scenario Group

然后以每 10 秒增加 1 个用户开始，总共 5 个用户，持续运行 10 分钟，再以每 10 秒退出 2 个用户结束设置了全局计划。如图 8-3 所示。

Global Schedule

Total: 5 Vusers

	Action	Properties
	Initialize	Initialize each Vuser just before it runs
	Start Vusers	Start 5 Vusers: 1 every 00:00:10 (HH:MM:SS)
	Duration	Run for 00:05:00 (HH:MM:SS)
	Stop Vusers	Stop all Vusers: 2 every 00:00:10 (HH:MM:SS)

图 8-3　设置全局计划

【特别说明】：Windows 监控的设置方法，请参考 6.3.1 章节"Windows 指标监控"。这里不再赘述。

在运行脚本前 Lucy 没忘在 Run-time Setting 窗口设置思考时间为随机百分比模式，这样才能更好地模拟用户行为。如图 8-4 所示。

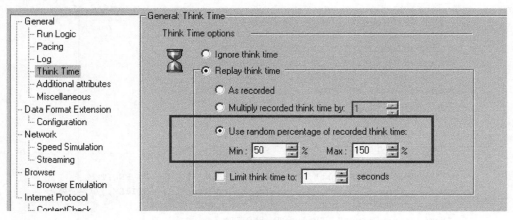

图 8-4　思考时间随机百分比设置

设置完成后运行脚本，查看执行结果，最终数据运行结果如图 8-5 所示。

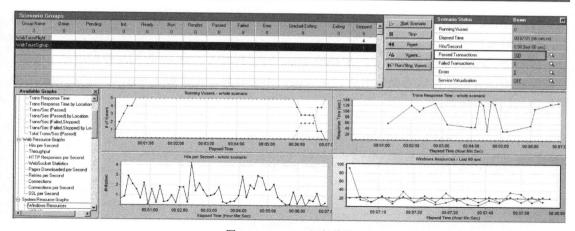

图 8-5　Controller 运行结果

场景运行结果显示，所有事务全部 Passed，于是 Lucy 进入 Analysis 页面准备汇总数据产出测试报告。如图 8-6 所示。

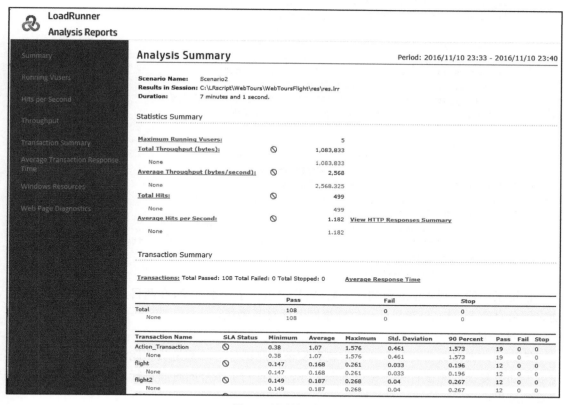

图 8-6　测试结果报告

在提交的测试报告中，Lucy 增加了"Windows Resources"和"Web Page Diagnostics"图表，因时间关系并没有进一步考虑图表的合并和关联问题。

提交报告的时间算是刚刚好，Lucy 深吸一口气，总算是做出来了。至于结果如何，细想起来发现有许多细节的考虑还是不足。例如，一方面是后期分析部分只是数据的堆叠，缺少实质性的分析，另一方面是脚本参数化的设置问题，出发地和到达地最好加以区分，不能都是同一个城市。

Lucy 把考试题目要求和自己的想法给 Mary 写了封邮件，Mary 收到邮件后进行了回复，大意是说测试分析工作需要循序渐进，让 Lucy 不要着急，至于脚本中出发地和到达地的参数问题代码如下所示：

```
// 出发地和到达地不重复取值
    const int TOTAL_CITY_COUNT = 10;//定义一个长量
    int indexOfFromCity;//定义存放出发地索引的变量
    int indexOfToCity;//定义存放到达地索引的变量
    char * fromCity;//定义存放出发地的变量
    char * toCity;      //定义存放到达地的变量
    // 手动初始化一个数组 cityName
    lr_save_string("Denver",        "cityName_0");
    lr_save_string("Frankfurt",     "cityName_1");
    lr_save_string("London",        "cityName_2");
    lr_save_string("Los Angeles",   "cityName_3");
    lr_save_string("Paris",         "cityName_4");
    lr_save_string("Portland",      "cityName_5");
    lr_save_string("San Francisco", "cityName_6");
    lr_save_string("Seattle",       "cityName_7");
    lr_save_string("Sydney",        "cityName_8");
    lr_save_string("Zurich",        "cityName_9");
    lr_save_string("10",            "cityName_count");
    srand(time(NULL)); //用当前时间初始化随机函数
    indexOfFromCity = rand() % TOTAL_CITY_COUNT; // 生成随机数取余
    //执行 do 块的语句，直到 while 块的条件不满足则退出循环
    do{
        srand(time(NULL));
        indexOfToCity = rand() % TOTAL_CITY_COUNT;
    }while(indexOfFromCity == indexOfToCity);
//按随机生成的索引从数组 cityName 中取出出发地名称
    fromCity = lr_paramarr_idx("cityName",indexOfFromCity);
//按随机生成的索引从数组 cityName 中取出到达地名称
    toCity = lr_paramarr_idx("cityName",indexOfToCity);
    lr_message("**** The Randomly selected trip: %s -> %s",fromCity,toCity);
    lr_save_string(fromCity,"depart_random");
    lr_save_string(toCity,"arrive_random");
```

话说王经理收到 4 位成员的报告后，同高层进行了一番讨论，在两日后终于宣布了结果。功夫不负有心人，Lucy 和另外一位同事顺利通过了考核。

学习笔记

笔记一：大多数公司并非一开始就有复杂的测试任务，都是从功能测试起步的，如果你想要推动更复杂的测试首先要做好本职工作，并且利用额外的时间进行更复杂的测试，让公司看到成果。

笔记二：工作后的学习计划总是难以实现。有各种各样的事件会影响到你，如果坚持每天抽 1 小时投入到学习中，一年下来的技术积累是非常可观的。

实　战　篇

第 9 章　Web 企业级项目实战

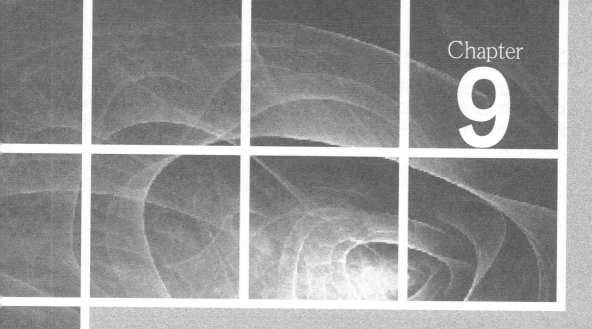

第 9 章

Web 企业级
项目实战

顺利通过考核后，Lucy 正式成为了性能测试团队的一员。不久后，公司对外招聘了两名有经验的高级性能测试工程师，团队进入了真正的实战阶段。本章将以某电子商务软件的性能测试为主线，在指定环境下通过需求分析、脚本设计、测试分析等诸多环节，展示完整的性能测试过程。

本章主要包括以下内容：
- 项目规划；
- 测试设计；
- 测试实现；
- 测试执行；
- 结果分析；
- 本章小结。

9.1 项目规划

9.1.1 项目背景简介

组件性能测试团队后不久，很快就接到了各项目组性能测试任务的邀请。按照王经理的安排，Lucy 和 Peter 负责某电子商务网站的性能测试工作。以下是 Peter 工程师的基本信息。

> **个人基本资料**
> 姓名：Peter
> 性别：男
> 年龄：30 岁
> 毕业院校：××大学计算机专业
> 工作年限：8 年（含性能测试 3 年）
> 就职公司：A 技术有限公司（主要从事外包业务）
> 当前职位：技术部 / 性能组 / 高级性能测试工程师

本次项目性能测试工作将由两位全程参与，项目已进入编码阶段。项目团队的负责人 PM 张恰好是 Lucy 的原上级，因此团队成员也相对熟悉，也算是一个不错的开始。

据 PM 张介绍，项目是为某家公司打造一个 Web 端的电子商务平台，平台以自有产品为销售对象，总工期控制在 4 个月以内，本次除功能测试外客户方还提出了性能要求，性能测试要求如下所述。

（1）系统业务要求

本次性能测试只针对核心业务模块，包括"首页访问"、"用户登录"、"浏览商品"、"信息检索"以及"用户订单"模块。主要关注系统在 60 万/天业务量下的性能表现，业务占比以同类电子商务网站为依据。

（2）系统环境要求

本次测试环境同生产环境 1:1 建模，请提前准备测试数据，测试完成后及时恢复测试数据。所有设备资源使用率应保持在相对较低的水准。

（3）测试通过标准

如果系统能够达到以上要求则测试通过，通过后可持续增加压力，找出系统每天最大业务量的峰值，为后续系统升级提供参考。

【特别说明】：因篇幅有限，本书仅针对核心业务的性能需求进行详细说明。

接到需求后 Peter 和 Lucy 进行了一系列讨论，介于 Peter 性能测试的经验和 Lucy 业务上的熟悉程度，彼此进行了基本的分工。本次项目由 Peter 主导，负责安排性能测试计划、性能场景设计，协助定位性能问题；而 Lucy 主要负责脚本编写、测试环境搭建、测试数据准备、测试执行与回归。

【特别说明】：为了让读者可以同 Lucy 一起完成性能测试项目，本次将使用网上开源电商项目 ECSHOP2.7.3 代替项目组原有的小型电商项目。从性能测试角度两个项目有诸多相同之处，除银行交互部分的性能测试无法演示外（仅测试货到付款和余额付款两种付款方式），其余业务场景均可完整测试。后续测试实战将基于 ECSHOP2.7.3 版本进行模拟规划。

学习笔记

性能测试刚开始的工作主要集中在脚本和数据上，包括数据的准备、脚本的录制与回放、脚本的执行等。随着经验的日积月累，场景分析和瓶颈定位才能水到渠成。本质上和功能测试是相似的，前期以执行为主，后期以思考为主。

9.1.2 系统级分析

Peter 首先对被测系统进行了初步分析，确定了系统类型、系统架构及部署，并对技术实现细节和系统交互等诸多问题进行了确认。

系统类型：被测系统为典型的业务处理型系统，业务交互部分最易产生性能问题，适合利用脚本模拟用户操作行为。

系统架构：被测对象的架构较为简单，采用典型的三层架构模式，如图 9-1 所示。

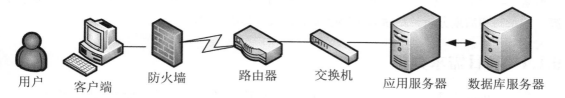

用户　　客户端　　防火墙　　路由器　　交换机　　应用服务器　数据库服务器

图 9-1　网络拓扑图

测试环境部署：按生产环境的配置要求，本次测试环境可部署在同一网段内，包括两台客户端，一台性能测试压力机，一台应用服务器，一台数据库服务器。

主要监控对象：除业务场景外，主要监控对象为应用服务器和数据库服务器相关指标，包括操作系统的 CPU、内存和 I/O 的使用情况。

技术实现：该系统采用 HTTP 协议通信，操作系统选择 CentOS 7 x64（Linux 操作系统），运行环境 PHP5.5，Web 服务器为 Apache 2.4，数据库服务器为 MySQL 5.7，技术使用相对稳定成熟。

系统交互：目前系统外部交互集中在银行接口部分，涉及银行接口的核心业务为"用户订单"模块。系统内部交互主要是前端页面和后台管理的交互，涉及前后端交互的核心业务为"用户登录"和"用户订单"模块。

学习笔记

测试环境的准备需要先了解生产环境的网络拓扑图，明确设备之间的关系，按要求准备硬件设备及软件应用，尽量保证和生产环境 1:1 建模，如果无法保证则需要在获取性能测试环境后推算生产环境情况。

9.1.3 业务级分析

其次 Peter 分析了业务的可测试范围，从需求中可以得知被测业务是相对明确的 5 大模块，包括"首页访问"、"用户登录"、"浏览商品"、"信息检索"以及"用户订单"模块。模块之间的基本业务流程如下所示：

（1）"首页访问"；

（2）"首页访问" -> "用户登录"；

（3）"首页访问" -> "浏览商品"；

（4）"首页访问" -> "信息检索"；

（5）"首页访问" -> "用户登录" -> "浏览商品" -> "用户订单"。

业务访问量预估值为 60 万/天，业务占比以同类电子商务网站为依据，初步预估为"首页访问"模块业务占比 40%，"用户登录"模块业务占比 15%，"浏览商品"模块业务占比 30%，"信息检索"模块业务占比 10%，"用户订单"模块占比 5%。

【特别说明】：在实际项目中一个用户可以启动多个业务，因项目未上线，业务量仅仅是预估值，所以我们可以考虑最大用户访问量，即业务量等同于用户访问量。

学习笔记

业务流程尽量单一化，保留必要操作步骤即可，例如，"首页访问"->"用户登录"->"信息检索"-> "浏览商品"->"用户订单"这样的流程就过于复杂化了。简单的业务关系便于脚本的录制和后期分析，尽量减少影响业务模块成功的风险。

9.1.4 项目需求分析

最后，Peter 回到需求上进一步确认有效需求描述，在需求中 3 段描述是相对模糊的。

（1）业务占比以同类电子商务网站为依据

这段话的前提是必须要知道同类电商网站相似业务占比，然而如何才能得知同行的占比呢？目前主要采用的方法是先找到类似业务量的电商网站，结合互联网发布的相关数据得到大致的比例，再结合业务部门的经验调整数据得到最终的业务占比。

【特别说明】：最理想的业务占比是取现网数据的实际占比，只有对未上线的系统才进行预估。

（2）所有设备资源使用率应保持在相对较低的水准

这是一个没有度量标准的性能需求，较低的水平到底是多少？每个人都可以有不同的要求，需求分析人员最好能够给出具体的指标,但有的时候用户并不清楚什么样的指标才合适，如果用户无法给出具体指标，则需要参考行业经验。按电子商务行业经验来看，资源利用率一般控制在 70%以下都是允许的。

因目前系统未上线，且无备份设备，使用率建议控制在 65%以下是比较理想的做法。

（3）系统业务请求无响应时间限制

响应时间是非常重要的需求指标，本次性能需求描述中并未提及，Web 系统响应时间符合 2-5-8 原则。即 2 秒以内响应用户为优秀，2 秒到 5 秒之间表示可以接受，5 秒到 8 秒之间表示还能接受，8 秒以上表示系统响应太慢，不可接受。

本次测试业务从时间上来看大部分业务可以保证在 2 秒内响应用户，"信息检索"和"用户订单"模块因业务逻辑相对复杂，建议控制在 2 秒到 5 秒之间。

学习笔记

需求分析重点是看测试范围是否明确，测试需求描述是否可度量，性能测试的基础指标是否完备，例如资源利用率、响应时间、业务量等，指标越明确测试的通过和失败标准就越清楚，测试工作的开展也就越轻松。

9.1.5 性能测试计划

性能测试计划的写作方式有两种，一种是生成独立的性能测试计划，另外一种是作为系统测试计划的附属，无需单独成文。

独立性能测试计划主要包括如下内容。

文档目的：文档的主要受众群体有哪些，例如开发人员、测试人员在阅读此文档中所扮演的角色。

项目背景：项目的基本特点，主要来源于需求和业务分析。

相关术语：业务专业术语描述，部分公司也会列出常用性能测试术语。

输入文档：性能测试计划的参考文档，主要包括软件需求规格说明书、用户原始需求、项目计划书等相关文档。

运行环境：描述当前系统所支持的软硬件环境，也包括网络环境。

测试内容：对被测对象进行分析得到的被测内容范围并描述原因。

角色安排：包括角色分工，如性能测试工程师、IT 运维、开发代表、需求分析、架构设计、DBA、PM、测试经理等。

工具选择：对工具的选择进行可行性分析，例如成本、技术难度，工具本身是否支持，测试人员对该工具的掌握程度等。

进度安排：依据项目整体测试计划的时间要求，对性能部分的计划进行细分。

输出内容：性能测试的最终产物，例如《性能测试计划》《性能测试脚本》《性能测试环境搭建手册》《性能测试报告》等。

【特别说明】：多数公司会采用第二种方式，将性能测试计划作为系统测试计划的一部分，而不是单独编写性能测试计划。

鉴于性能测试时间并不充分，PM 张建议 Peter 将性能测试计划作为系统测试计划的附属，目前离项目结束还有 2 个月左右的时间，但真正给到性能脚本运行和调优的时间预计只有一周左右。

以下是 Peter 同 PM 张讨论后的"性能测试人力进度计划"，如表 9-1 所示。

表 9-1   **性能测试人力进度计划**

序　号	任　务	负　责　人	检　查　人	预计工时
		性能测试规划		
1	应用系统的分析	Peter	PM 张	4H
2	系统业务分析	Peter	PM 张	4H
3	系统需求分析（确定评估标准）	Peter	PM 张	6H
4	编写性能测试人力进度计划	Peter	PM 张	2H
		性能测试设计		
5	测试工具选型	Peter	PM 张	0.5H
6	分析测试策略	Peter、Lucy	PM 张	2H
7	测试业务建模	Peter、Lucy	PM 张	8H
8	构建性能测试环境（硬件）	Peter、Lucy	PM 张	8H
		测试套件准备		
9	编写性能测试试用例	Peter、Lucy	PM 张	4H
10	准备性能测试数据	Lucy	PM 张	8H
11	创建性能测试脚本（含脚本）	Peter、Lucy	PM 张	8H
		性能测试执行与分析		
12	运行性能测试的场景	Peter、Lucy	PM 张	24H
13	性能测试结果分析与调优	Peter、Lucy	PM 张	12H
14	性能测试的回归验证	Peter、Lucy	PM 张	8H
15	编写性能测试报告	Peter	PM 张	4H
		若有突发事件则事件驱动处理（协商）		
16	线上持续监控与跟踪	Peter	PM 张	N/A

从时间安排上我们可以看出性能测试预估所需的执行时间是 48 小时，测试执行前需确保功能测试成功，测试数据、测试脚本和测试环境准备妥当。

学习笔记

性能计划时间的估算同性能工程师的经验有着密切的联系，但即使是有经验的工程师在估算上也会受到诸多因素的影响，例如，功能测试占用了性能执行的时间，测试设备执行期间出现故障，性能测试问题定位出现偏差等。所以在现实工作中我们往往会舍弃部分性能测试任务，尽量保证核心业务的性能稳定。

9.2 测试设计

9.2.1 测试工具选型

关于工具的选择自然是大家所熟悉的 HP LoadRunner 12，Peter 对于该工具的选型做出了如下评价。

（1）该工具支持 HTTP 协议的并发用户行为。

（2）可部署在 Windows 平台，并支持 Linux 平台的并发和数据收集。

（3）可监控 CentOS 7 操作系统、Apache 2.0 应用服务器、MySQL 5.5 数据库服务器。

（4）性能测试团队成员对 LR12 较为熟悉，无需额外培训。

【特别说明】：如果想了解其他性能测试工具，请参考本书 3.1 章节"市面上的性能测试工具"。想了解工具选型的判断依据，请参考本书 3.2 章节"如何选择最合适的工具"。

9.2.2 测试策略拟定

鉴于前期对需求的理解，以及对系统和业务调研分析，Peter 很快明确了本次的业务目标，如表 9-2 所示。

表 9-2　　业务目标计划表

测试项	业务量	业务时段	响应时间	业务成功率	CPU 使用率	内存使用率
首页访问模块	24 万	00：00 至 24：00	≤2 秒	>95%	≤55%	≤50%
用户登录模块	9 万	00：00 至 24：00	≤2 秒	>95%	≤55%	≤50%
浏览商品模块	18 万	00：00 至 24：00	≤2 秒	>95%	≤55%	≤50%
信息检索模块	6 万	00：00 至 24：00	≤3 秒	>95%	≤55%	≤50%
用户订单模块	3 万	00：00 至 24：00	≤5 秒	>95%	≤65%	≤60%
组合模块	60 万	00：00 至 24：00	N/A	>95%	≤70%	≤65%

业务目标明确后 Peter 着手考虑测试场景设计问题，按照性能测试设计原则：优先考虑独立业务场景，再考虑组合场景的综合应用。

Lucy 对 Peter 场景设计的想法并不是很理解，于是有了如下对话。

> Lucy：Peter，关于测试策略我想了解更多细节，能解释一下什么叫作独立业务场景吗？
>
> Peter：好的，独立业务场景你可以理解成单脚本运行场景，例如只运行登录脚本，或者只运行浏览商品的脚本。
>
> Lucy：这样做的目的是什么？
>
> Peter：很简单，如果独立业务场景运行成功，那么组合场景才有意义。这就好比走方阵，如果一个人有问题，那么整个方阵都会不协调。
>
> Lucy：这个比喻我懂了，那么独立业务场景是否需要考虑多个用户并发的情况？
>
> Peter：当然是要考虑的，不仅仅要考虑多个用户并发情况，还需要考虑负载的极限呢。

经过一番斟酌，Peter 决定首先对"首页访问""用户登录""浏览商品""信息检索"以及"用户订单"模块进行基准测试，获取基础数据；下一步则是针对每个模块多用户并发操作得到性能测试拐点（最大并发用户数）；最后考虑在较大并发量下进行稳定性验证。

如果各项指标能够达到预期标准则表示测试通过，反之则需要进行性能调优。

> Lucy：你是打算先对单脚本进行基准测试、负载测试和压力测试？
>
> Peter：聪明，是这样打算的。
>
> Lucy：基准测试和压力测试我都可以理解，做负载测试的目的是什么？毕竟系统有上限，只要达到 60 万/天的业务量就算是测试通过。
>
> Peter：是的，只要达到 60 万/天的业务量，并且符合其他预期指标就算是测试通过了，但需求中还希望知道系统有多大能耐，我需要找出系统每天最大业务量的峰值，为后续系统升级提供参考。
>
> Lucy：明白了，那组合业务场景我们也要考虑这三种类型的测试吗？
>
> Peter：不完全相同，组合有组合的测试要求，下面我就给你介绍。

单场景业务测试也叫独立业务性能测试，以找出基准和负载为主要目标，而多场景组合业务则更侧重系统压力、稳定和容量方面的综合表现。

本次项目组合业务场景 Peter 决定以既定目标 60 万/天作为压力测试指标，然后考虑系统容量方面的测试，最后以慢增长方式对系统施加压力，看系统可靠性的性能表现。

经过 Peter 的介绍，Lucy 总结了本次性能测试的策略选型。

独立业务性能测试：基准测试->负载测试->压力测试（均以慢增长方式加压，持续运行指定时间后结束）。

组合业务性能测试：压力测试->容量测试->可靠性测试（均以慢增长方式加压，持续运行指定时间后结束）。

学习笔记

任何项目的性能测试策略都是依据实际需求确定的，并没有万能公式或者统一标准。在实际测试工作中往往是多种测试类型融合在一起使用，测试类型的选择和测试人员的经验有着密不可分的关系。

9.2.3　业务模型分析

确定测试策略后就要考虑业务建模的问题，业务模型是性能测试场景设计的基础。因本次需求中已明确告知被测模块为"首页访问"、"用户登录"、"浏览商品"、"信息检索"和"用户订单"，Peter 决定将业务建模的重心放在并发用户数的选择上。

以下是五个模块业务建模的细节描述。

1. 首页访问模块

首页访问功能作为一般用户的入口，性能问题尤为重要，通常情况下用户的浏览方式为打开浏览器，输入首页访问地址，单击回车按钮即可进入首页，业务模式较为简单。按业务目标要求（表 9-3），具体的业务场景设计如下所示。

表 9-3　　　　　　　　　　　　　首页访问模块业务目标

测试项	业务量	业务时段	响应时间	业务成功率	CPU 使用率	内存使用率
首页访问模块	24 万	00：00 至 24：00	≤2 秒	>95%	≤55%	≤50%

根据 2/8 原则，80%的业务量在 20%的时间内完成，以首页访问为例，并发用户计算方式如下。

（1）业务量：24 万×80%=19.2 万。

（2）时间段：24 小时×20%=4.8 小时。

（3）每小时的业务量：19.2 万/4.8 小时=4 万/小时。

（4）每秒钟的业务量：40000/3600=11.11（笔/秒），即一个 User 迭代一次的时间 1/11.11=0.09（秒）。

（5）每人每笔业务的处理时间：2 秒/次（业务目标预估的最大值），即 2/0.09 =22.22（个）User。

结论：首页访问模块要达到 24 万业务量，需要 23 个并发用户持续运行 4.8 小时，如果性能满足则测试通过。

【特别说明】：并发用户数必须取整，故要达到 32 万的业务访问量取的是 23 个用户，而不是 22.22 个用户。

通过上面的初步估算得到了首页访问场景运行时的并发用户数，场景启动方式如下所示。

独立业务场景模式：

单用户脚本——运行持续 10 分钟，获取平均响应时间、资源利用率等单交易基准（基准测试）。

多用户脚本——用户数按 15-20-25-30 递增，每个阶梯持续 10 分钟不断加压，直到性能指标达到极限（响应时间大于 2 秒，或者资源利用率超过业务场景规定的上限），获取单交易负载（负载测试）。

多用户脚本——23 个并发用户，每 5 分钟增加 4 个 Vuser，持续运行 4.8 个小时，4.8 小时运行完成后，每 5 分钟退出 4 个 Vuser，获取单交易压力（压力测试）。

2. 用户登录模块

登录模块属于基础模块，是进入网站购物的入口，通常情况下用户浏览商品并计划购物时会选择登录，通过输入用户名和密码进入，业务模式较为简单。按业务目标要求（表 9-4），具体的业务场景设计如下所示。

表 9-4 用户登录模块业务目标

测试项	业务量	业务时段	响应时间	业务成功率	CPU 使用率	内存使用率
用户登录模块	9 万	00：00 至 24：00	≤2 秒	>95%	≤55%	≤50%

根据 2/8 原则，80%的业务量在 20%的时间内完成，以用户登录为例，并发用户计算方式如下。

（1）业务量：9 万×80%=7.2 万。

（2）时间段：24 小时×20%=4.8 小时。

（3）每小时的业务量：7.2 万/4.8 小时=1.5 万/小时。

（4）每秒钟的业务量：15000/3600=4.17（笔/秒），即一个 User 迭代一次的时间 1/4.17=0.24（秒）。

（5）每人每笔业务的处理时间：2 秒/次（业务目标预估的最大值），即 2/0.24 =8.33（个）User。

结论：用户登录模块要达到 9 万业务量，需要 9 个并发用户持续运行 4.8 小时，如果性能满足则测试通过。

通过上面的初步估算得到了用户登录场景运行时的并发用户数，场景启动方式如下所示。

独立业务场景模式。

单用户脚本——运行持续 10 分钟，获取平均响应时间、资源利用率等单交易基准。

多用户脚本——用户数按 5-10-15-20 依次递增，每个阶梯持续 10 分钟不断加压，直到性能指标达到极限（响应时间大于 2 秒，或者资源利用率超过业务场景规定的上限），获取单交易负载。

多用户脚本——9 个并发用户，每 5 分钟增加 2 个 Vuser，持续运行 4.8 个小时，4.8 小时运行完成后，每 5 分钟退出 4 个 Vuser，获取单交易压力。

3. 浏览商品模块

浏览商品是网站购物的前提，是电商网站的核心内容，通常情况下用户会大量浏览商品，并不断比较，通过商品信息描述来确定最后是否有可购买的商品，业务模式相对简单。按业务目标要求（表 9-5），具体的业务场景设计如下所示。

表 9-5　　　　　　　　　　　　　　浏览商品模块业务目标

测试项	业务量	业务时段	响应时间	业务成功率	CPU 使用率	内存使用率
浏览商品模块	18 万	00：00 至 24：00	≤2 秒	>95%	≤55%	≤50%

根据 2/8 原则，80%的业务量在 20%的时间内完成，以用户登录为例，并发用户计算方式如下。

（1）业务量：18 万×80%=14.4 万。

（2）时间段：24 小时×20%=4.8 小时。

（3）每小时的业务量：14.4 万/4.8 小时=3 万/小时。

（4）每秒钟的业务量：30000/3600=8.33（笔/秒），即一个 User 迭代一次的时间 1/8.33=0.12（秒）。

（5）每人每笔业务的处理时间：2 秒/次（业务目标预估的最大值），即 2/0.12 =16.67（个）User。

结论：浏览商品模块要达到 18 万业务量，需要 17 个并发用户持续运行 4.8 小时，如果性能满足则测试通过。

通过上面的初步估算得到了浏览商品场景运行时的并发用户数，场景启动方式如下所示。

独立业务场景模式。

单用户脚本——运行持续 10 分钟，获取平均响应时间、资源利用率等单交易基准。

多用户脚本——用户数按 10-15-20-30 递增，每个阶梯持续 10 分钟不断加压，直到性能指标达到极限（响应时间大于 2 秒，或者资源利用率超过业务场景规定的上限），获取单交易负载。

多用户脚本——18 个并发用户，每 5 分钟增加 4 个 Vuser，持续运行 4.8 个小时，4.8 小时运行完成后，每 5 分钟退出 4 个 Vuser，获取单交易压力。

4. 信息检索模块

信息检索属于商品页面的附件模块，主要功能是协助完成商品定位功能，检索的效率和准确度直接影响用户体验，通过用户填写的搜索条件进行智能匹配，业务模式相对简单。按业务目标要求（表 9-6），具体的业务场景设计如下所示。

表 9-6　　　　　　　　　　　　　　信息检索模块业务目标

测试项	业务量	业务时段	响应时间	业务成功率	CPU 使用率	内存使用率
信息检索模块	6 万	00：00 至 24：00	≤3 秒	>95%	≤55%	≤50%

根据 2/8 原则，80%的业务量在 20%的时间内完成，以用户登录为例，并发用户计算方

式如下。

（1）业务量：6 万×80%=4.8 万。

（2）时间段：24 小时×20%=4.8 小时。

（3）每小时的业务量：4.8 万/4.8 小时=1 万/小时。

（4）每秒钟的业务量：10000/3600=2.78（笔/秒），即一个 User 迭代一次的时间 1/2.78=0.36（秒）。

（5）每人每笔业务的处理时间：3 秒/次（业务目标预估的最大值），即 3/0.36=8.33（个）User。

结论：信息检索模块要达到 6 万业务量，需要 9 个并发用户持续运行 4.8 小时，如果性能满足则测试通过。

通过上面的初步估算得到了信息检索场景运行时的并发用户数，场景启动方式如下所示。独立业务场景模式。

单用户脚本——运行持续 10 分钟，获取平均响应时间、资源利用率等单交易基准。

多用户脚本——用户数按 5-10-15-20 递增，每个阶梯持续 10 分钟不断加压，直到性能指标达到极限（响应时间大于 2 秒，或者资源利用率超过业务场景规定的上限），获取单交易负载。

多用户脚本——9 个并发用户，每 5 分钟增加 2 个 Vuser，持续运行 4.8 个小时，4.8 小时运行完成后，每 5 分钟退出 4 个 Vuser，获取单交易压力。

5. 用户订单模块

下订单模块需要经过浏览商品、登录、选择商品属性、加入购物车/直接购买等环节，涉及付款及订单审核，是网站购物的关键步骤，通常情况下用户会大量浏览商品，并不断比较，通过商品信息描述来确定可购买的商品并最终下单，业务模式相对复杂。按业务目标要求（表 9-7），具体的业务场景设计如下所示。

表 9-7　　　　　　　　　　　　　用户订单模块业务目标

测试项	业务量	业务时段	响应时间	业务成功率	CPU 使用率	内存使用率
用户订单模块	3 万	00：00 至 24：00	≤5 秒	>95%	≤65%	≤60%

根据 2/8 原则，80%的业务量在 20%的时间内完成，以用户登录为例，并发用户计算方式如下。

（1）业务量：3 万×80%=2.4 万。

（2）时间段：24 小时×20%=4.8 小时。

（3）每小时的业务量：2.4 万/4.8 小时=0.5 万/小时。

（4）每秒钟的业务量：5000/3600=1.39（笔/秒），即一个 User 迭代一次的时间 1/1.39=0.72（秒）。

（5）每人每笔业务的处理时间：5 秒/次（业务目标预估的最大值），即 5/0.72 =6.94（个）User。

结论：用户订单模块要达到 5 万业务量，需要 7 个并发用户持续运行 4.8 小时，如果性能满足则测试通过。

通过上面的初步估算得到了用户订单场景运行时的并发用户数，场景启动方式如下所示。独立业务场景模式。

单用户脚本——运行持续 10 分钟，获取平均响应时间、资源利用率等单交易基准。

多用户脚本——用户数按 5-10-15-20 递增，每个阶梯持续 10 分钟不断加压，直到性能指标达到极限（响应时间大于 2 秒，或者资源利用率超过业务场景规定的上限），获取单交易负载。

多用户脚本——7 个并发用户,每 5 分钟增加 2 个 Vuser,持续运行 4.8 个小时,4.8 小时运行完成后,每 5 分钟退出 2 个 Vuser,获取单交易压力。

> Lucy: Peter,听你一分析真是茅塞顿开。
>
> Peter: 哪里,其实业务模型建立离不开前期的调研分析,只要分析工作到位,模型建立并不复杂。
>
> Lucy: 独立业务场景已经建立完成,混合场景的模型就呼之欲出啦。
>
> Peter: 当然,要不混合场景的设计交给你来完成?
>
> Lucy: 太好了,那我就试试看。

在 Peter 的指导下,Lucy 完成了混合场景的业务规划。

6. 混合场景压力测试

60 万业务量按 2/8 原则测试 48 万业务量在 4.8 小时内的表现:66 个并发用户,每 5 分钟增加 4 个 Vuser,持续运行 4.8 个小时,4.8 小时运行完成后,每 5 分钟退出 4 个 Vuser,获取混合交易目标压力,如表 9-8 所示。

表 9-8   并发数及运行时间分配表

测试项	并发数	运行时长
首页访问	23	4.8 小时
登录模块	9	4.8 小时
浏览商品	18	4.8 小时
信息检索	9	4.8 小时
用户订单	7	4.8 小时

7. 混合场景容量测试

按业务访问量进行压力分配,用户数按 35-52-78-117(按 1.5 倍增长)每个阶梯持续运行 20 分钟,直到找出性能拐点,测试退出,业务交易百分比如表 9-9 所示。

【特别说明】:测试期间主要关注交易平均响应时间及系统处理能力,测试退出可能是交易类指标出现拐点,也可能是资源利用率达到上限。

表 9-9   业务量分配表

测试项	业务量	交易百分比	75 用户数	112 用户数	168 用户数	253 用户数
首页访问	24 万	40%				
登录模块	9 万	15%				
浏览商品	18 万	30%				
信息检索	9 万	10%				
用户订单	7 万	5%				

8. 混合场景可靠性测试

以容量测试峰值 50%的压力作为可靠性测试的基准指标,按混合场景交易百分比的分配进行 7×24 小时稳定性验证。

学习笔记

笔记一:对于被测系统如果业务场景并未在需求中明确告知,则需要借助流程分析法,理解业务主流程，并判断哪些业务会对服务器产生较大压力，再按照预估的业务量设计业务场景。

　　笔记二：通常情况下，为了真实地模拟用户业务情况，有效地衡量服务器性能，大多数会采用逐步加压、持续施压、逐步减压的方式启动场景，而不是一次性启动所有并发用户。

9.2.4　构建性能环境

　　经过前期的系统分析，结合实际情况，Peter 对本次性能测试环境部署做了如下要求，如图 9-2 所示。

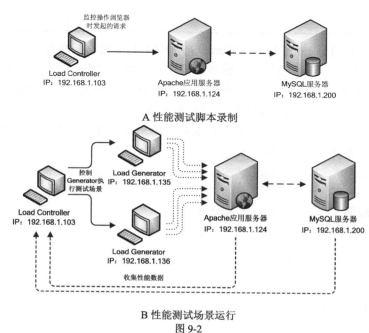

图 9-2

　　【特别说明】：本书中使用的 IP 地址均为虚拟环境 IP 地址，读者在实际操作中使用的 IP地址同该 IP 地址不完全相同。

　　Lucy 按照 Peter 的要求准备了测试设备，本次硬件设备来自两台实体机，按照配置要求进行了环境的虚拟化操作（服务器同生产环境配置相同）。环境搭建要求如表 9-10 所示。

表 9-10　　　　　　　　　　　　　　　　系统硬件配置表

设备名称	硬件配置	软件配置
WEB 服务器（Apache2.4）	OS：CentOS 7 ×64（1 台） 处理器：Intel(R) CPU E5-2670 四核（虚拟机分配）主频 2.7GHz 内存：8GB	Apache2.4
数据库服务器（MySQL5.7）	OS：CentOS 7 ×64（1 台） 处理器：Intel(R) CPU E5-2670 四核（虚拟机分配）主频 2.7GHz 内存：8GB	MYSQL5.7

续表

设备名称	硬件配置	软件配置
压力机	OS：Windows Server 2008（1 台） 处理器：Intel(R) CPU i3-3120M　两核　（虚拟机分配）主频 2.5GHz 内存：4GB	LR12 VuGen、 LR12 Countroller、 LR12 Analysis
负载机	OS：Windows Server 2008（2 台） 处理器：Intel(R) CPU E3-1265L V2 两核（虚拟机分配）主频 2.5GHz 内存：4GB	LR12 Generator

　　硬件设备准备就绪后 Lucy 开始在 CentOS 7 ×64 上搭建电子商务项目，因项目搭建过程涉及诸多细节，篇幅有限，下面仅做关键步骤描述，详细搭建细节可在××处下载（ECShop 安装包："Ecshop Web 端安装指南"）改为详细搭建细节可在 http://www.51testing.com.html/92/n-3719892.html 处下载（ECShop 安装包："ECShop Web 端安装指南"）。

　　步骤 1：MySQL Community Server 5.7 安装（CentOS　IP：192.168.1.200）

　　（1）在数据库服务器安装 MySQL 源

```
$ wget http://dev.mysql.com/get/mysql57-community-release-el7-9.noarch.rpm
$ sudo rpm -Uvh mysql57-community-release-el7-9.noarch.rpm
```

　　（2）在数据库服务器安装 MySQL 服务器

```
$ sudo yum -y install mysql-community-server
```

　　（3）执行命令启动 MySQL 服务

```
$ sudo systemctl start mysqld
```

　　（4）检查 MySQL 执行情况

```
$ sudo systemctl status mysqld
```

　　（5）获取 MySQL 生成的 root 密码（临时密码）

```
$ sudo grep 'temporary password' /var/log/mysqld.log
```

　　（6）修改 root 的临时密码　//新密码需要读者自行设置

```
mysql> ALTER USER 'root'@'localhost' IDENTIFIED BY '新密码';
```

　　步骤 2：Apache/2.4.6，PHP/5.4.16（CentOS　IP：192.168.1.124）

　　（1）停止和禁用防火墙

```
$ sudo systemctl stop firewalld
$ sudo systemctl disable firewalld
```

　　（2）禁用 SELinux

```
$ sudo vi /etc/selinux/config
Change from:
SELINUX=enforcing

Into:
SELINUX=disabled
```

（3）安装 apache httpd 服务

```
$ sudo yum -y install httpd
```

（4）启用并启动 apache httpd 服务

```
$ sudo systemctl enable httpd
$ sudo systemctl start httpd
```

步骤 3：安装 PHP 语言支持库

```
$ sudo yum -y install php mysql mysql-devel php-mysql gd gd-devel php-gd php-mbstring
```

步骤 4：安装 ECShop2.7.3（CentOS　IP 192.168.1.124）

（1）解压 ECShop 安装文件（请依据实际情况输入对应的安装文件名称）

```
$ sudo tar xvf ecshop2.7.3u.tar.gz
```

（2）复制 upload 文件到指定目录　（注意不要拷贝 upload 文件夹本身）

```
$ sudo cp -r upload/. /var/www/html/
```

（3）复制授予 Apache 指定目录的控制权

```
$ sudo cd /var/www/html
$ sudo chown -R apache:apache
$ sudo chmod -R 777
```

（4）利用 ECShop2.7.3 内置向导完成安装

【特别说明】：本书中使用的 IP 地址均为虚拟环境 IP 地址，读者在实际操作中请使用 apache httpd 服务器 IP 地址。

安装地址：http://192.168.1.124/install/index.php，安装步骤如下所示。第一步：进入欢迎页面，同意上述条款，如图 9-3 所示。

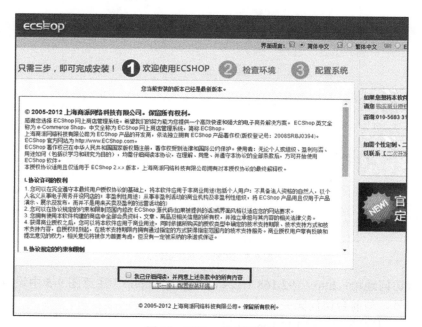

图 9-3　ECShop 系统配置 1

第二步：自动检查环境安装要求，如图 9-4 所示。

图 9-4　ECShop 系统配置 2

第三步：配置系统账号及密码，安装完成，如图 9-5 所示。

图 9-5　ECShop 系统配置 3

● 后台访问地址：http://192.168.1.124/admin/index.php（注意图 9-5 中设置的中账号是后台管理员账号，与前台访问无关）。

● 前方访问地址：http://192.168.1.124。

学习笔记

在 Linux 下进行环境搭建要比 Windows 环境下麻烦许多。需要熟练地使用相关命令，所以学习性能测试有必要掌握主流操作系统的基本命令，能够独立完成测试环境搭建任务。

9.3 测试实现

9.3.1 编写测试用例

性能测试环境大功告成后 Peter 和 Lucy 着手准备测试用例。对于用例的准备 Lucy 并没有实战经验，于是向 Peter 请教细节。

> Lucy: Peter，性能测试用例和手工测试用例写作的方式有什么不同？
> Peter: 本质上没什么不一样的，都是介绍操作步骤，只是更关注脚本创建要用到的优化策略。
> Lucy: 你说的优化策略是指脚本录制中用到的参数化、关联、集合点这些内容吗？
> Peter: 是的，在实际脚本创建中要用到的技术点我们需要在用例写作中明确下来。
> Lucy: 那我先看你演示一个，如果没问题就让我写，你来检查如何？
> Peter: 好的，没问题。

本次性能测试用例共涉及"首页访问""用户登录""浏览商品""信息检索"和"用户订单" 5 个模块，详细用例描述如下。

1. 首页访问用例描述

用例编号：ECSHOP-HomePageView-Case001			
约束条件：服务器并无 IP 请求限制			
测试数据： N/A			
操作步骤		Action 名称	
1. 打开 http://192.168.1.124/，进入 ECShop 首页（IE11）		HomePageView	
2. 关闭 ECShop 首页		HomePageView	
优化策略			
优化项		是否需要	
注释		是	
思考时间		是	
事务点		是	
集合点		否	
参数化		否	
关联		否	
文本检查点		是（检查登录成功提示语"欢迎光临本店"）	
其他		N/A	
测试执行人：	Peter、Lucy	测试日期：	XXXX-XX-XX

【特别说明】：这里我们可以把一个用例看作是完整的业务场景，在一个场景中可以有一个或多个事务组成，事务数不代表业务数。

【特别说明】：服务器无 IP 请求限制，意味着我们无需为每个用户分配不同的 IP 地址进行测试，也就意味着本次测试可以不考虑使用 IP 欺骗。

2. 用户登录用例描述

用例编号： ECSHOP-UserLogin-Case001

约束条件： 服务器并无 IP 请求限制

测试数据： 需提前注册多组用于登录的用户名和密码

操作步骤	Action 名称
1. 打开 http://192.168.1.124/，进入 ECShop 首页（IE11）	HomePageView
2. 进入登录页面	UserLogin
3. 输入用户名、密码，单击"登录"按钮	UserLogin
4. 登录成功后，单击"退出"按钮	UserLogin

优化策略

优化项	是否需要		
注释	是		
思考时间	是		
事务点	是		
集合点	否		
参数化	是		
关联	是（SessionID 可能需要关联处理）		
文本检查点	是（检查登录成功提示语"登录成功"）		
其他	N/A		
测试执行人：	Peter、Lucy	测试日期：	XXXX-XX-XX

【特别说明】：一个用例就是我们后续创建的一个脚本，在一个脚本中可以包含多个参数，但在 LR12 中最多不能超过 64 个。如果一个脚本中的参数过多，建议拆分脚本。

3. 浏览商品用例描述

用例编号： ECSHOP- GoodsView -Case001

约束条件： 服务器并无 IP 请求限制

测试数据： 需提前添加多组一级分类、二级分类及商品详情

操作步骤	Action 名称
1. 打开 http://192.168.1.124/，进入 ECShop 首页（IE11）	HomePageView
2. 进入商品一级页面	GoodsView
3. 进入商品二级页面	GoodsView
4. 选择某个商品，查看商品详情	GoodsView

优化策略

优化项	是否需要

续表

注释	是
思考时间	是
事务点	是
集合点	否
参数化	是（商品分类 ID 及商品详情 ID）
关联	否
文本检查点	否
其他	N/A
测试执行人：	Peter、Lucy	测试日期：	XXXX-XX-XX

4. 信息检索用例描述

用例编号： ECSHOP-SearchView-001

约束条件： 服务器并无 IP 请求限制

测试数据： 需提前添加多个一级分类、二级分类及商品详情

操作步骤	Action 名称
1. 打开 http://192.168.1.124/，进入 ECShop 首页（IE11）	HomePageView
2. 在所有分类中搜索指定商品名称或品牌	SearchView

优化策略

优化项	是否需要
注释	是
思考时间	是
事务点	是
集合点	否
参数化	是（搜索分类及对应分类的商品）
关联	否
文本检查点	否
其他	N/A
测试执行人：	Peter、Lucy	测试日期：	XXXX-XX-XX

5. 用户订单用例描述

用例编号： ECSHOP-UserOrder-001

约束条件： 服务器并无 IP 请求限制

测试数据： 请提前确保商品库存充足，登录用户已事先填写了收货地址，且收货地址和配送区域匹配

操作步骤	Action 名称
1. 打开 http://192.168.1.124/，进入 ECShop 首页（IE11）	HomePageView
2. 进入登录页面后，输入用户信息，单击"登录"按钮	UserLogin
3. 返回上一页	UserLogin

续表

4. 选择某个商品，查看商品详情		UserOrder	
5. 加入商品到购物车		UserOrder	
6. 单击"结算中心"按钮进入结算页面		UserOrder	
7. 选择"上门取货"，选择"货到付款"模式		UserOrder	
8. 单击"确认订单"		UserOrder	
优化策略			
优化项		是否需要	
注释		是	
思考时间		是	
事务点		是	
集合点		否	
参数化		是（模拟不同用户、不同商品下单）	
关联		否	
文本检查点		是（检查下单成功提示语"提交成功"）	
其他		N/A	
测试执行人：	Peter、Lucy	测试日期：	XXXX-XX-XX

【特别说明】：用户下订单的方式有多种，因银行付款涉及同第三方系统对接，作为教学案例无法正常演示，本次仅考虑对"货到付款"方式进行脚本编写和执行。

> Lucy：Peter，测试用例写出来了，请检查。
>
> Peter：很好，没什么问题，剩下的就等我们实践的时候调整和验证了。
>
> Lucy：写完后我有一个疑问，感觉不写用例也能直接创建脚本呢？
>
> Peter：（笑）这没什么好奇怪的，用例是设计者脑子里所想的，目前脚本量不大，而且执行人和业务模型分析都是我们，所以你才会有这样的感觉。
>
> Lucy：原来如此，那以后如果项目规模不大，时间又相对紧张，我们可以跳过用例进行脚本创建。
>
> Peter：对，要活学活用，没有什么流程是固定的，适合企业的实际状况就好。

学习笔记

笔记一：性能测试用例多用在业务规模较大，且执行人和设计人可能不是同一个人的情况，小型项目可依据实际情况裁剪。但如果是外包项目，用户明确要求提交测试用例，则无论规模大小都应该编写用例。

笔记二：测试用例本身只是初步构想，编写用例的关键还是要熟悉业务，如果业务不熟悉，脚本设计本身就存在问题，后续的实施也会遇到诸多阻碍。即使熟悉业务，在实际脚本创建过程中也会适当调整录制过程和优化策略。

9.3.2　基础数据准备

数据准备一般来讲分为两类：一类是安装软件时系统自带的演示数据（也叫基础数据），另外一类就是为测试工作而提前准备的业务数据，这类数据需要我们在业务场景执行前提前准备。

Lucy 发现本次要准备的数据量并不少，手动添加肯定是不靠谱的，于是针对要准备的数据做了一张列表（表 9-11）。

表 9-11   测试基础数据列表

序号	类型	业务场景	数据要求	相关数据库表
1	用户数据	注册新用户	100 万注册用户数	ecs_users //注册用户

2	用户数据	添加用户收货地址	100 万可用收货地址	ecs_user_address
				//用户收货地址信息
				ecs_region
				//地区列表

3	商品数据	添加商品分类	建立一、二级分类	ecs_category //商品分类
4	商品数据	添加商品详情	100 件可下单商品，商品库存取最大值 65535	ecs_goods //商品信息 ecs_goods_gallery //商品相册 ecs_goods_activity //促销活动
5	组件安装	"配送方式"->安装"上门取货"组件	中国区域	ecs_shipping //配送方式配置信息表 ecs_shipping_area //配送区域
6	组件安装	"支付方式"->安装"货到付款"组件	N/A	ecs_payment //安装的支付方式配置信息

【特别说明】：系统要求支持 60 万的用户访问量/天，而我们需要提前准备 100 万用户数据，目的是为负载测试提供更多基础数据。

1. 用户数据准备过程

以下是用户数据准备过程。

介于需要构造的数据量庞大，一般采用如下两种构造办法：一种是直接在数据库后台找到相关数据库表通过 SQL 语句插入数据，另一种是利用 LR 构造随机数据，并执行脚本完成数据插入。

因系统注册用户和用户收货地址仅涉及 ecs_users 和 ecs_user_address 两张数据库表，数据关系相对简单，推荐采用第一种方式批量添加数据，SQL 语句执行顺序如下所示，相关 SQL 命令可在 http://www.51testing.com/html/92/n-3719892.html 处下载（ECSHOP 批量插入测试数据）：

```
01.f_randnum.sql  //随机生成指定范围的整数
02.f_randstr.sql  //生成指定长度的随机字符串(只包含小写字母)
03.f_randomSelectRegion.sql  //从 ECShop 的地区表中随机选择指定 ParentID 下的省市县或地区
04.p_generateUserAddress.sql  //自动生成指定 User 的默认地址信息，并返回 AddressID
05.p_generateTestUsers.sql  //自动生成指定数量的 User 数据
00.Initialize_100w_userdata.sql  //初始化 1000000 个用户，密码是 123456(如果想要修改密码可利用 LR
                                 //重新生成注册脚本，获取数据库中加密存储的密码)
```

如果想采用第二种办法，需要先录制注册和添加地址脚本，在注册脚本中找到 username，将参数设置为 Date/time 类型，参数取值设置为 "testuser_%Y%m%d%H%M%S.000"，如图

9-6 所示。

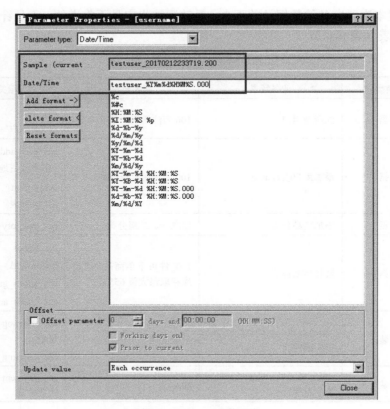

图 9-6　username 参数取值

此方法将以精确到毫秒的时间参数作为 username 的实际取值，避免了参数的重复性。在此基础上将注册脚本放入 Controller 场景中持续执行，直到产生足够多的注册用户数，再从数据库中取出这些用户名作为登录的参数即可。

【特别说明】：用户注册未纳入到业务模型的原因在于 60 万业务访问量下，并发用户注册是小概率事件，在业务规则相对简单的操作中，小于 5%的业务量并不会对系统性能产生较大影响，所以本次五大场景中并未考虑用户注册场景。

2. 商品数据准备过程

以下是商品数据准备过程。

添加新商品涉及多张数据库表和相关属性，且商品货号为系统自动生成，商品图片需提前准备，这些都加大了构造批量数据的难度。为方便读者操作，本次将利用 ECShop 后台管理系统商品复制功能，准备 100 条可下单商品数据，操作步骤如下所示。

（1）进入 ECShop 后台管理系统 http://192.168.1.124/admin/index.php。

（2）菜单栏选择"商品管理"->"商品列表"，选择任意商品复制。例如，联想 P806，单击"复制"按钮，如图 9-7 所示。

图 9-7　复制当前商品

（3）为复制商品添加缺失信息，包括在通用信息 Tab 页添加商品名称，上传商品图片，去掉促销价复选框，如图 9-8 所示；在其他信息 Tab 页修改商品库存数据量（修改商品库存数量为最大值 65535），如图 9-9 所示；最后单击"确定"按钮。

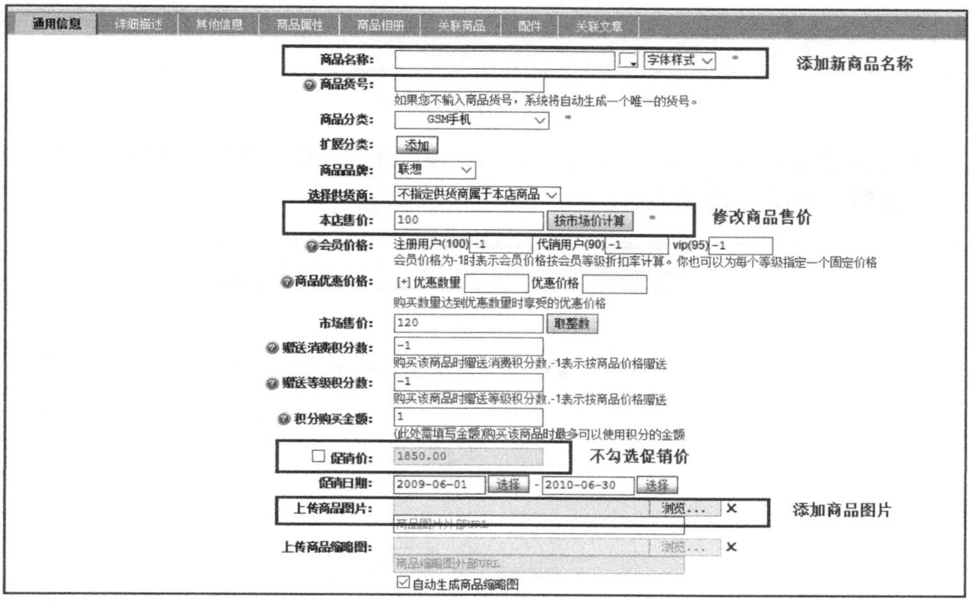

图 9-8 修改复制商品的通用信息

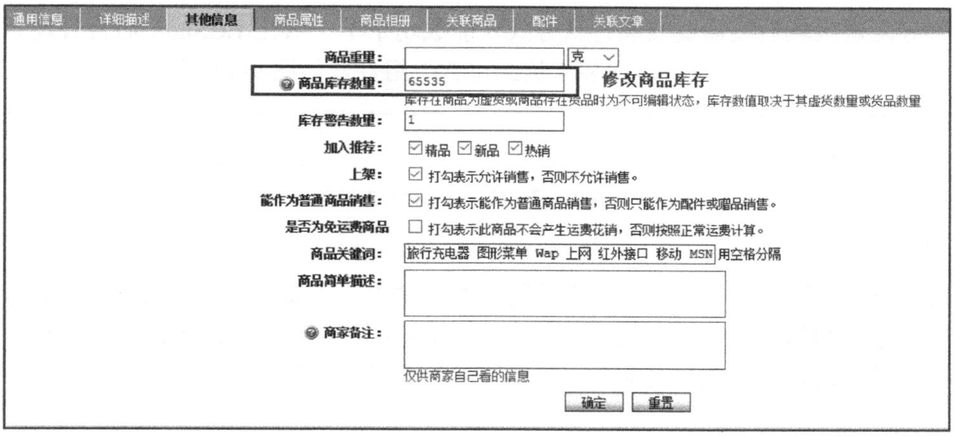

图 9-9 修改复制商品的其他信息

3. 其他准备过程

以下是其他准备过程。

为了让用户能够在指定地址收到货物，除了提前设置收货地址外，还需要在 ECShop 后台管理系统中选择"系统设置"->"配送方式"，安装"上门取货"组件，如图 9-10 所示。

图 9-10 已安装"上门取货"组件

　　安装"上门取货"组件后需要设置配送区域，单击图 9-10 中的"设置区域"选项，单击"新建配送区域"按钮，如图 9-11 所示。

图 9-11　新建配送区域

　　进入配送区域设置页面，添加配送区域为中国，单击+号按钮提示中国已全部勾选，单击"确定"按钮，如图 9-12 所示。

图 9-12　设置配送区域为中国

　　设置好配送区域后还需要安装付款方式才能成功下单，请在 ECShop 后台管理系统中选择"系统设置"->"支付方式"，安装"货到付款"组件，如图 9-13 所示。

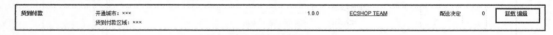

图 9-13　已安装"货到付款"组件

学习笔记

　　性能测试数据准备往往需要花费大量的时间和精力，需要测试人员熟悉系统业务，并了解数据库表结构间的关系，插入数据缺失或顺序不对都可能导致系统无法正常运行。所以性能测试团队成员最好能在项目初期介入，共同参与项目需求分析和设计。

9.3.3　测试脚本创建

　　准备好数据后，Lucy 和 Peter 一起手动操作了五个业务场景，确定功能无误后开始了性能测试脚本的录制，相关脚本请在 http://www.51testing.com/html/92/n-3719892.html 处下载（ECSHOP 脚本）。

　　1．首页访问脚本（仅展示 HomePageView Action）

```
HomePageView()
{
    web_cleanup_cookies();    //每次访问先清除 Cookies
        lr_think_time(3); //思考时间
```

```
            lr_start_transaction("homepageview");//开始事务
    web_reg_find("Text=欢迎光临本店",LAST); //检查点设置
            //首页访问
    web_url("192.168.1.124",
        "URL=http://192.168.1.124/",
        "TargetFrame=",
        "Resource=0",
        "RecContentType=text/html",
        "Referer=",
        "Snapshot=t6.inf",
        "Mode=HTML",
        EXTRARES,
        "Url=/themes/default/images/topNavBg.gif", ENDITEM,
        "Url=/themes/default/images/topNavR.gif", ENDITEM,
        "Url=/themes/default/images/bg.gif", ENDITEM,
        "Url=/themes/default/images/NavBg.gif", ENDITEM,
        "Url=/themes/default/images/searchBg.gif", ENDITEM,
        "Url=/themes/default/images/box_2Bg.gif", ENDITEM,
        "Url=/themes/default/images/bnt_search.gif", ENDITEM,
        "Url=/themes/default/images/h3title.gif", ENDITEM,
        "Url=/themes/default/images/lineBg.gif", ENDITEM,
        "Url=/themes/default/images/catBg.gif", ENDITEM,
        "Url=/themes/default/images/itemH2Bg.gif", ENDITEM,
        "Url=/themes/default/images/inputbg.gif", ENDITEM,
        "Url=/themes/default/images/foucsBg.gif", ENDITEM,
        "Url=/data/flashdata/dynfocus/data.js", ENDITEM,
        "Url=/themes/default/images/helpTitBg.gif", ENDITEM,
        "Url=/themes/default/images/logo1.gif", ENDITEM,
        "Url=/themes/default/images/footerLine.gif", ENDITEM,
        "Url=/data/flashdata/dynfocus/dynfocus.swf", ENDITEM,
        "Url=/data/afficheimg/20081027angsif.jpg", "Referer=http://192.168.1.124/data/f
          lashdata/dynfocus/dynfocus.swf", ENDITEM,
        "Url=/data/afficheimg/20081027xuorxj.jpg", "Referer=http://192.168.1.124/data/f
          lashdata/dynfocus/dynfocus.swf", ENDITEM,
        "Url=/data/afficheimg/20081027wdwd.jpg", "Referer=http://192.168.1.124/data/fla
          shdata/dynfocus/dynfocus.swf", ENDITEM,
        LAST);
    lr_end_transaction("homepageview", LR_AUTO);//结束事务
    lr_think_time(2); //思考时间
    return 0;
}
```

【特别说明】：请在脚本中插入web_cleanup_cookies函数，排除cookie对脚本性能的影响。

2. 用户登录脚本（仅展示 UserLogin Action）

```
UserLogin()
{
    lr_think_time(8);//思考时间
    //进入登录页面
    lr_start_transaction("LoginPage");//开始事务
    web_url("user.php",
        "URL=http://192.168.1.124/user.php",
        "TargetFrame=",
        "Resource=0",
        "RecContentType=text/html",
        "Referer=http://192.168.1.124/",
```

```
    "Snapshot=t2.inf",
    "Mode=HTML",
    EXTRARES,
    "Url=/themes/default/images/ur_bg1.gif", ENDITEM,
    "Url=/themes/default/images/bnt_ur_log.gif", ENDITEM,
    "Url=/themes/default/images/ur_bg.gif", ENDITEM,
    "Url=/themes/default/images/uh_bg.gif", ENDITEM,
    LAST);
lr_end_transaction("LoginPage", LR_AUTO);//结束事务
lr_think_time(18);//思考时间
 //输入用户名密码进行登录操作
lr_start_transaction("Login");//开始事务
web_reg_find("Text=登录成功",LAST);//检查点设置
    web_submit_data("user.php_2",
    "Action=http://192.168.1.124/user.php",
    "Method=POST",
    "TargetFrame=",
    "RecContentType=text/html",
    "Referer=http://192.168.1.124/user.php",
    "Snapshot=t3.inf",
    "Mode=HTML",
    ITEMDATA,
    "Name=username", "Value={username}", ENDITEM, //参数化 username
    "Name=password", "Value={password}", ENDITEM, //参数化 password
    "Name=act", "Value=act_login", ENDITEM,
    "Name=back_act", "Value=http://192.168.1.124/", ENDITEM,
    "Name=submit", "Value=", ENDITEM,
    EXTRARES,
    "Url=/themes/default/images/bg.gif", "Referer=http://192.168.1.124/", ENDITEM,
    "Url=/themes/default/images/NavBg.gif", "Referer=http://192.168.1.124/", ENDITEM,
     "Url=/themes/default/images/topNavR.gif", "Referer=http://192.168.1.124/", ENDITEM,
    "Url=/themes/default/images/searchBg.gif", "Referer=http://192.168.1.124/", ENDITEM,
    "Url=/themes/default/images/topNavBg.gif", "Referer=http://192.168.1.124/", ENDITEM,
    "Url=/data/flashdata/dynfocus/data.js", "Referer=http://192.168.1.124/", ENDITEM,
    "Url=/themes/default/images/box_2Bg.gif", "Referer=http://192.168.1.124/", ENDITEM,
    "Url=/themes/default/images/bnt_search.gif", "Referer=http://192.168.1.124/", ENDITEM,
    "Url=/themes/default/images/h3title.gif", "Referer=http://192.168.1.124/", ENDITEM,
    "Url=/themes/default/images/lineBg.gif", "Referer=http://192.168.1.124/", ENDITEM,
     "Url=/themes/default/images/catBg.gif", "Referer=http://192.168.1.124/", ENDITEM,
     "Url=/themes/default/images/inputbg.gif", "Referer=http://192.168.1.124/", ENDITEM,
    "Url=/themes/default/images/itemH2Bg.gif", "Referer=http://192.168.1.124/", ENDITEM,
    "Url=/themes/default/images/foucsBg.gif", "Referer=http://192.168.1.124/", ENDITEM,
    "Url=/themes/default/images/helpTitBg.gif", "Referer=http://192.168.1.124/", ENDITEM,
    "Url=/themes/default/images/footerLine.gif", "Referer=http://192.168.1.124/", ENDITEM,
    "Url=/themes/default/images/logo1.gif", "Referer=http://192.168.1.124/", ENDITEM,
    LAST);
 lr_end_transaction("Login", LR_AUTO);//结束事务
```

```
            return 0;
}
```

【特别说明】：注意脚本中的参数 username 的设置，本次选择 Import Parameter 外部导入参数的方式，设置参数的办法有很多种，你可以手动添加，当然对于数据量太大的情况并不可取，这里我们用 Windows 批处理方式一次性生成 10 万个 testuser_1~testuser_100000 的记录，批处理命令如下所示：

```
for /L %i in (1,1,100000) do echo testuser_%i>>userlist.txt
```

【特别说明】：通过外部导入参数，但在 Parameter Properties 属性对话框中仅展示前 100 条数据，可以通过 "Edit with Notepad..." 按钮查看全部导入的参数是否正确。

【特别说明】：为保证并发场景用户登录唯一性，在参数取值方式上，请选择 Unique+ Each iteration 的取值方式。

【特别说明】：原本在用例设计时预估可能会出现 SessionID 不一致的问题，计划用关联来解决，但实际脚本录制后发现服务器并未返回变量，所以没有建关联的必要。

3. 浏览商品脚本（仅展示 GoodsView Action）

```
GoodsView()
{
    lr_think_time(31);//思考时间
    //商品一级分类页面
    lr_start_transaction("level1category");//开始事务
    web_url("手机类型",
        "URL=http://192.168.1.124/category.php?id={categoryid}", //参数化1级目录
        "TargetFrame=",
        "Resource=0",
        "RecContentType=text/html",
        "Referer=http://192.168.1.124/",
        "Snapshot=t8.inf",
        "Mode=HTML",
        EXTRARES,
        "Url=/themes/default/images/uh_bg.gif", "Referer=http://192.168.1.124/category.
          php?id={categoryid}", ENDITEM,
        "Url=/themes/default/images/compareSub.gif", "Referer=http://192.168.1.124/cate
          gory.php?id={categoryid}", ENDITEM,
        "Url=/themes/default/images/compareBg.gif", "Referer=http://192.168.1.124/categ
          ory.php?id={categoryid}", ENDITEM, LAST);
    lr_end_transaction("level1category", LR_AUTO);//结束事务
    //商品二级分类页面
    lr_start_transaction("level2category");//开始事务
    web_url("CDMA手机",
        "URL=http://192.168.1.124/category.php?id={categoryid2}", //参数化2级目录
        "TargetFrame=",
        "Resource=0",
        "RecContentType=text/html",
        "Referer=http://192.168.1.124/category.php?id={categoryid}",
        "Snapshot=t9.inf",
        "Mode=HTML",
        LAST);
    lr_end_transaction("level2category", LR_AUTO);//结束事务
    //商品详情页面
    lr_start_transaction("goodsdetail");//开始事务
```

```
    web_url("飞利浦 9v",
        "URL=http://192.168.1.124/goods.php?id={goodsid}", //参数化商品 id
        "TargetFrame=_blank",
        "Resource=0",
        "RecContentType=text/html",
        "Referer=http://192.168.1.124/category.php?id={categoryid2}",
        "Snapshot=t10.inf",
        "Mode=HTML",
        LAST);
  lr_end_transaction("goodsdetail", LR_AUTO);//结束事务
    return 0;
}
```

【特别说明】：注意脚本中商品分类 id 及商品 id 的参数化设置，参数化取值请参考数据库相关字段。

（1）category id 参数化取值，请参考数据库 table ecs_category。

（2）goods id 参数化取值，请参考数据库 table ecs_goods。

【特别说明】：浏览商品具有随机性，在参数化设计上建议选择随机，且无需关注商品分类和商品 id 的对应关系。

4. 信息检索脚本（仅展示 SearchView Action）

```
SearchView()
{
    //在所有分类中搜索指定商品
    lr_start_transaction("searchkeywords");//开始事务
        web_submit_data("search.php",
        "Action=http://192.168.1.124/search.php",
        "Method=GET",
        "EncType=",
        "TargetFrame=",
        "RecContentType=text/html",
        "Referer=http://192.168.1.124/",
        "Snapshot=t7.inf",
        "Mode=HTML",
        ITEMDATA,
        "Name=category", "Value=", ENDITEM, //category value 为空，表示所有分类
        "Name=keywords", "Value={keywords}", ENDITEM, //参数化
        "Name=imageField", "Value=", ENDITEM,
        EXTRARES,
        "Url=/themes/default/images/uh_bg.gif", "Referer=http://192.168.1.124/search.php?enc
ode=YTo0OntzOjg6ImNhdGVnb3J5IjtzOjE6IjMiO3M6ODoia2V5d29yZHMiO3M6Njoi6IGU5oOzIjtzOjEwOiJpbWFnZUZpZ
WxkIjtzOjA6IiI7czoxODoic2VhcmNoX2VuY29kZV90aW1lIjtpOjE0ODMzNDk5NDQ7fQ==", ENDITEM,
        "Url=/themes/default/images/compareBg.gif", "Referer=http://192.168.1.124/search.p
hp?encode=YTo0OntzOjg6ImNhdGVnb3J5IjtzOjE6IjMiO3M6ODoia2V5d29yZHMiO3M6Njoi6IGU5oOzIjtzOjEwOiJpb
WFnZUZpZWxkIjtzOjA6IiI7czoxODoic2VhcmNoX2VuY29kZV90aW1lIjtpOjE0ODMzNDk5NDQ7fQ==", ENDITEM,
        "Url=/themes/default/images/compareSub.gif", "Referer=http://192.168.1.124/search.
php?encode=YTo0OntzOjg6ImNhdGVnb3J5IjtzOjE6IjMiO3M6ODoia2V5d29yZHMiO3M6Njoi6IGU5oOzIjtzOjEwOiJp
bWFnZUZpZWxkIjtzOjA6IiI7czoxODoic2VhcmNoX2VuY29kZV90aW1lIjtpOjE0ODMzNDk5NDQ7fQ==", ENDITEM,
        LAST);
    lr_end_transaction("searchkeywords", LR_AUTO);//结束事务
    return 0;
}
```

【特别说明】：注意脚本中商品搜索关键字的设置，可以混合商品品牌、商品名称、商品编号进行参数化，参数化取值请参考数据库相关字段。

5. 用户订单脚本（仅展示 UserOrder Action）

```
UserOrder()
{
    lr_think_time(24);//思考时间
    //选择某个商品，查看商品详情
        web_url("goods.php",
            "URL=http://192.168.1.124/goods.php?id={goodsid}",
            "TargetFrame=",
            "Resource=0",
            "RecContentType=text/html",
            "Referer=http://192.168.1.124/",
            "Snapshot=t9.inf",
            "Mode=HTML",
            LAST);
    lr_think_time(24);//思考时间
        //加入商品到购物车
    lr_start_transaction("AddShoppingCart");//开始事务
    web_custom_request("flow.php",
        "URL=http://192.168.1.124/flow.php?step=add_to_cart",
        "Method=POST",
        "TargetFrame=",
        "Resource=0",
        "RecContentType=text/html",
        "Referer=http://192.168.1.124/goods.php?id={goodsid}",
        "Snapshot=t12.inf",
        "Mode=HTML",
        "Body=goods={\"quick\":1,\"spec\":[],\"goods_id\":{goodsid},\"number\":\"1\",\"
            parent\":0}", LAST);
    web_url("flow.php_2",
        "URL=http://192.168.1.124/flow.php?step=cart",
        "TargetFrame=",
        "Resource=0",
        "RecContentType=text/html",
        "Referer=http://192.168.1.124/goods.php?id={goodsid}",
        "Snapshot=t13.inf",
        "Mode=HTML",
        LAST);
    lr_end_transaction("AddShoppingCart",LR_AUTO); //结束事务
    lr_think_time(39);//思考时间
        //加入商品到结算中心
    lr_start_transaction("AccountingCenter"); //开始事务
    web_url("checkout",
        "URL=http://192.168.1.124/flow.php?step=checkout",
        "TargetFrame=",
        "Resource=0",
        "RecContentType=text/html",
        "Referer=http://192.168.1.124/flow.php?step=cart",
        "Snapshot=t14.inf",
        "Mode=HTML",
        LAST);
    lr_end_transaction("AccountingCenter",LR_AUTO); //结束事务
    lr_think_time(29); //思考时间
//确认商品订单
```

```
lr_start_transaction("SubmitOrder"); //开始事务
web_reg_find("Text=订单已提交成功",LAST); //检查点设置
web_submit_data("flow.php_3",
    "Action=http://192.168.1.124/flow.php?step=done",
    "Method=POST",
    "TargetFrame=",
    "RecContentType=text/html",
    "Referer=http://192.168.1.124/flow.php?step=checkout",
    "Snapshot=t15.inf",
    "Mode=HTML",
    ITEMDATA,
    "Name=shipping", "Value=8", ENDITEM, //上门取货
    "Name=payment", "Value=3", ENDITEM, //货到付款
    "Name=pack", "Value=0", ENDITEM,
    "Name=card", "Value=0", ENDITEM,
    "Name=card_message", "Value=", ENDITEM,
    "Name=bonus", "Value=0", ENDITEM,
    "Name=bonus_sn", "Value=", ENDITEM,
    "Name=postscript", "Value=", ENDITEM,
    "Name=how_oos", "Value=0", ENDITEM,
    "Name=step", "Value=done", ENDITEM,
    "Name=x", "Value=95", ENDITEM,
    "Name=y", "Value=18", ENDITEM,
    LAST);
lr_end_transaction("SubmitOrder",LR_AUTO); //结束事务
lr_think_time(22); //思考时间
return 0;
}
```

【特别说明】：注意用户下订单需要参数化商品 id，请排除未上架销售的商品、无法单独销售的配件或者赠品，以及充值卡类型的商品（这几类商品没有配送和付款流程）。

【特别说明】：注意配送方式和支付方式的选择，shippingID=8 表示上门取货，paymentID=3表示货到付款，因演示程序无法同银行系统对接，本次并没有参数化配送方式和支付方式，在实际项目中应注意此处的参数化。

【特别说明】：订单脚本应尽量简洁，仅包含和订单有关的必要内容，例如，本次没有访问商品分类页面，而是直接选择指定商品进行订购。

学习笔记

笔记一：脚本在实际操作中会遇到许多问题，需要不断调试和修改脚本中的数据才能保证在场景运行中正常使用脚本。

笔记二：录制每个脚本目标要明确，尽量不要增加额外业务操作，可以考虑利用 Action拆分脚本，保证脚本的可读性。

9.4   测试执行

9.4.1   Linux 指标监控

在脚本运行前需要设置各类监控指标，LR12 对 Linux 终端监控办法如下所示。

步骤 1：我们需要在被监控的 Linux 服务器上安装 rstatd 服务，并确保该服务器与 LR 服务器能够正常通信，以 Linux 操作系统 CentOS 7 为例，使用如下命令安装：

```
$ sudo yum install rusers-server
```

安装成功后通过以下命令启动：

```
$ sudo systemctf enable rstatd//启用
$ sudo systemctl start rstatd//启动
$ sudo systemctl status rstatd//查看状态
```

【特别说明】：如果发现服务器重启后不能监控 Linux 指标，请重启 rpc.rstatd。

步骤 2：在 Controller 的"Run"选项卡中，选择 System Resources Graphs->UNIX Resources 并将其拖曳到右侧的资源监控区域。

步骤 3：添加度量项的步骤同 Windows 指标监控类似（详见 6.3.1 章节"Windows 指标监控"）。单击鼠标右键，选择 Add Measurements，添加待监控的 Linux 服务器的 IP 地址，最后选择要添加的监控指标即可。如图 9-14 所示。

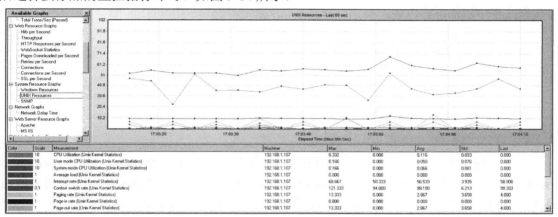

图 9-14　监控 Linux 指标

LR 监控 Linux 的常用指标如表 9-12 所示，本次我们将同时监控 192.168.124（Apache 所在服务器）和 192.168.1.200（MySQL 所在服务器）。

表 9-12 　　　　　　　　　　　ECSHOP Linux 监控项

Object（对象）	Counters（计数器）	Analysis（分析）
Processer	Average load（Unix Kernel Statistics）	上一分钟同时处于"就绪"状态的平均进程数（在过去的 1 分钟的平均负载）
	CPU Utilization（Unix Kernel Statistics）	CPU 使用时间的百分比
I/O	Disk Traffic（Unix Kernel Statistics）	磁盘传输率
Memory	Page-in rate（Unix Kernel Statistics）	指标表明的是每秒交换到物理内存中的页面数（每秒从磁盘读到的物理内存）
	Swap-in rate（Unix Kernel Statistics）	每秒交换到内存的进程数
	Swap-out rate（Unix Kernel Statistics）	每秒从内存交换出来的进程数

LR 监控 Linux 系统资源指标，详见附录 C "LR 主要计数器指标"。

【补充说明】：目前比较流行的监控方式是使用 nmon（Nigel's Monitor）进行 Linux 系统资源的监控，该工具可以将服务器系统资源消耗的数据收集起来，利用 nmon analyser 进行数据统计分析。详见"扩展篇"的相关介绍。

学习笔记

Linux 指标和 Windows 并不完全相同，但无论是哪种操作系统，CPU、I/O 和内存指标的监控都应该是首选，不要在众多的指标中迷失了方向。

9.4.2　Apache 指标监控

LR12 对 Apache2.4 的监控方式操作也并不复杂，过程如下所示。

步骤 1：编辑 Apache 服务配置文件 /etc/httpd/conf/httpd.conf。

```
$ sudo vi /etc/httpd/conf/httpd.conf
```

在文件中添加下面内容：

```
<Location /server-status>
    SetHandler server-status
    Order allow,deny
    Allow from all
</Location>
```

步骤 2：保存以上文件操作，并重启 httpd 服务。

```
$ sudo systemctl restart httpd
```

步骤 3：通过 URL 访问到 server-status。访问地址如下。http://192.168.1.124/server-status?auto&refresh=5 192（本书 ECShop Apache 服务器的 IP 地址为 192.168.1.124，请读者注意替换），如果能够成功显示服务器的性能数据，说明 server status 模块成功启动。如图 9-15 所示。

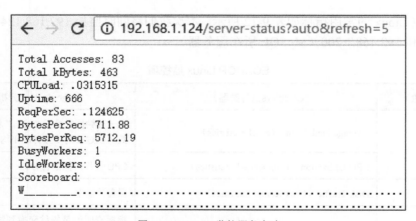

图 9-15　Apache 监控服务启动

步骤 4：在 Controller 的 "Run" 选项卡中，在 Available Graphs 区域，选择 Web Server Resource Graphs->Apache 并将其拖曳到右侧的资源监控区域，如图 9-16 所示。

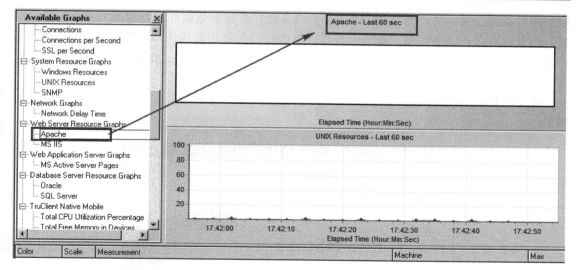

图 9-16　Apache 页面区域

步骤 5：添加度量项的步骤同 Windows 指标监控类似。单击鼠标右键，选择 Add Measurements，添加待监控的 Apache 服务器的 IP 地址，如图 9-17 所示。最后选择要添加的监控指标（图中的指标全部选择），ECShop 使用默认 80 端口。

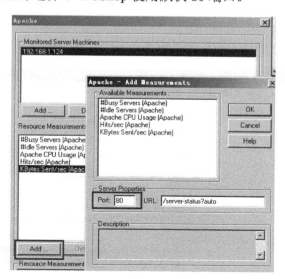

图 9-17　添加 ECShop Apache 监控项

【特别说明】：在 LR12 中添加 Apache 监控指标后，若发现部分指标监控失败，请参考 6.3.2 章节"Apache 指标监控"细则。

Apache 主要监控指标的理解，详见附录 C "LR 主要计数器指标"。

9.4.3　MySQL 指标监控

LR 没有自带的 MySQL 资源监控指标，需要通过 HP Site Scope 工具辅助完成。由于 HP SiteScope 中，支持从操作系统到数据库在内的多种性能监控对象，同时能从这些监控对象获取数据并通过 Web API 的形式公布出来，而 LR 可以将这种数据作为监控源。

因篇幅有限，诸多细节无法逐一描述，下面仅做关键步骤描述，详细安装及操作细节可在 http://www.51testing.com/html/92/n-3719892.html 处下载（HP Site Scope11 安装说明）。

1．安装 HP SiteScope 11.30 for Windows 64bit (Trial)

在 192.168.1.103（LR12 压力机）以管理员权限运行安装程序，启动安装向导，如图 9-18 所示。

图 9-18　HP SiteScope 初始化界面

当安装向导初始化完成后，会显示如图 9-19 所示的安装界面。

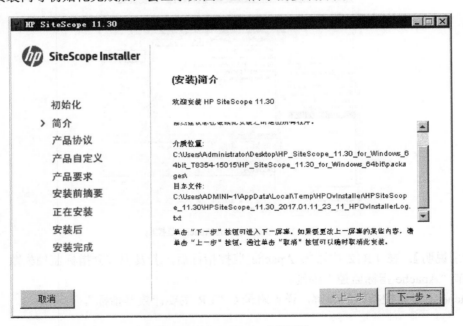

图 9-19　HP SiteScope 安装界面

依据文档提示，选择"下一步"按钮，安装过程大约会持续 10 至 15 分钟，安装程序将自动打开 HP SiteScope 配置向导，如图 9-20 所示，单击"下一步"按钮继续。

图 9-20　HP SiteScope 配置向导界面

安装时注意端口号不要被其他程序占用，本书使用 8088 端口，如图 9-21 所示。

图 9-21　HP SiteScope 配置向导端口选择

配置向导将安装一些依赖组件，当配置向导完成安装后，会出现如图 9-22 所示的界面，表示已完成安装，单击完成按钮。

图 9-22 HP SiteScope 配置向导安装完成

在 IE 浏览器打开 http://192.168.1.103:8088（该地址是本书安装 SiteScope 服务的机器地址）。由于是首次使用 SiteScope，还会弹出确认是否运行 HP SiteScope Java 程序的对话框，如果浏览器所在机器没有安装 jre (Java Runtime Environment)，可能不会弹出这个提示窗口，请先安装 Java Runtime，再打开 SiteScope 页面。

【特别说明】：由于 Google Chrome 浏览器已不再支持 Java Applet 小程序，建议使用 IE 浏览器打开。

如果一切正常即可看到 HP SiteScope 11.30 的主界面，如图 9-23 所示。

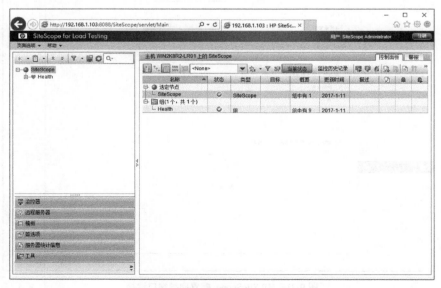

图 9-23 HP SiteScope 11.30 主页面

2. HP SiteScope 配置 MySQL 性能监控器

由于 HP SiteScope 不能直接支持 MySQL 数据库的链接，请先到 MySQL 官网下载 JDBC 驱动。

MySQL 官网下载地址：https://dev.mysql.com/downloads/connector/j/。

然后将下载的驱动文件 mysql-connector-java-5.1.40-bin.jar 放入 SiteScope 的安装目录的 java\lib\ext 中。如图 9-24 所示。

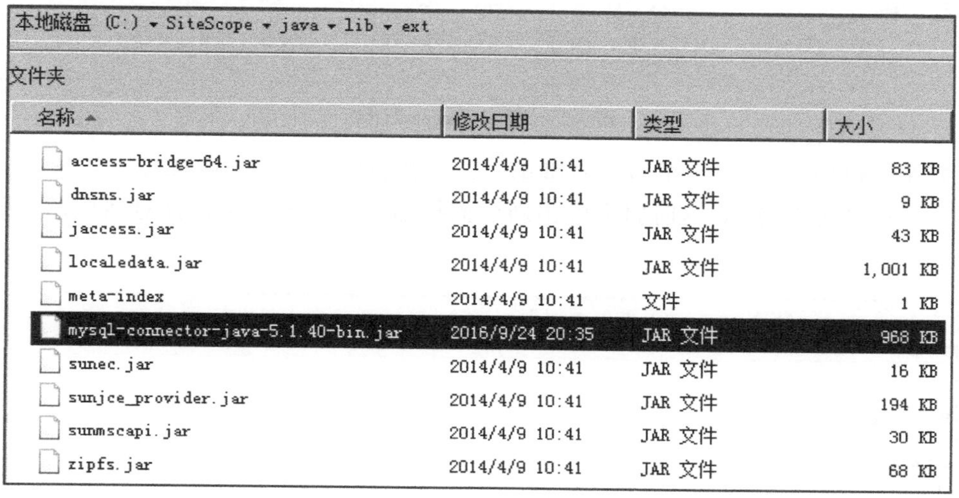

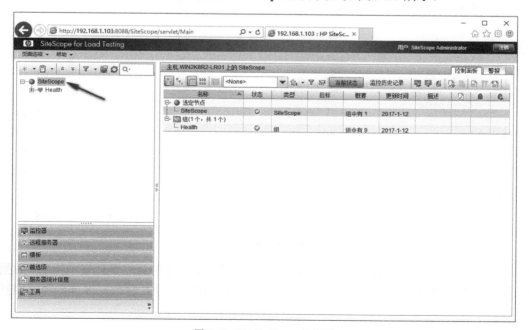

图 9-24　放入 JDBC 驱动文件

重启 SiteScope 服务或者直接重启 SiteScope 所安装的机器以确保新安装的 JDBC 驱动能够正常加载。重启之后在浏览器中打开 SiteScope 主界面，如图 9-25 所示。

图 9-25　HP SiteScope 主界面

左边的导航栏会显示监控器视图，在 SiteScope 根节点上右键单击，在弹出的右键菜单中选择"新建"，然后在子菜单中选择"组"，这样就可以打开"新建组"对话框。在组名中输入 ecshop，然后单击确定按钮完成组的创建。如图 9-26 所示。

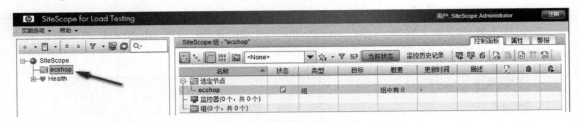

图 9-26　HP SiteScope 创建组

然后在创建的 ecshop 组节点上右键单击，在弹出的右键菜单中选择"新建"，然后在子菜单中选择"监控器"。这时将会弹出新建监控器的监控器类型选择对话框，如图 9-27 所示。

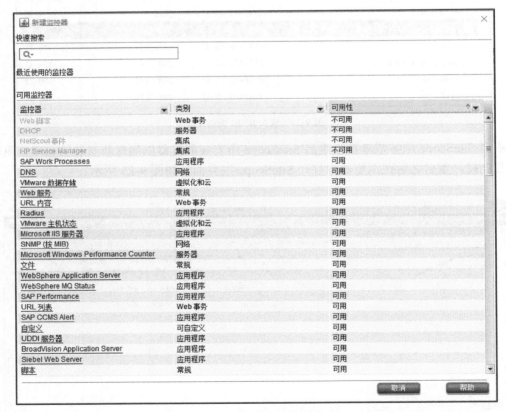

图 9-27　HP SiteScope 新建监控器类型

可以在快速搜索框中输入"数据库计数器"，或者直接在可用监控器列表中找到"数据库计数器"，如图 9-28 所示，单击"数据库计数器"，这样就打开了新建数据库计数器监控器对话框。

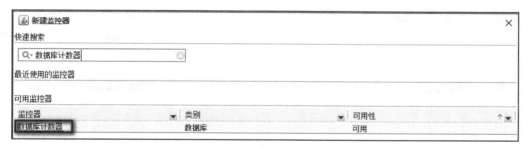

图 9-28　HP SiteScope 新建数据库计数器

在新建数据库计数器监控器对话框中，首先输入监控器的名称，我们这里可以输入 ecshop 作为监控器名称。然后在下面的数据库计数器监控器设置区域中，设置如下的数据库连接信息。这里的 ECShop 数据库服务器 IP 是 192.168.1.200，并且 MySQL 服务运行在默认端口 3306 上，如表 9-13 所示。

表 9-13　　　　　　　　　　　　　　　数据库计数器监控设置

数据库计数器监控设置	填写内容
数据库连接 URL	jdbc:mysql://192.168.1.200:3306/ecshop
查询	show status
数据库驱动程序	com.mysql.jdbc.Driver

在凭据设置选择"使用用户名和密码"，输入数据库服务器的账号和密码，然后单击"获取计数器"按钮，如果上面配置的数据库连接信息无误，数据库驱动正确，这里就能打开从 ECShop 数据库服务器中获取的数据库计数器列表。如图 9-29 所示。

图 9-29　数据库计数器列表

【特别说明】：ECShop 选择的数据库监控指标请参考附录 C "LR 主要计数器指标"。选择完成后，回到 HP SiteScope 的运行界面。在监控器中选中创建的 ecshop 监控器，右边的监控器窗口可以看到我们选择的计数器的值，如图 9-30 所示。

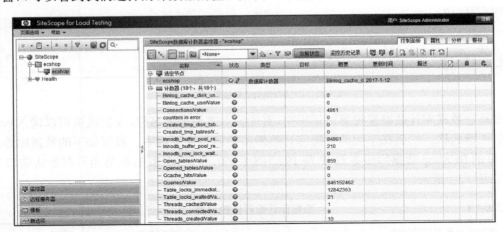

图 9-30　HP SiteScope 数据库监控指标

由于 SiteScope 通过一个运行在固定端口 8888 的 WEB API 提供计数器服务，所以我们可以用浏览器打开下面的地址，注意其中的 IP 地址是我们安装 SiteScope 的服务器地址。

http://192.168.1.103:8888/SiteScope/cgi/go.exe/SiteScope?page=topaz

如果能够显示类似信息，说明 WEB API 工作正常，其中还可以看到我们创建的监控器及其中包含的计数器信息。到此 SiteScope 的安装和配置全部完成。

完成 HP SiteScope 的安装及配置后，在 LR Controller 窗口的监控指标中就能够看到 SiteScope 相关的选项，剩下的工作就是完成 ECShop 系统 MySQL 度量项的添加。

步骤 1：在 LR Controller 添加 MySQL 度量项。

在 Available Graphs 区域下找到 SiteScope Graphs->SiteScope，并将其拖曳到右边的资源监控区域，如图 9-31 所示。

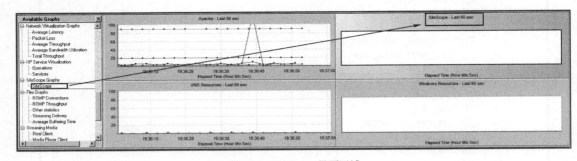

图 9-31　SiteScope 界面区域

步骤 2：添加度量项的步骤同 Windows 指标监控类似。单击鼠标右键，选择 Add Measurements，这里需要注意的是，我们不指向 192.168.1.200（数据库服务器），而是指向部署了 SiteScope 的设备（部署在 LR 的压力机上 192.168.1.103），端口请选择 8888，如图 9-32 所示。

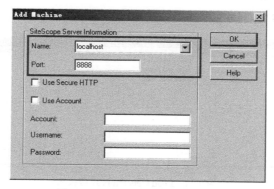

图 9-32　Add Machine for SiteScope

然后选择要添加的监控指标，LR 会带出 SiteScope 所选择的数据库监控指标，单击"OK"按钮，监控设置完成。如图 9-33 所示。

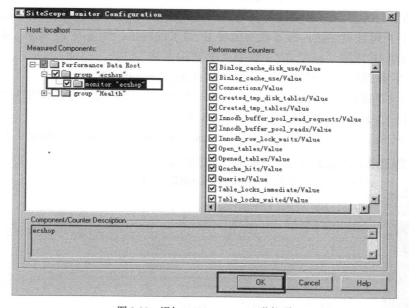

图 9-33　添加 ECShop MySQL 监控项

MySQL 主要监控指标的理解，详见附录 C "LR 主要计数器指标"。

9.4.4　业务场景检查

本次性能测试分为独立业务和组合业务测试场景两大类，在脚本运行前，需要完成最后的准备工作。在 Peter 的提醒下，Lucy 对如下环节做了复查。

1.　检查运行时设置（Run-Time Settings）

（1）请确保脚本启用了思考时间，推荐使用随机百分比模式。

（2）请确保日志为标准日志，尽量不要使用扩展日志，节约存储空间。

2.　检查负载机连接（Load Generators）

在脚本运行前，请确保 Load Generators 连接处于 Ready 状态，该项目的负载机设备为

192.168.1.135 和 192.168.1.136，如图 9-34 所示。

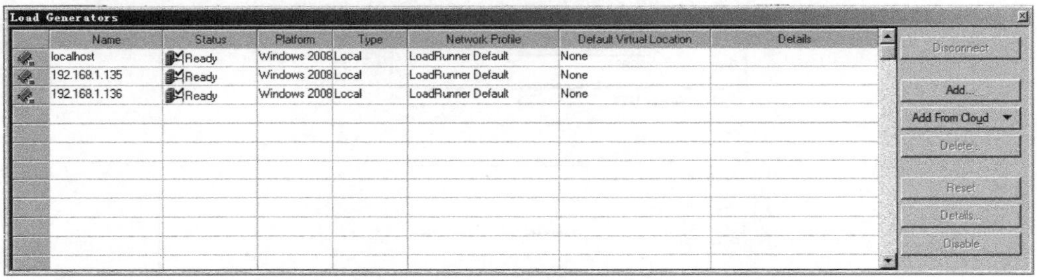

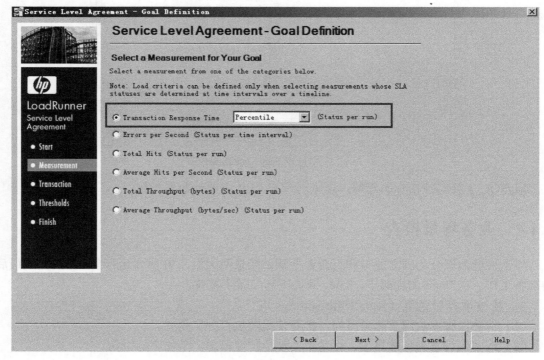

图 9-34   Load Generators 连接状态

在实际场景中请选择合适的负载设备，本次项目推荐单场景由一台负载机发起压力，而组合场景由两台负载机分别发起压力（添加负载机的方法请参考 6.2.2 章节"联机负载实战"）。

3. 检查是否启用 IP 欺骗（Enable IP Spoofer）

在运行场景前需要注意系统是否有同 IP 不能登录多个用户的问题（IP 限制问题）。本次项目并未限制 IP 地址单连接，故本次不做多 IP 请求的模拟。如果有 IP 限制，需要设置多个 IP 地址，并启用 IP 欺骗（详见 6.2.3 章节"IP 欺骗实战"）。

4. 检查事务预设目标设定（Service Level Agreement（SLA））

为场景预设事务目标是为了方便后期的指标分析。（预设目标的方法请参考 7.2.2 章节"如何分析预设目标"。）以"首页访问"场景为例，操作方式如下。

步骤 1：在 SLA 中选择 Transaction Response Time 为百分比模式，如图 9-35 所示。

图 9-35   添加事务的 SLA

步骤 2：选择预设目标事务 "homepageview"，如图 9-36 所示。

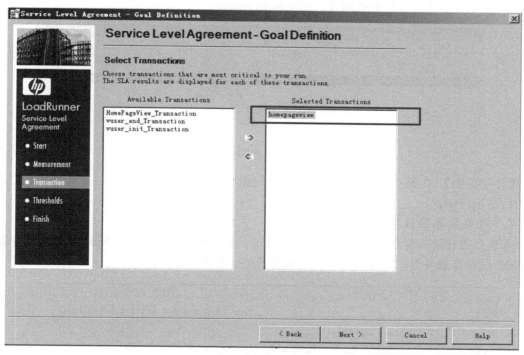

图 9-36　选择首页访问事务

步骤 3：按 "首页访问" 业务场景要求，设置 95% 的事务在 2 秒内结束，如图 9-37 所示。

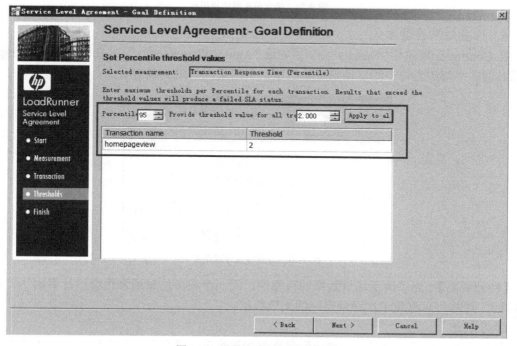

图 9-37　设置首页访问事务的阈值

以上步骤完成后,在 Service Level Agreement(SLA)区域将出现 Transaction Response Time 选项, LR 允许对预设目标进行修改。如图 9-38 所示:

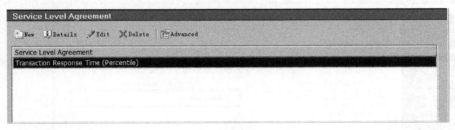

图 9-38　首页访问事务阈值设置完成

【特别说明】:在每个场景运行前,请务必检查 SLA 的设置,因为每个脚本的事务是不相同的,切记,切记。

5. 检查服务器监控指标

本次要监控的指标包括两台服务器的操作系统 CentOS 7 x64,以及 Apache 应用服务器和 MySQL 数据库服务器。上述项指标均为实时监控,如图 9-39 所示。

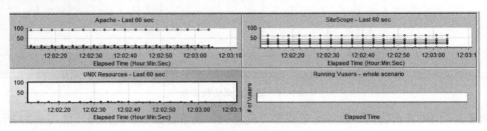

图 9-39　检查服务器监控指标

6. 检查结果存储方式

在 Controller 菜单栏"Results"下,请勾选"Auto Collate Results",并在"Results Settings"选项对话框中勾选为每个测试场景自动创建一个结果,如图 9-40 所示。

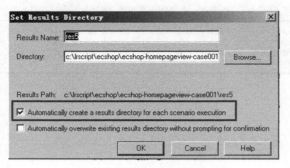

图 9-40　检查结果存储方式

【特别说明】:为了确保场景数据的可靠性,同一个业务场景通常也会运行多次(一般为 2~3 次),这样可以避免单次异常带来的无效数据。

学习笔记

业务场景运行前一定要反复检查设置和脚本的情况,确保可以正常运行,并收集到有效数据,否则脚本运行后的分析工作无法正常展开。

9.4.5 独立业务场景运行

独立业务场景共有五个，下面是 Lucy 执行每个场景的基本情况介绍。

1. 首页访问模块

单用户脚本——运行持续 10 分钟，获取平均响应时间、资源利用率等单交易基准（基准测试），业务场景如图 9-41 所示。

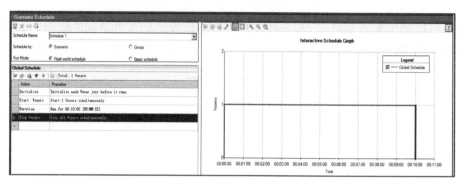

图 9-41 单用户场景设置（首页访问）

场景设置完成后运行脚本，得到单用户场景持续 10 分钟的运行结果，如图 9-42 所示。

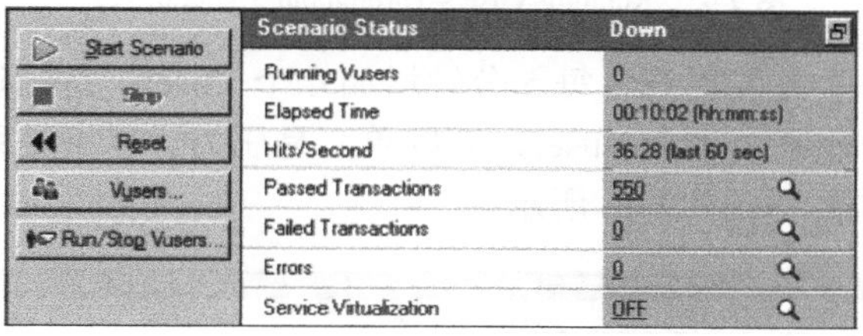

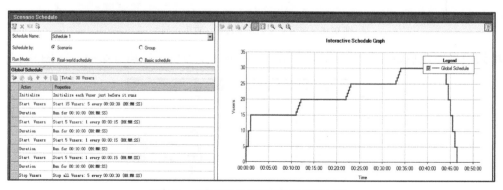

图 9-42 单用户场景运行结果（首页访问）

多用户脚本——用户数按 15-20-25-30 递增，每个阶梯持续 10 分钟不断加压，直到性能指标达到极限（响应时间大于预期值，或者资源利用率超过业务场景规定的上限），获取单交易负载。业务场景如图 9-43 所示。

图 9-43 多用户负载场景设置（首页访问）

场景设置完成后运行脚本，得到多用户负载场景的运行结果，如图 9-44 所示。

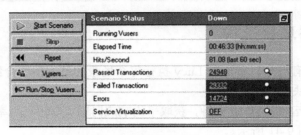

图 9-44 多用户负载场景运行结果（首页访问）

从图中可以初步判断系统在 25 个并发用户数的位置达到首页访问的极限，如图 9-45 所示。如果要实现 23 个并发用户持续 4.8 小时的压力场景将会出现部分事务失败的情况。

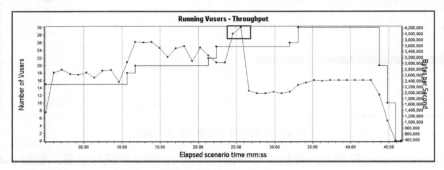

图 9-45 Running Vusers-Throughput（首页访问）

多用户脚本——23 个并发用户，每 5 分钟增加 4 个 Vuser，持续运行 4.8 个小时，4.8 小时运行完成后，每 5 分钟退出 4 个 Vuser，获取单交易压力。以下是系统调优前，按预计 23 个并发用户数的业务场景，如图 9-46 所示。

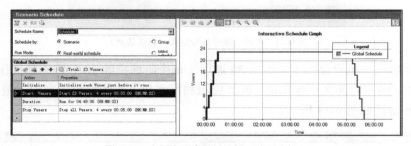

图 9-46 多用户压力场景设置（首页访问）

场景设置完成后运行脚本，得到多用户 4.8 小时压力场景的运行结果，如图 9-47 所示。

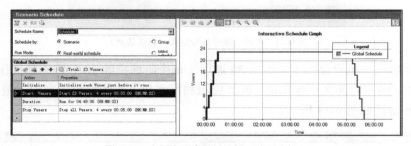

图 9-47 多用户压力场景运行结果（首页访问）

从运行结果中我们可以看到在 1 小时 52 分，脚本停止运行，大量事务失败，并出现诸多

Error 信息，说明脚本在 23 个并发用户量下无法达到预期（具体分析将在 9.5 章节"结果分析"进行详细介绍）。

【特别说明】：除首页访问场景外，其他场景的执行是在首页访问多用户并发场景出现问题之后，开发人员对首页访问出现的问题进行了调优，其他场景的执行结果均建立在此次调优后。

2. 用户登录模块

单用户脚本——运行持续 10 分钟，获取平均响应时间、资源利用率等单交易基准（基准测试），业务场景如图 9-48 所示。

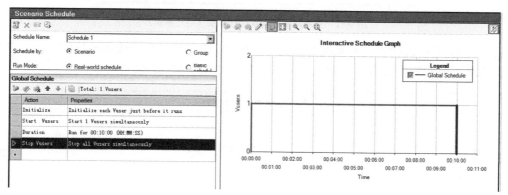

图 9-48 单用户场景设置（用户登录）

场景设置完成后运行脚本，得到单用户场景持续 10 分钟的运行结果，如图 9-49 所示。

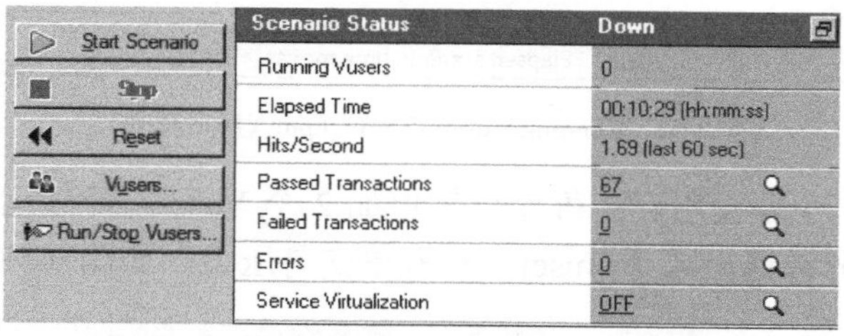

Scenario Status	Down
Running Vusers	0
Elapsed Time	00:10:29 [hh:mm:ss]
Hits/Second	1.69 (last 60 sec)
Passed Transactions	67
Failed Transactions	0
Errors	0
Service Virtualization	OFF

图 9-49 单用户场景运行结果（用户登录）

多用户脚本——用户数按 5-10-15-20 递增，每个阶梯持续 10 分钟不断加压，直到性能指标达到极限（响应时间大于预期值，或者资源利用率超过业务场景规定的上限），获取单交易负载。业务场景如图 9-50 所示。

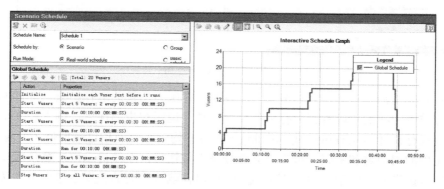

图 9-50 多用户负载场景设置（用户登录）

场景设置完成后运行脚本，得到多用户负载场景的运行结果，如图 9-51 所示。

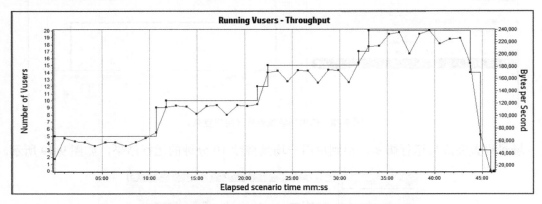

图 9-51　多用户负载场景运行结果（用户登录）

从图 9-51 中可以初步判断系统增加到 20 个并发用户数没有造成事务异常，吞吐量随着用户数的增加而增加，没有出现明显的系统瓶颈。如图 9-52 所示。

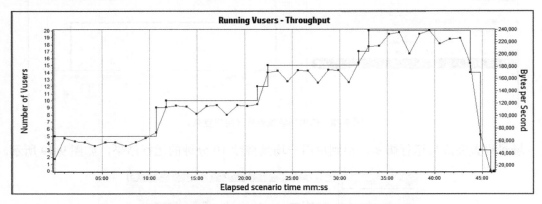

图 9-52　Running Vusers-Throughput（用户登录）

多用户脚本——9 个并发用户，每 5 分钟增加 2 个 Vuser，持续运行 4.8 个小时，4.8 小时运行完成后，每 5 分钟退出 4 个 Vuser，获取单交易压力。如图 9-53 所示。

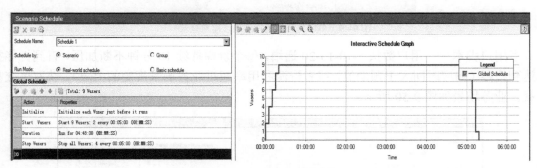

图 9-53　多用户压力场景设置（用户登录）

场景设置完成后运行脚本，得到多用户 4.8 小时压力场景的运行结果，如图 9-54 所示。

从运行结果中我们可以看到所有事务全部成功，说明初步调优后，脚本在 9 个并发用户量下能稳定运行，但 UserLogin 脚本中 login 事务平均响应时间超过预期值（≤2s），经观察发现输入正确的用户名和密码，单击"立即登录"按钮后，系统提示用户登录成功，并自动跳转到 ECShop 首页（中间停留时间约 2 秒），所以在响应时间的预期上包含了跳转首页的时间。本次建议不做调整，在组合场景中将 login 事务响应时间的预期值设置为≤4s。

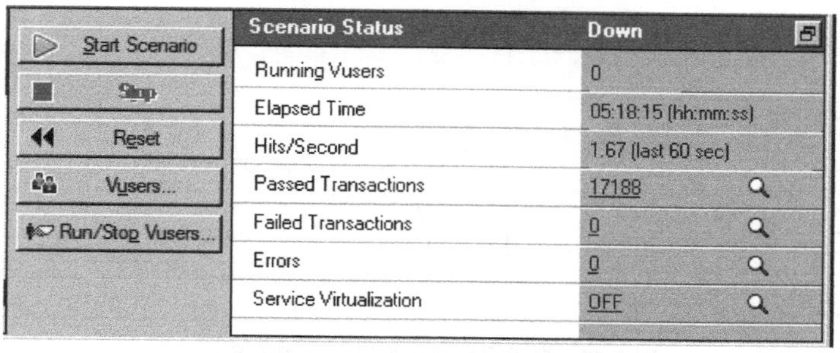

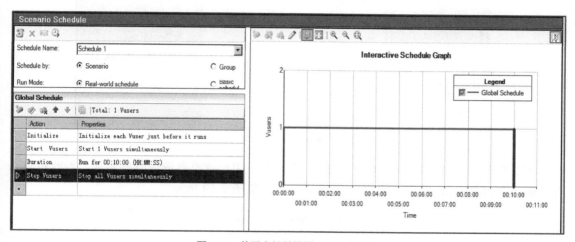

图 9-54 多用户压力场景运行结果（用户登录）

3. 浏览商品模块

单用户脚本——运行持续 10 分钟，获取平均响应时间、资源利用率等单交易基准（基准测试），业务场景如图 9-55 所示。

图 9-55 单用户场景设置（浏览商品）

场景设置完成后运行脚本，得到单用户场景持续 10 分钟的运行结果，如图 9-56 所示。

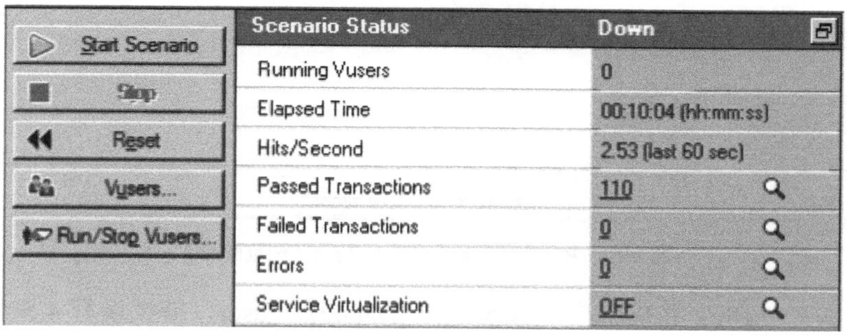

图 9-56 单用户场景运行结果（浏览商品）

多用户脚本——用户数按 10-15-20-30 递增，每个阶梯持续 10 分钟不断加压，直到性能指标达到极限（响应时间大于预期值，或者资源利用率超过业务场景规定的上限），获取单交易负载。业务场景如图 9-57 所示。

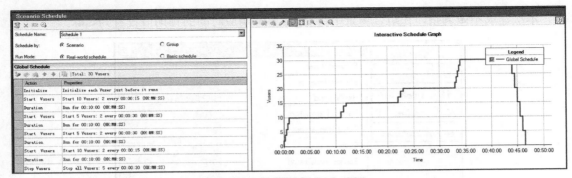

图 9-57 多用户负载场景设置（浏览商品）

场景设置完成后运行脚本，得到多用户负载场景的运行结果，如图 9-58 所示。

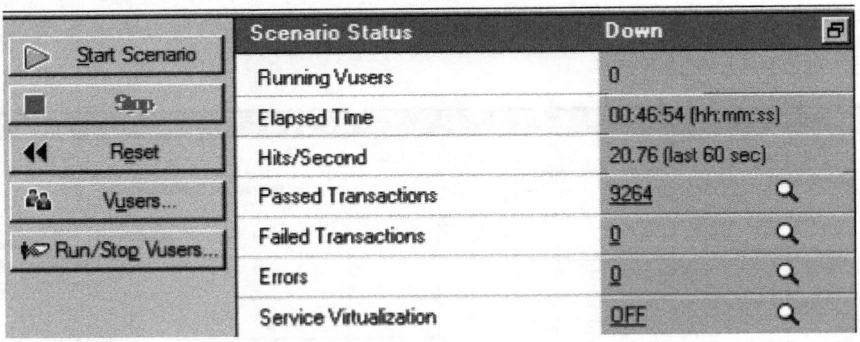

Scenario Status	Down	
Running Vusers	0	
Elapsed Time	00:46:54 (hh:mm:ss)	
Hits/Second	20.76 (last 60 sec)	
Passed Transactions	9264	🔍
Failed Transactions	0	🔍
Errors	0	🔍
Service Virtualization	OFF	🔍

图 9-58 多用户负载场景运行结果（浏览商品）

从图 9-58 中可以初步判断系统增加到 30 个并发用户数没有造成事务异常，吞吐量随着用户数的增加而增加，没有出现明显的系统瓶颈。如图 9-59 所示。

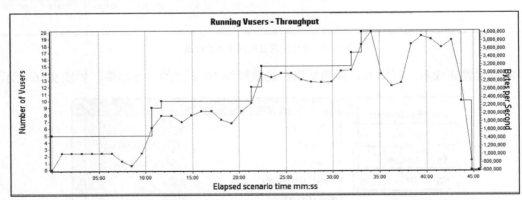

图 9-59 Running Vusers-Throughput（浏览商品）

多用户脚本——18 个并发用户，每 5 分钟增加 4 个 Vuser，持续运行 4.8 个小时，4.8 小时运行完成后，每 5 分钟退出 4 个 Vuser，获取单交易压力。如图 9-60 所示。

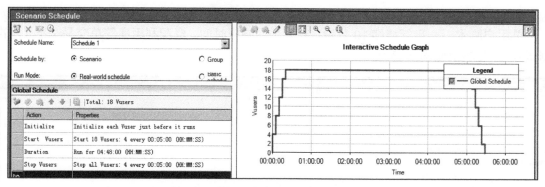

图 9-60　多用户压力场景设置（浏览商品）

场景设置完成后运行脚本，得到多用户 4.8 小时压力场景的运行结果，如图 9-61 所示。

	Scenario Status	Down	
▷ Start Scenario	Running Vusers	0	
■ Stop	Elapsed Time	05:28:28 (hh:mm:ss)	
◀◀ Reset	Hits/Second	6.13 (last 60 sec)	
👥 Vusers...	Passed Transactions	59670	🔍
📢 Run/Stop Vusers...	Failed Transactions	2	🔍
	Errors	4	🔍
	Service Virtualization	OFF	🔍

图 9-61　多用户压力场景运行结果（浏览商品）

从运行结果中我们可以看到事务成功率在 95%以上，说明初步调优后，脚本在 18 个并发用户量下能稳定运行，其中商品详情搜索预期的事务平均响应时间大于 2 秒，超过了预期目标，如图 9-62 所示（具体分析将在 9.5 章节 "结果分析" 进行详细介绍）。

Transaction Summary

Transactions: Total Passed: 9,276 Total Failed: 0 Total Stopped: 0　　**Average Response Time**

	Pass	Fail	Stop	
Total	⊘	9,276	0	0
None		9,276	0	0

Transaction Name	SLA Status	Minimum	Average	Maximum	Std. Deviation	95 Percent	Pass	Fail	Stop
goodsdetail	☒	0.061	0.228	6.091	0.596	2.388	1,536	0	0
None		0.061	0.228	6.091	0.596	2.388	1,536	0	0
GoodsView Transaction	⊘	0.139	0.319	6.19	0.596	2.477	1,536	0	0
None		0.139	0.319	6.19	0.596	2.477	1,536	0	0
homepageview	⊘	0.095	0.129	9.144	0.231	0.143	1,536	0	0
None		0.095	0.129	9.144	0.231	0.143	1,536	0	0
HomePageView Transaction	⊘	0.096	0.13	9.145	0.231	0.144	1,536	0	0
None		0.096	0.13	9.145	0.231	0.144	1,536	0	0
level1category	✔	0.041	0.05	0.406	0.014	0.063	1,536	0	0
None		0.041	0.05	0.406	0.014	0.063	1,536	0	0
level2category	✔	0.033	0.041	0.108	0.007	0.054	1,536	0	0
None		0.033	0.041	0.108	0.007	0.054	1,536	0	0
vuser end Transaction	⊘	0	0	0	0	0	30	0	0
None		0	0	0	0	0	30	0	0
vuser init Transaction	⊘	0	0	0	0	0	30	0	0
None		0	0	0	0	0	30	0	0

Service Level Agreement Legend:　✔ Pass　☒ Fail　⊘ No Data

图 9-62　多用户压力场景事务响应时间（浏览商品）

4．信息检索模块

单用户脚本——运行持续 10 分钟，获取平均响应时间、资源利用率等单交易基准（基准测试），业务场景如图 9-63 所示。

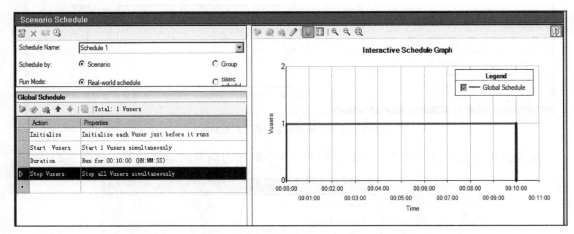

图 9-63 单用户场景设置（信息检索）

场景设置完成后运行脚本，得到单用户场景持续 10 分钟的运行结果，如图 9-64 所示。

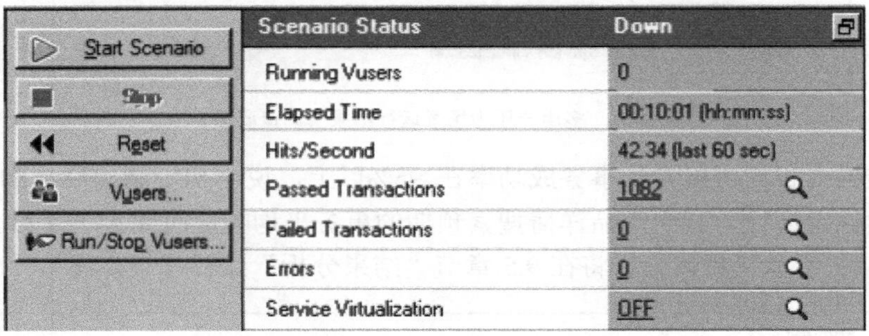

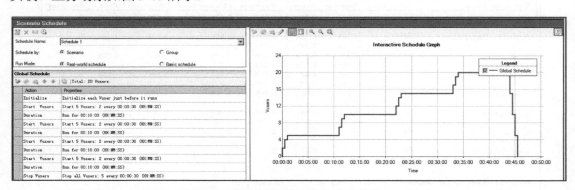

图 9-64 单用户场景运行结果（信息检索）

多用户脚本——用户数按 5-10-15-20 递增，每个阶梯持续 10 分钟不断加压，直到性能指标达到极限（响应时间大于预期值，或者资源利用率超过业务场景规定的上限），获取单交易负载。业务场景如图 9-65 所示。

图 9-65 多用户负载场景设置（信息检索）

场景设置完成后运行脚本，得到多用户负载场景的运行结果，如图 9-66 所示。

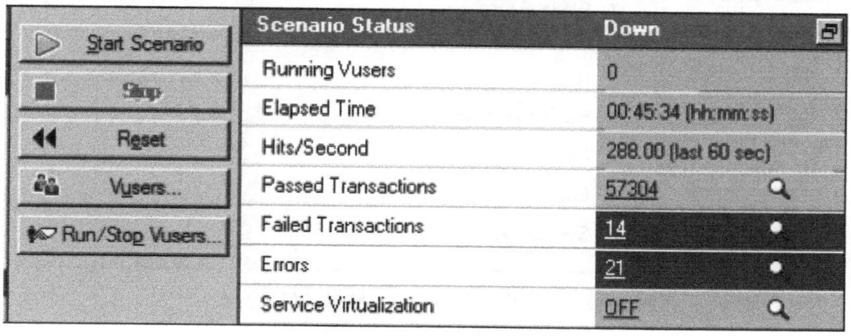

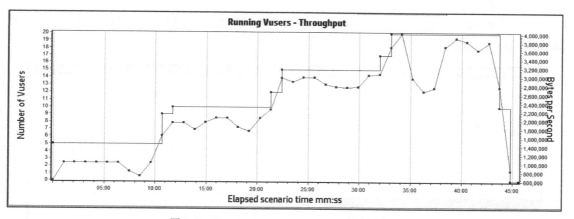

图 9-66　多用户负载场景运行结果（信息检索）

从图 9-66 中看到有少量事务失败，但不影响整体运行效果，初步判断系统增加到 20 个并发用户数没有造成事务异常，吞吐量随着用户数的增加而增加，没有出现明显的系统瓶颈。如图 9-67 所示。

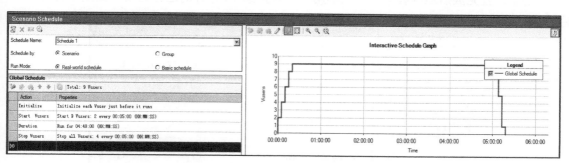

图 9-67　Running Vusers-Throughput（信息检索）

多用户脚本——9 个并发用户，每 5 分钟增加 2 个 Vuser，持续运行 4.8 个小时，4.8 个小时运行完成后，每 5 分钟退出 4 个 Vuser，获取单交易压力。如图 9-68 所示。

图 9-68　多用户压力场景设置（信息检索）

场景设置完成后运行脚本，得到多用户 4.8 小时压力场景的运行结果，如图 9-69 所示。

Start Scenario
Stop
Reset
Vusers...
Run/Stop Vusers...
Scenario Status
Down
Running Vusers
0
Elapsed Time
04:17:46 (hh:mm:ss)
Hits/Second
42.54 (last 60 sec)
Passed Transactions
232487
Failed Transactions
24
Errors
45
Service Virtualization
OFF

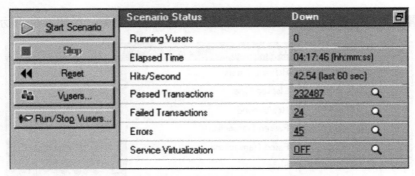

图 9-69 多用户压力场景运行结果（信息检索）

从运行结果中我们可以看到事务成功率在95%以上，说明初步调优后，脚本在9个并发用户量下能稳定运行，订单相关的事务平均响应时间在预期目标内，但HTTP请求出现了部分404错误，主要集中在homepageview事务访问失败，具体分析将在9.5章节“结果分析”进行详细介绍。

5. 用户订单模块

单用户脚本——运行持续10分钟，获取平均响应时间、资源利用率等单交易基准（基准测试），业务场景如图9-70所示。

Scenario Schedule
Schedule Name:
Schedule 1
Schedule by:
Scenario
Group
Run Mode:
Real-world schedule
Basic schedule
Global Schedule
Total: 1 Vusers
Action
Properties
Initialize
Initialize each Vuser just before it runs
Start Vusers
Start 1 Vusers simultaneously
Duration
Run for 00:10:00 (HH:MM:SS)
Stop Vusers
Stop all Vusers simultaneously
Interactive Schedule Graph
Legend
Global Schedule
Vusers
Time
00:00:00
00:01:00
00:02:00
00:03:00
00:04:00
00:05:00
00:06:00
00:07:00
00:08:00
00:09:00
00:10:00
00:11:00

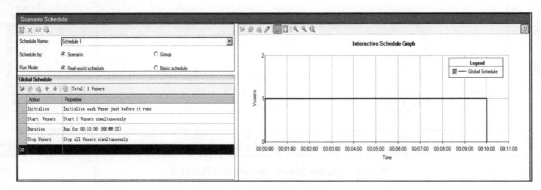

图 9-70 单用户场景设置（用户订单）

场景设置完成后运行脚本，得到单用户场景持续10分钟的运行结果，如图9-71所示。

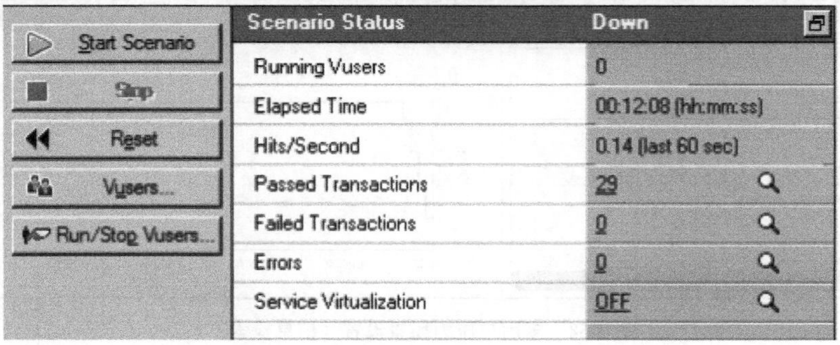

Start Scenario
Stop
Reset
Vusers...
Run/Stop Vusers...
Scenario Status
Down
Running Vusers
0
Elapsed Time
00:12:08 (hh:mm:ss)
Hits/Second
0.14 (last 60 sec)
Passed Transactions
29
Failed Transactions
0
Errors
0
Service Virtualization
OFF

图 9-71 单用户场景运行结果（用户订单）

多用户脚本——用户数按5-10-15-20递增，每个阶梯持续10分钟不断加压，直到性能指标达到极限（响应时间大于预期值，或者资源利用率超过业务场景规定的上限），获取单交易负载。业务场景如图 9-72 所示。

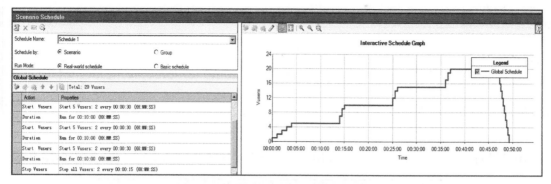

图 9-72 多用户负载场景设置（用户订单）

场景设置完成后运行脚本，得到多用户负载场景的运行结果，如图 9-73 所示。

Scenario Status	Down	
Running Vusers	0	
Elapsed Time	00:52:46 (hh:mm:ss)	
Hits/Second	0.41 (last 60 sec)	
Passed Transactions	1447	🔍
Failed Transactions	6	🔍
Errors	3	🔍
Service Virtualization	OFF	🔍

图 9-73 多用户负载场景运行结果（用户订单）

从图 9-73 中看到有少量事务失败，但不影响整体运行效果，初步判断系统增加到 20 个并发用户数没有造成事务异常，吞吐量随着用户数的增加而增加，没有出现明显的系统瓶颈。如图 9-74 所示。

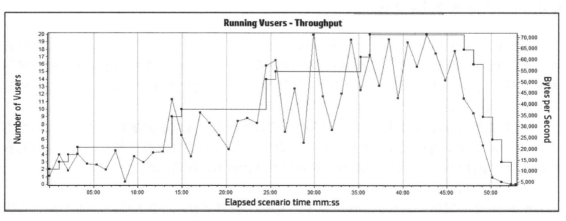

图 9-74 Running Vusers-Throughput（用户订单）

多用户脚本——7 个并发用户，每 5 分钟增加 2 个 Vuser，持续运行 4.8 个小时，4.8 个小时运行完成后，每 5 分钟退出 2 个 Vuser，获取单交易压力。如图 9-75 所示。

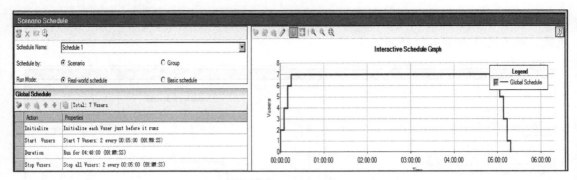

图 9-75　多用户压力场景设置（用户订单）

场景设置完成后运行脚本，得到多用户 4.8 个小时压力场景的运行结果，如图 9-76 所示。

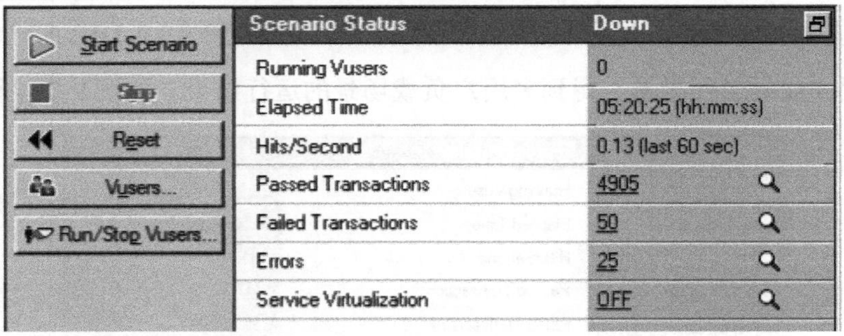

图 9-76　多用户压力场景运行结果（用户订单）

从运行结果中我们可以看到事务成功率在 95% 以上，说明初步调优后，脚本在 7 个并发用户量下能稳定运行，订单相关的事务平均响应时间在预期目标内，同信息检索业务场景类似，HTTP 请求同样出现了部分 404 错误，也是集中在 homepageview 事务访问失败，具体分析将在 9.5 章节"结果分析"进行详细介绍。

9.4.6　组合业务场景运行

从独立业务场景运行中我们了解到，所有业务场景单脚本负载和压力测试，在"首页访问"模块第一次调优后，基本能够满足系统业务要求。但浏览商品模块的事务平均响应时间大于 2 秒，Lucy 通过分析 goodsdetail（商品详情页面）事务网页细分图，找到了解决办法。后续组合场景的运行建立在脚本第二次调优的基础上。

【重要声明】：社区版 LR12 有 50 个 Vuser 的使用限制，因此混合场景压力测试将对原本计划中的 66 个并发用户数做出调整，调整为 50 个并发，结果仅供教学参考。混合场景的容量测试和稳定性测试受条件限制影响，本书将不进行演示，敬请谅解。

下面介绍混合场景压力测试。

模拟 50 个并发用户，每 5 分钟增加 4 个 Vuser，持续运行 4.8 个小时，4.8 小时运行完成后，每 5 分钟退出 4 个 Vuser，获取混合交易目标压力。其中首页访问模块用户数占比 40%，用户登录模块用户数占比 15%，浏览商品模块用户数占比 30%，信息检索模块用户数占比 10%，用户订单模块用户数占比 5%，如图 9-77 所示。

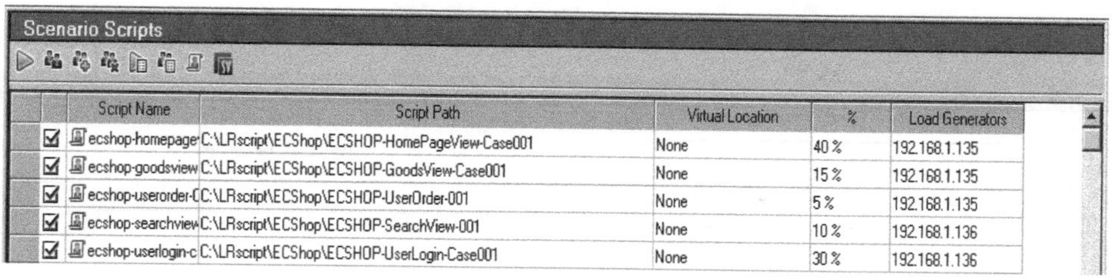

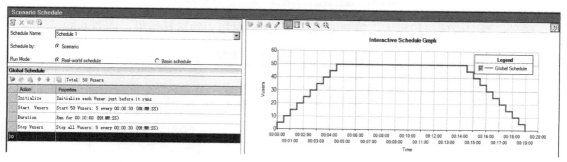

图 9-77　混合场景压力测试场景百分比设置

【特别说明】：请再次检查各项脚本准备工作是否就绪，并在 4.8 小时混合场景执行前，建议先进行如下场景的模拟：按混合场景用户并发数持续运行 10 分钟。如图 9-78 所示。

图 9-78　混合场景压力测试场景设置（10 分钟）

场景设置完成后运行脚本，得到 10 分钟混合场景压力，如图 9-79 所示。

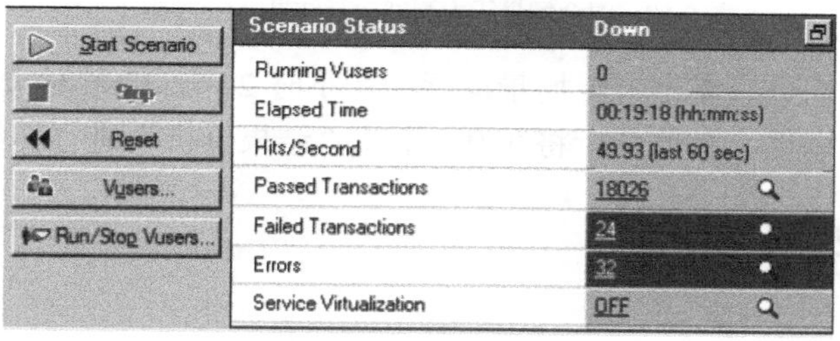

图 9-79　混合场景压力测试运行结果（10 分钟）

从运行结果来看，出现了部分事务失败的情况，但事务成功率依然保持在 95%以上。查看失败事务和错误日志详情，发现失败事务和错误日志均来自首页访问，并没有对混合场景产生太大影响，如图 9-80 所示。

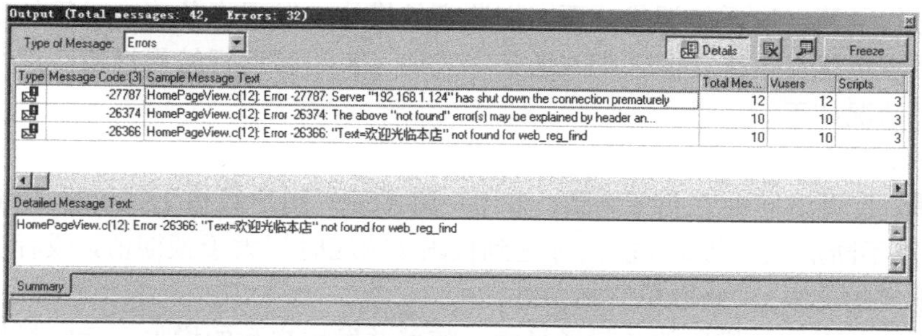

图 9-80　混合场景压力测试场景错误信息（10 分钟）

混合压力测试场景持续 4.8 小时，场景运行设置如图 9-81 所示。

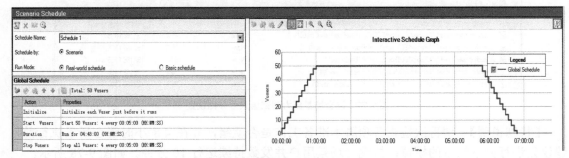

图 9-81　混合场景压力测试场景设置（4.8 小时）

场景设置完成后运行脚本，得到混合场景 4.8 小时压力的运行结果，如图 9-82 所示。

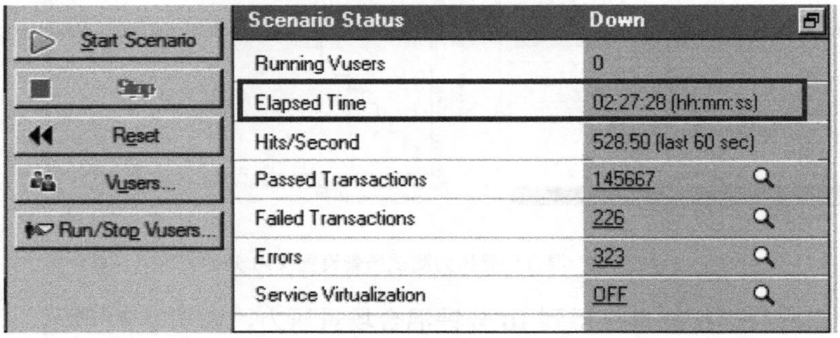

图 9-82　混合场景压力测试运行结果（4.8 小时）

从运行结果中我们可以看出混合场景运行到 2 小时 27 分 28 秒时报错，说明脚本中存在隐藏问题，需要进行调优。具体分析将在 9.5 章节"结果分析"进行详细介绍。

9.5　结果分析

9.5.1　交易类监控指标分析

交易类监控指标分析主要集中在事务响应时间、吞吐量和并发用户数之间的关系上。从场景运行情况来看，在首页访问模块中遇到了并发用户数递增，但吞吐量急剧下降的情况，针对此问题进行了第一次系统调优；而在浏览商品模块，发现事务响应时间超过预期值，进行了第二次系统调优；最终在混合脚本场景中发现 4.8 小时运行结果报错，进行了第三次调优。相关调优情况如下。

1. 第一次调优

性能场景：首页访问独立业务场景，多用户脚本——用户数按 15-20-25-30 递增，每个阶梯持续 10 分钟不断加压，直到性能指标达到极限（响应时间大于预期值，或者资源利用率超过业务场景规定的上限），获取单交易负载。

性能分析：首页访问模块的负载场景中，随着并发用户数的增加，吞吐量快速下降，导致大量事务失败，如图 9-83 和图 9-84 所示。

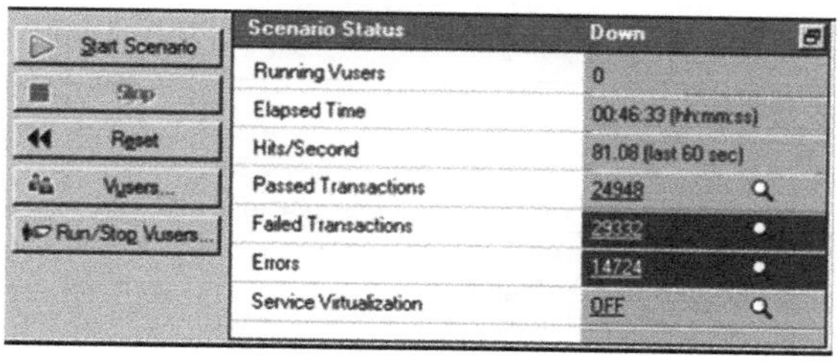

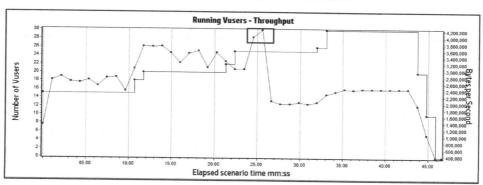

图 9-83　负载场景运行结果_调优前（首页访问）

图 9-84　Running Vusers-Throughput_调优前（首页访问）

针对首页访问遇到的问题，Peter 同开发人员进行了初步沟通，检查了服务器日志，发现 MySQL 的日志中显示了大量类似下面的日志信息。

```
110586 [ERROR] /usr/sbin/mysqld: The table 'ecs_sessions' is full
110587 [ERROR] /usr/sbin/mysqld: The table 'ecs_sessions' is full
110588 [ERROR] /usr/sbin/mysqld: The table 'ecs_sessions' is full
110589 [ERROR] /usr/sbin/mysqld: The table 'ecs_sessions' is full
110590 [ERROR] /usr/sbin/mysqld: The table 'ecs_sessions' is full
110591 [ERROR] /usr/sbin/mysqld: The table 'ecs_sessions' is full
......
```

从信息中可以判断数据库服务器使用了默认配置，MySQL 的临时表空间大小设置不足。tmp_table_size 和 max_heap_table_size 的默认值为 16MB，开发调整了这两个配置后问题得以解决。

性能优化：系统调优后重新运行首页访问模块的负载场景，发现吞吐量随着并发用户数的增加而增加，登录相关事务也全部成功，如图 9-85 和图 9-86 所示。

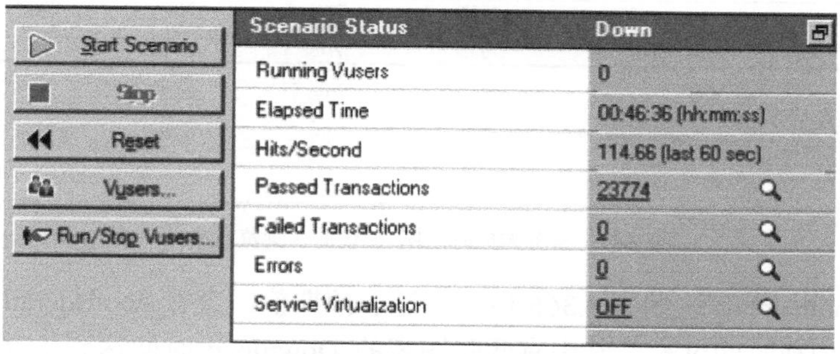

图 9-85　负载场景运行结果_调优后（首页访问）

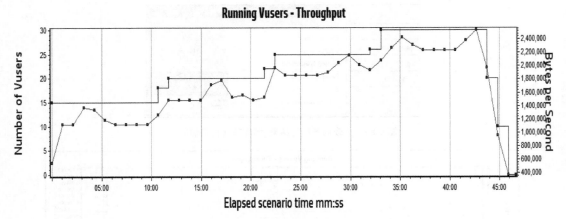

图 9-86　Running Vusers-Throughtput_调优后（首页访问）

2. 第二次调优

性能场景：浏览商品独立业务场景，多用户脚本——18 个并发用户，每 5 分钟增加 4 个 Vuser，持续运行 4.8 个小时，4.8 小时运行完成后，每 5 分钟退出 4 个 Vuser，获取单交易压力。

性能分析：浏览商品模块的用户负载场景事务响应时间超过了预期值（预期值≤2s），事务响应时间如图 9-87 所示。

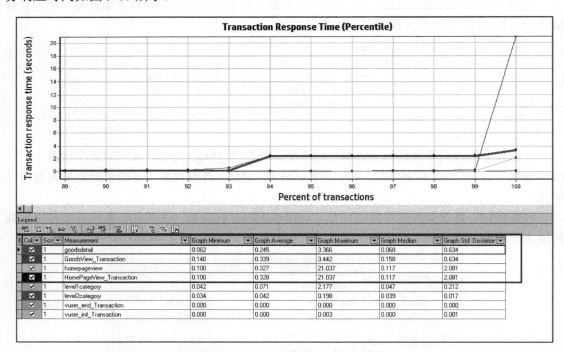

图 9-87　事务响应时间图_调优前（浏览商品）

其中事务 goodsdetail 达到了 3.366 秒，超过了预期值，查看 goodsdetail 网页细分图，发现部分商品图片加载时间过长，其中有两张图表的 Download 时间达到了 2.3 秒，如图 9-88 所示。

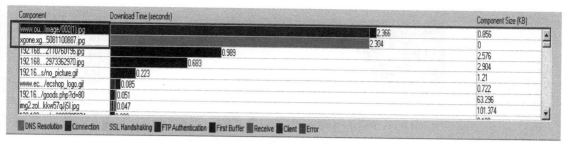

图 9-88　事务 goodsdetail 网页细分图_调优前（浏览商品）

查询 ECShop 数据库表，发现部分商品存在外部链接，导致访问速度变慢，如图 9-89 所示。

```
5 ●   select * from ecs_goods where goods_desc like '%http://www.ouku.com/upimg/ouku/Image/002(1).jpg%';
6 ●   select * from ecs_goods where goods_desc like '%http://xgone.xgou.com/xgoumanage/upload/20090325/2009032502045081100887.jpg%';
```

goods_id	cat_id	goods_sn	goods_name	goods_name_style	click_count	brand_id	provider_name	goods_number	goods_weight	market_price	shop_price
22	3	ECS000022	多普达Touch HD	+	169	3		65535	0.000	7198.80	5999.00
107	2	ECS000107	HTC one S	+	121	3		65535	0.000	600.00	500.00
108	2	ECS000108	HTC One M9et	+	131	3		65535	0.000	600.00	500.00
109	2	ECS000109	HTC One M9et Blue	+	131	3		65535	0.000	600.00	500.00
110	2	ECS000110	HTC 10 lifestyle	+	117	3		65535	0.000	600.00	500.00
111	2	ECS000111	HTC m8sd one	+	137	3		65535	0.000	600.00	500.00
112	2	ECS000112	HTC D816V	+	131	3		65535	0.000	600.00	500.00

图 9-89　ecs_goods 数据库信息

性能优化：修改存在外部链接的商品后，再次运行浏览商品模块的负载场景，发现事务响应时间达到了预期值。如图 9-90 所示。

Transaction Summary

Transactions: Total Passed: 9,318 Total Failed: 0 Total Stopped: 0 　　　**Average Response Time**

	Pass	Fail	Stop
Total	⃠	9,318	0	0
None		9,318	0	0

Transaction Name	SLA Status	Minimum	Average	Maximum	Std. Deviation	95 Percent	Pass	Fail	Stop
goodsdetail	✔	0.06	0.074	0.208	0.016	0.107	1,543	0	0
None		0.06	0.074	0.208	0.016	0.107	1,543	0	0
GoodsView Transaction	⃠	0.139	0.172	1.994	0.077	0.223	1,543	0	0
None		0.139	0.172	1.994	0.077	0.223	1,543	0	0
homepageview	⃠	0.09	0.124	2.428	0.091	0.138	1,543	0	0
None		0.09	0.124	2.428	0.091	0.138	1,543	0	0
HomePageView Transaction	⃠	0.091	0.125	2.429	0.091	0.139	1,543	0	0
None		0.091	0.125	2.429	0.091	0.139	1,543	0	0
level1category	✔	0.041	0.056	1.828	0.074	0.069	1,543	0	0
None		0.041	0.056	1.828	0.074	0.069	1,543	0	0
level2category	✔	0.033	0.041	0.107	0.007	0.056	1,543	0	0
None		0.033	0.041	0.107	0.007	0.056	1,543	0	0
vuser_end Transaction	⃠	0	0	0	0	0	30	0	0
None		0	0	0	0	0	30	0	0
vuser_init Transaction	⃠	0	0	0.001	0	0.001	30	0	0
None		0	0	0.001	0	0.001	30	0	0

Service Level Agreement Legend: ✔ Pass 　 ☒ Fail 　 ⃠ No Data

图 9-90　事务 goodsdetail 响应时间_调优后（浏览商品）

事务 goodsdetail 优化后的最大图片 Download 时间为 0.085，如图 9-91 所示。

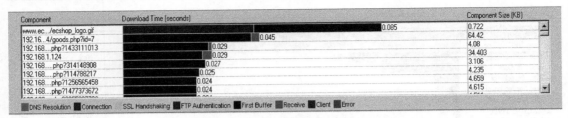

图 9-91　事务 goodsdetail 网页细分图_调优后（浏览商品）

3. 第三次调优

性能场景：模拟 50 个并发用户，每 5 分钟增加 4 个 Vuser，持续运行 4.8 个小时，4.8 小时运行完成后，每 5 分钟退出 4 个 Vuser，获取混合交易目标压力。其中首页访问模块用户数占比 40%，用户登录模块用户数占比 15%，浏览商品模块用户数占比 30%，信息检索模块用户数占比 10%，用户订单模块用户数占比 5%。

性能分析：该场景在执行到 2 小时 27 分 28 秒时脚本报错，停止运行，如图 9-92 所示。

	Scenario Status	Down	
▷ Start Scenario	Running Vusers	0	
■ Stop	Elapsed Time	02:27:28 (hh:mm:ss)	
◀◀ Reset	Hits/Second	528.50 (last 60 sec)	
▧ Vusers...	Passed Transactions	145667	🔍
▨ Run/Stop Vusers...	Failed Transactions	226	🔍
	Errors	323	🔍
	Service Virtualization	OFF	🔍

图 9-92　混合场景压力测试运行结果_调优前（4.8 小时）

查看 Error 信息，发现错误集中于两处，一处来自 Homepageview 操作。

```
HomePageView.c(12): Error -27787: Server "192.168.1.124" has shut down the connection
prematurely
HomePageView.c(12): Error -27787: Server "192.168.1.124" has shut down the connection
prematurely
HomePageView.c(12): Error -26366: "Text=欢迎光临本店" not found for web_reg_find
```

而另一处则来自 Load Generator 的两台负载机连接失败，这是导致脚本运行终止的主要原因。

上述两个错误都具有一定的随机性，并非是在固定的时间出现，在开发人员的帮助下，Peter 通过多次试验，最终定位到问题所在。

问题一：事务 HomePageView 报错是因为在代码中该页面持久化了访问数据库的连接，并且使用时又错误地创建了新的连接，导致数据库服务器的连接数增大，当增大到一定量后，数据库服务器会断开连接，这个动作会导致持有持久化连接的 PHP 线程被意外终止，就出现了上述错误，开发人员修改了代码之后问题解决。

【特别说明】：在排查错误的过程中，我们发现独立业务场景中的"信息检索"和"用户订单"脚本中的 404 错误均和 homepageview 事务有关。该问题的优化可以一并解决此类问题。

问题二：而 Load Generator 断开连接的问题，是由于 LoadRunner Controller 所在的服务器与 Load Generator 所在的服务器间的交换机端口存在故障，连接不够稳定，导致测试运行一段时间后Controller与Load Generator间的连接被意外断开，从而出现Load Generator Failure。更换了出现故障的交换机后，问题消失。

性能优化：讲过初步诊断和多次回归验证，第三次优化后混合场景 4.8 小时的运行结果如图 9-93 所示。

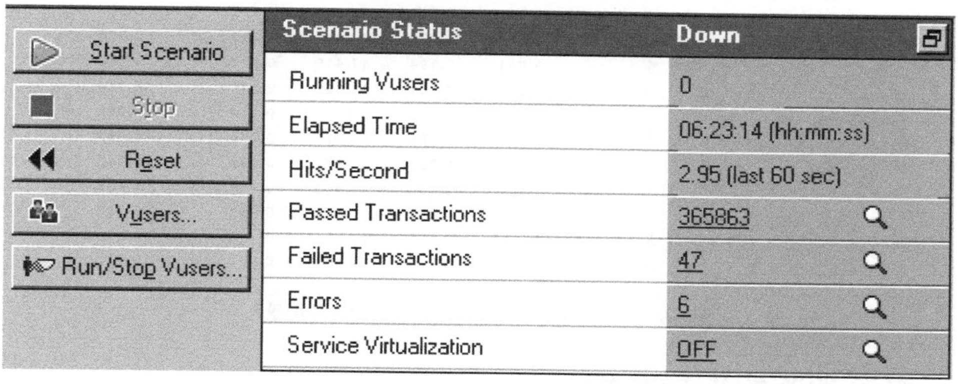

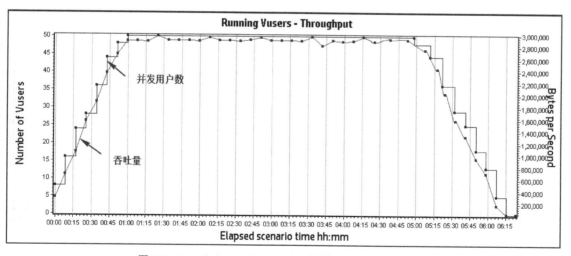

图 9-93　混合场景压力测试运行结果_调优后（4.8 小时）

系统顺利完成脚本运行，而脚本中事务失败的概率远远低于 95%，仅为 0.01%，可以忽略此类错误，不必进行再次调优。

4. 交易指标综述

经过三轮调优后，系统各业务场景的吞吐量和并发用户数均呈现同步增长趋势，并未出现异常波动，符合实际业务增长需要。如图 9-94 为组合业务场景并发用户数和吞吐量的对应关系。

图 9-94　Running Vusers-Throughput _调优后（组合业务场景）

所有场景中的事务响应时间均在预设时间内完成响应，符合需求预期。如图 9-95 为组合业务场景事务响应时间。

Transaction Name	SLA Status	Minimum	Average	Maximum	Std. Deviation	90 Percent
AccountingCenter	✔	0.069	0.186	1.089	0.18	0.461
AddShoppingCart	✔	0.105	0.24	8.802	0.684	0.345
goodsdetail	✔	0.063	0.109	0.467	0.019	0.128
GoodsView Transaction	⊘	0.132	0.285	8.508	0.199	0.436
homepageview	✔	0.054	0.154	15.294	0.195	0.24
HomePageView Transaction	⊘	-2.902	0.155	16.471	0.197	0.239
level1category	✔	0.042	0.118	8.18	0.192	0.247
level2category	✔	0.034	0.058	0.345	0.015	0.078
Login	✔	3.081	3.194	17.418	0.326	3.318
LoginPage	✔	0.043	0.101	11.951	0.246	0.184
searchkeywords	✔	0.058	0.085	2.693	0.014	0.093
SearchView Transaction	⊘	0.058	0.086	2.693	0.014	0.093
SubmitOrder	✔	0.124	0.228	1.597	0.208	0.465
UserLogin Transaction	⊘	3.112	3.296	17.468	0.408	3.469
UserOrder Transaction	⊘	0.407	0.849	9.142	0.754	1.329
vuser end Transaction	⊘	0	0	0	0	0
vuser init Transaction	⊘	0	0	0.001	0	0.001

图 9-95　事务响应时间 _调优后（组合业务场景）

9.5.2　资源类监控指标分析

资源类监控分析主要集中在 CentOS、Apache 和 MySQL 数据库应用部分。下面是整体场景运行情况相关指标分析。

1．CentOS 相关指标分析

在混合业务场景 50 并发用户业务压力下，内存及 I/O 的表现符合预期，但 CPU 出现明显变化，其中 IP：192.168.1.124（Apache 服务器）CPU 占用率超过预期值（≤70%），建议扩容。如图 9-96 所示。

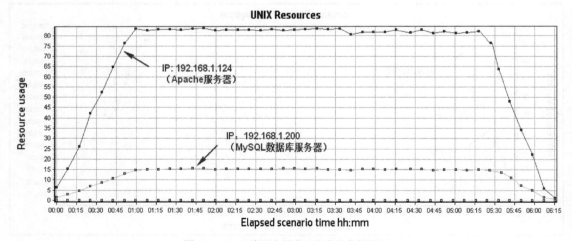

图 9-96　CPU 资源占用率（组合业务场景）

2．Apache 相关指标分析

在混合业务场景中，Apache 服务器连接数随着并发用户数的增加而增加，运行期间连接数处于稳定状态，无需进一步调优，如图 9-97 所示。

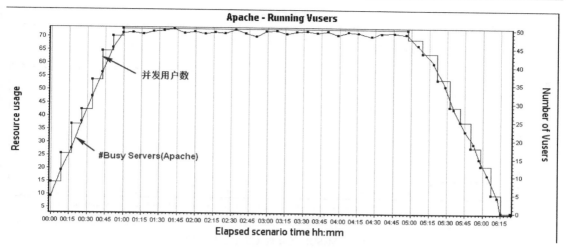

图 9-97　Apache_Running Vusers（组合业务场景）

Apache Hits/sec（HTTP 每秒请求速率）基本等同于系统 Hits per Second，同并发用户数正相关；而 Kbytes Sent/sec（服务器每秒发送字节速率）曲线同 Hits/sec（HTTP 每秒请求速率）正相关，说明吞吐率正常，无需调优。如图 9-98 所示。

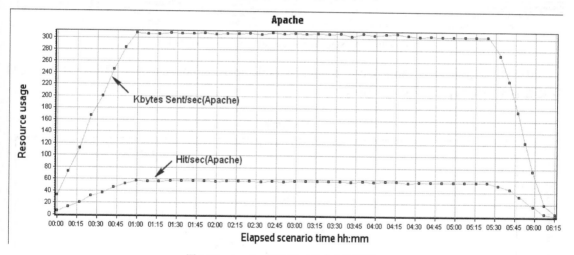

图 9-98　Apache_吞吐率（组合业务场景）

3. MySQL 相关指标分析

对 MySQL 我们主要关注连接数、命中率和锁状态。在第一次系统调优中修改了 MySQL 临时表空间的大小，在第三次系统调优中解决了连接数问题。

在混合业务场景中，MySQL 连接数的变化表现正常，无需调优。客户端连接数量随着缓存池线程数的增加而减少，表明当前服务器缓存了足够数量的线程以提高性能表现。如图 9-99 所示。

（1）Threads_created：已经创建的线程总数。

（2）Threads_cached：已经被线程缓存池缓存的线程个数。

（3）Threads_connected：当前客户端已连接的数量。

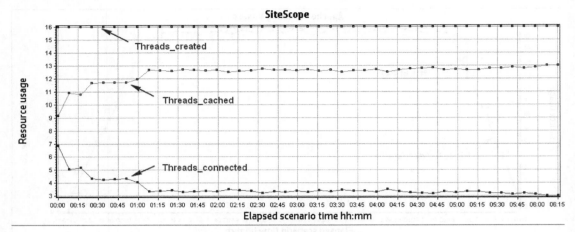

图 9-99　MySQL_连接数（组合业务场景）

MySQL 空闲连接线程在 Thread cache 池的命中率在 90%以上（实际值达到了 99%以上），无需调优，如图 9-100 所示。

thread cache =(Connections-Threads_created)/Connections × 100

Scale	Measurement	Minimum	Average	Maximum	Std. Deviation
1	/ecshop/ecshop/Connections/Value:localhost	122,286.000	336,952.480	531,743.000	135,381.971
1	/ecshop/ecshop/Threads_created/Value:localhost	16.000	16.000	16.000	0.000

图 9-100　MySQL_Thread cache 池（组合业务场景）

MySQL 在锁状态中 Table_locks_waited 与 Table_locks_immediate 的比值同步上升，说明并未造成系统阻塞，如图 9-101 所示。

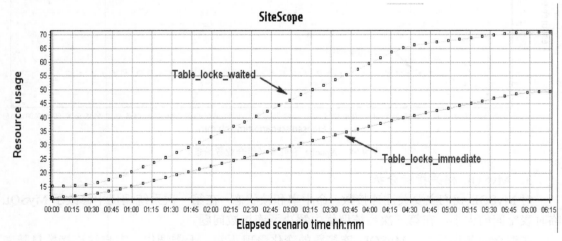

图 9-101　MySQL_锁状态（组合业务场景）

9.5.3　性能测试报告

项目总算是接近尾声，Peter 和 Lucy 为项目组找出了系统中存在的性能问题，项目组对于本次的合作感到满意。Lucy 在此次的性能测试实战中成长不少。按测试计划的安排，Peter

针对该项目编写了测试报告。

性能测试报告一般包含如下内容。

文档概述：包括文档的主要受众群体、测试时间、测试地点和参与测试的相关人员。

测试范围：包括测试范围概述、测试策略拟定、业务场景设计。

测试环境：包括构建性能环境、环境差异分析、测试数据准备。

测试结果：包括交易类指标和资源类指标的分析。例如，事务响应时间、吞吐量、并发用户数、操作系统、应用服务器等相关指标。

测试结论：告知本次测试是否达到了预期的测试目标。

风险分析：主要记录因为测试不充分可能导致的遗留问题及风险。例如，测试环境同生产环境的差别，用户环境和测试环境的差别，测试数据的仿真度，测试执行期间的遗留问题等。

测试报告中的大部分内容实际上是测试计划和测试设计的综述。而测试结果部分已经在9.5.1 章节（"交易类监控指标分析"）和 9.5.2 章节（"资源类监控指标分析"）进行了详细说明，下面仅对本次测试结论进行补充介绍。

测试结论：按 ECShop 最初性能测试目标规划，独立业务场景均能达到预期要求，而组合场景因并发用户量限制调整为 50 个，从测试结果来看，数据库服务器系统资源消耗较低，而 Apache 服务器资源利用率超过预期值，建议扩容。主要业务场景运行情况良好，业务问题经过三轮测试调优后，能够满足业务场景预期目标，但对系统当前环境下的峰值无法预估。

【特别说明】：在测试报告的最后，为确保测试数据的真实性，请附上 LR Analysis 的原始分析报告图表，推荐 HTML 格式存储。如何自动生成报告请参考 7.4 章节"性能测试报告提取"。

学习笔记

笔记一：性能分析和问题定位需要大量经验的积累，有时候调整指标后的效果还不如之前的运行结果好，只有反复尝试、多次调整才能找到解决问题的办法。

笔记二：在测试结果分析中，无需把所有图表都展示出来，一般仅展示异常数据图表和关键数据图表。

9.6 本章小结

请和 Lucy 一起完成以下练习，验证第 9 章节所学内容（参考答案详见附录"每章小结练习答案"）。

简答题（共 5 小题）

1．在你接到性能测试任务后，可以从哪些方面着手进行分析？

2．性能测试计划主要包含哪些内容？

3．某网站登录模块预计一天的用户登录人数为 100 万，请根据 2/8 原则算出登录模块的并发用户量（登录页面访问时间要求≤2s）。

4．LR12 如何监控 MySQL，一般要监控哪些常见指标？

5．如果场景中某个事务超过预期的响应时间，利用 Analysis 报告如何分析问题？

扩 展 篇

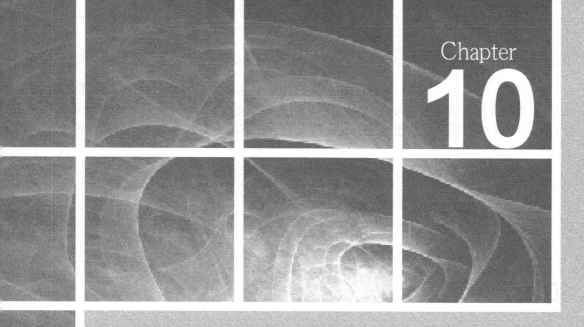

Chapter

10

第 10 章

App 企业级
项目实战

在完成上次电子商务项目性能测试后不久，PM 张所在的项目组启动了 App 部分的开发，本次想要找熟悉该项目的 Peter 和 Lucy 继续参与性能验证。本章将不再累述电子商务行业背景，对项目实施的诸多细节也一笔带过，将重点放在方案设计和实施上，强化对性能测试关键环节的理解。

本章主要包括以下内容：

- 方案设计；
- 测试实施；
- 分析报告；
- 本章小结。

10.1　方案设计

这是 Lucy 第一次参与的移动端测试项目，以前一直非常好奇移动端测试和 Web 端有何不同，这次正好可以向 Peter 请教。

> Lucy：　Peter，这次我们要测试的 ECShop 移动端和 Web 端测试有哪些区别呢？
>
> Peter: 简单呀，一个是在手机终端，另外一个是在电脑终端。
>
> Lucy：　……
>
> Peter: 开个玩笑，但从性能测试的角度来看对服务器端来讲没有本质的区别。
>
> Lucy：我大概懂你的意思了，你是想说无论是 Web 端的浏览器，还是移动端的 App 应用服务器，它们都会向同样的服务器发起压力和请求。
>
> Peter：是这个道理，所以这次的测试如果是想了解服务器的性能，我们可以依葫芦画瓢，借鉴 Web 端的测试方法进行验证。

本次测试 Lucy 和 Peter 从 App 环境搭建入手，很快熟悉了移动端的基本操作。同 PM 张协商后，决定在 Web 端现网用户访问量的基础上乘以 35%，作为 App 测试的目标访问量，并拟定了测试策略，如表 10-1 所示。

表 10-1　　　　　　　　　　　　　　　App 端业务目标计划表

测试项	业务量	业务时段	响应时间	业务成功率	CPU 使用率	内存使用率
首页访问模块	12 万	00：00 至 24：00	≤2 秒	>95%	≤55%	≤50%
用户登录模块	3.5 万	00：00 至 24：00	≤2 秒	>95%	≤55%	≤50%
浏览商品模块	8 万	00：00 至 24：00	≤2 秒	>95%	≤55%	≤50%
用户订单模块	2 万	00：00 至 24：00	≤4 秒	>95%	≤65%	≤60%
组合模块	25.5 万	00：00 至 24：00	N/A	>95%	≤70%	≤65%

【特别说明】：信息检索功能在初期使用的并不频繁，远低于 Web 端预期并发用户量，所以本次 App 端测试将不考虑对此模块进行性能验证。

依据测试策略，Lucy 和 Peter 很快拟定了相关模块的业务模型，介于该项目 Web 端测试较为充分，服务器端相对稳定，本次 App 端性能验证只要达到预期业务访问量即可，详情如下所示。

（1）首页访问模块

初步估算，并发用户数为 12 个，业务场景如下所示：

首页访问模块——12 个并发用户，每 2 分钟增加 4 个 Vuser，持续运行 20 分钟，20 分钟运行完成后，每 2 分钟退出 4 个 Vuser，获取单交易压力。

（2）用户登录模块

初步估算，并发用户数为 4 个，业务场景如下所示：

用户登录模块——4 个并发用户，每 2 分钟增加 2 个 Vuser，持续运行 20 分钟，20 分钟运行完成后，每 2 分钟退出 2 个 Vuser，获取单交易压力。

（3）浏览商品模块

初步估算，并发用户数为 8 个，业务场景如下所示：

浏览商品模块——8 个并发用户，每 2 分钟增加 4 个 Vuser，持续运行 20 分钟，20 分钟运行完成后，每 2 分钟退出 4 个 Vuser，获取单交易压力。

（4）用户订单模块

初步估算，并发用户数为 4 个，业务场景如下所示：

用户订单模块——4 个并发用户，每 2 分钟增加 2 个 Vuser，持续运行 20 分钟，20 分钟运行完成后，每 2 分钟退出 2 个 Vuser，获取单交易压力。

（5）组合模块

25.5 万业务量/天，按 28 个并发用户，每 5 分钟增加 4 个 Vuser，持续运行 40 分钟，40 分钟运行完成后，每 5 分钟退出 4 个 Vuser，获取混合交易目标压力，如表 10-2 所示。

表 10-2　　　　　　　　　　　　　并发数及运行时间分配表

测试项	并发数	运行时长
首页访问	12	40 分钟
用户登录	4	40 分钟
浏览商品	8	40 分钟
用户订单	4	40 分钟

【特别说明】：并发用户数的计算如果已经获取了现网数据，则以现网数据峰值时段×35% 作为并发用户数计算的标准。如果没有现网数据则按照 2/8 原则推算，详细计算办法请参考 9.2.3 章节"业务模型分析"。

10.2 环境搭建

本次测试可以沿用 ECShop Web 端测试的设备，省去了服务器端搭建的诸多事宜，重点放在移动端的配置上。图 10-1 介绍了本次移动端测试环境部署情况。

从图 10-1 中我们可以看到，相比 Web 端性能测试，移动端还增加了 Mobile 模拟器设备，Load Controller 以代理服务器的身份完成脚本录制。后续的场景运行和 Web 端性能测试非常相似，但请求调用的 Apache 应用服务并不完全相同。

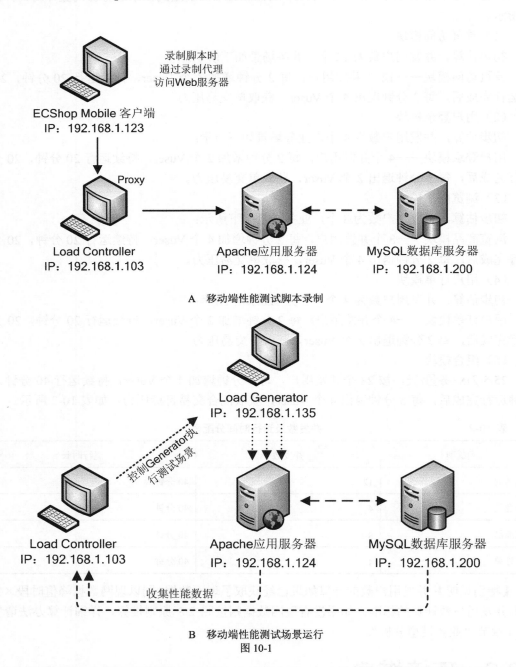

A 移动端性能测试脚本录制

B 移动端性能测试场景运行
图 10-1

【特别说明】：本书中使用的 IP 地址均为虚拟环境 IP 地址，读者在实际操作中使用的 IP 地址同该 IP 地址不完全相同。

按上述要求 Lucy 和 Peter 很快准备好了测试设备，本次硬件设备来自两台实体机和一台 PC 电脑终端，按照配置要求进行了环境的虚拟化操作。环境搭建要求如表 10-3 所示。

表 10-3　　　　　　　　　　　　　　　系统硬件配置表

设备名称	硬件配置	软件配置
Web 服务器（Apache2.4）	OS：CentOS 7 x64（1 台） 处理器：Intel(R) CPU E5-2670 四核（虚拟机分配）　主频 2.7GHz 内存：8GB	Apache2.4
数据库服务器（MySQL5.7）	OS：CentOS 7 x64（1 台） 处理器：Intel(R) CPU E5-2670 四核（虚拟机分配）　主频 2.7GHz 内存：8GB	MYSQL5.7
压力机	OS：Windows Server 2008（1 台） 处理器：Intel(R) CPU E3-1265L V2 两核（虚拟机分配）主频 2.5GHz 内存：4GB	LR12 VuGen、 LR12 Controller、 LR12 Analysis
负载机	OS：Windows Server 2008（1 台） 处理器：Intel(R) CPU E3-1265L V2 两核（虚拟机分配）主频 2.5GHz 内存：4GB	LR12 Generator
Mobile 模拟器	OS：Windows 10 专业版（1 台） 处理器：Intel(R) CPU i3-3120M 两核　主频 2.5GHz 内存：4GB	模拟器 Droid4X

因篇幅有限，客户端模拟器 Droid4X 的安装，以及 ECShop 移动端安装细节，请在 http:/www.51testing.com/html/92/n-3719892.html 处下载 "ECShop 移动端安装指南"。下面是 ECShop 移动端安装过程简介。

步骤 1：安装 ECShop 移动端后台服务器 API

从 ECShop 源代码程序包中找到 ecmobile 文件夹，然后将该目录及文件复制到 apache www 根目录，命令如下所示：

```
$ sudo cp -R ecmobile /var/www/html/
```

设置 ecmobile 目录权限允许 apache 服务账号完全访问。

```
$ cd /var/www/html/ecmobile
$ sudo chown -R apache:apache
$ sudo chmod -R 777
```

步骤 2：安装客户端模拟器 Droid4X

首先安装模拟器 Droid4X，然后下载 "RE 文件管理器" 和 "安装终端命令行" 应用程序，完成相应设置，详见 "ECShop 移动端安装指南"。

步骤 3：安装 ECShop Android 客户端

在模拟器端安装 ECMobile3.2.apk 文件，再安装 ECShop Android 客户端并进行相应配置。

安装成功后，在模拟器 Droid4X 打开 ECMobile 应用，无需再针对客户端进行额外设置，该移动端与 ECShop 网站进行了统一的后台管理操作，网站与客户端即可实现实时响应。详见"ECShop 移动端安装指南"。

例如，模拟器移动端可以看到网站后台相关商品，还可以使用 Web 端注册的用户，可以查看该用户 Web 端的积分、订单状态、会员等级等信息。

移动端安装完成后，在录制脚本前需要先修改模拟器的代理设置，使模拟器通过 Load Runner 代理访问部署在 IP：192.168.1.124 的 ECShop Mobile 服务。下面是移动端性能测试简介。

步骤 1：ECShop 模拟器 Droid4X 移动端配置

启动模拟器 Droid4X，进入 Home 页面->"我的桌面"，单击"系统应用"图标，单击"设置"选项，如图 10-2 所示。

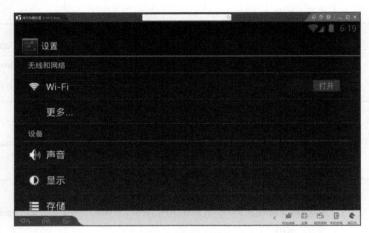

图 10-2　系统应用设置

在无线和网络下面的 Wi-Fi 栏，利用鼠标左键单击 Wi-Fi 栏，此时会打开 Wi-Fi 连接列表，如图 10-3 所示。

图 10-3　系统应用 Wi-Fi 设置

在 WiredSSID 长按鼠标左键（约 2 秒），打开连接的弹出菜单。选择修改网络，如图 10-4 所示。

图 10-4 系统应用 WiredSSID 设置

在弹出的网络属性窗口中，勾选"显示高级选项"（单击鼠标左键向下滚动即可看见此选项）。如图 10-5 所示。

图 10-5 WiredSSID 高级选项设置

在高级选项中将代理设置改为手动，在代理服务器地址和端口中输入 Load Runner 压力机的 IP 地址和端口，并保存退出该页面。如图 10-6 所示。

图 10-6 代理机设置

模拟器通过 HTTP 代理方式访问网络，意味着 ECShop 的移动客户端需要由 LoadRunner 来代理访问 shop.ecmobile.cn，所以还需要在 LoadRunner 录制脚本的机器上修改 HOST 文件。

Host 默认文件路径：C:\Windows\System32\drivers\etc\hosts。

将 shop.ecmobile.cn 指向本地部署的 ECShop Apache 服务器（IP：192.168.1.124），如图 10-7 所示。

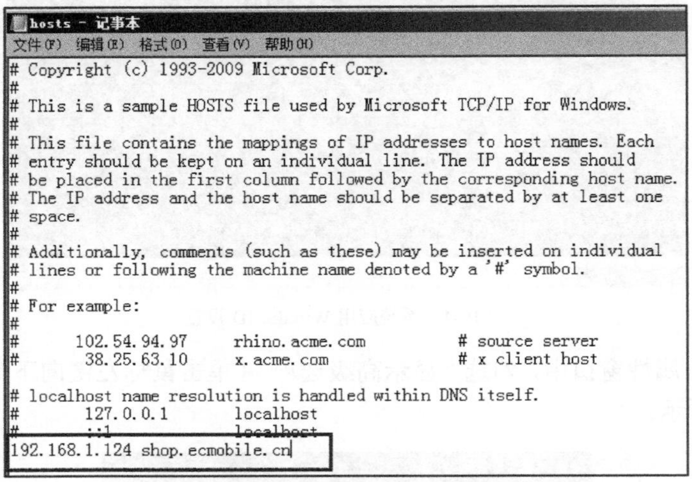

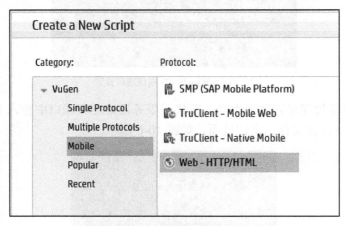

图 10-7　配置 hosts 文件

【特别说明】：Host 文件的配置也需要在 LR Generator 负载机（IP：192.168.1.135）上一并修改。

步骤 2：启动 LR VuGen 录制移动端脚本

首先，新建脚本，协议选择 Mobile->WEB（HTTP/HTML），如图 10-8 所示。

图 10-8　LR Mobile 协议选择

其次，在"Start Recording"对话框，选择录制方式为"Remote Application via LoadRunner Proxy"，端口号设置为"8889"（该端口号同模拟器端口号的设置必须保持一致），如图 10-9 所示。

然后，在"Recording Options"中选择录制脚本的方式为 URL-based script，如图 10-10 所示。

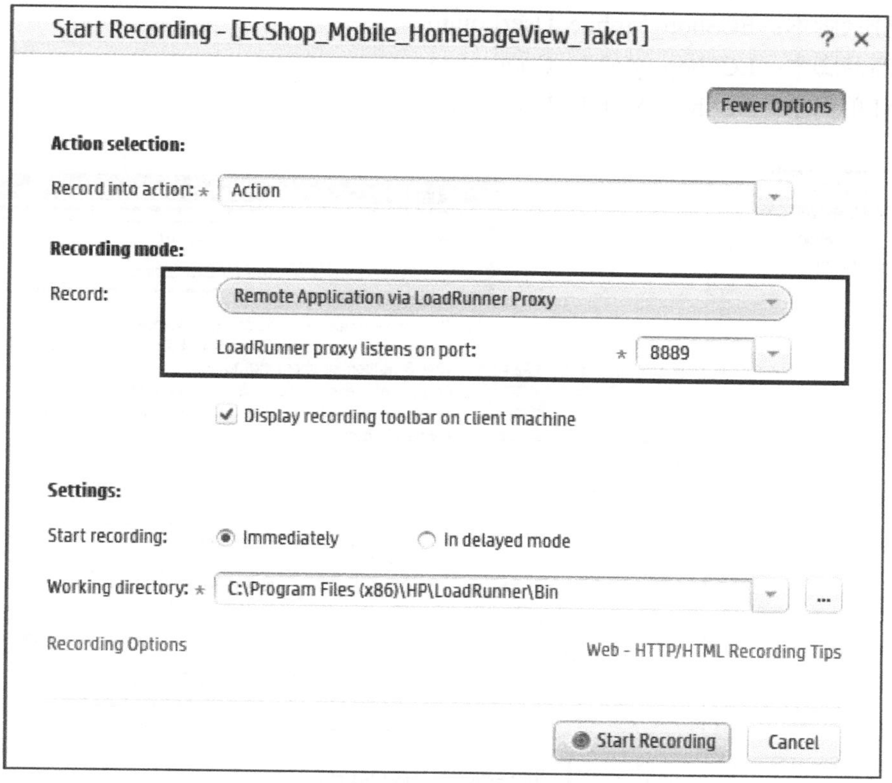

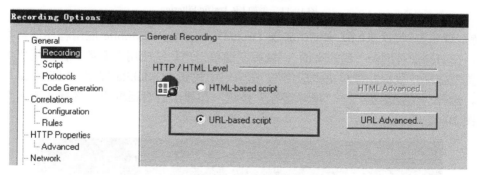

图 10-9　LR 代理设置

图 10-10　LR 脚本录制方式

【特别说明】：当模拟器 Droid4X 将 LR 设置为代理服务器时，录制脚本的过程中将产生大量与 ECShop Mobile 无关的访问，我们需要在 LR 的 "Recording Options" → "Network" 中将其排除。选择 Network→Mapping and Filtering→Traffic filtering，单击 "New Entry" 按钮，在 Target server 输入正则表达式^(*\.ecmobile\.cn)，如图 10-11 所示。

完成上述设置后，单击 "Start Recording" 按钮，启动脚本录制。LR 录制启动后，在 Droid4X 模拟器端进入 Home 页面→ "我的桌面"，单击打开 ECMobile 应用程序，开始录制业务场景。

本次将录制 4 个脚本，脚本请在 http://www.51testing.com/html/92/n-3719892.html 处下载（ECShop 脚本），脚本名称如下所示。

首页访问脚本：ECShop_Mobile_HomePageView；

用户登录脚本：ECShop_Mobile_UserLogin；

浏览商品脚本：ECShop_Mobile_GoodsView；

用户订单脚本：ECShop_Mobile_UserOrder。

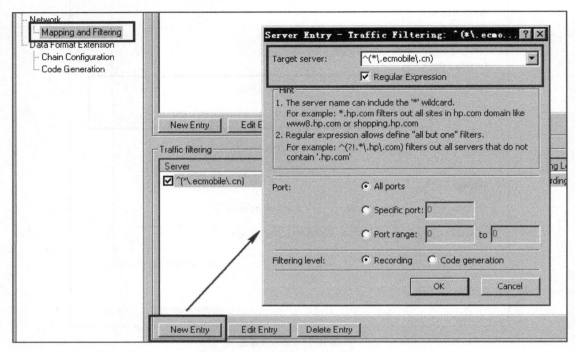

图 10-11　添加 LR Traffic Filtering

【特别说明】：每次录制脚本前请确保 Droid4X 模拟器 ECMobile 应用程序的数据是初始化状态，在 Home 页面->"我的桌面"，鼠标左键单击"系统应用"服务，在应用服务器中单击"设置"选项，鼠标左键单击"应用"。在应用中找到 ECMobile 程序，鼠标左键单击该应用程序，选择"清除数据"->"清除缓存"按钮，在弹出的对话框中，选择"确定"按钮即可，如图 10-12 所示。

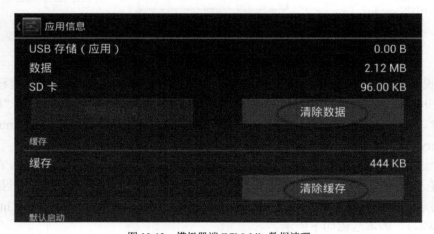

图 10-12　模拟器端 ECMobile 数据清理

10.3 测试实施

1. Mobile 端首页访问场景

首页访问模块——12 个并发用户，每 2 分钟增加 4 个 Vuser，持续运行 20 分钟，20 分钟运行完成后，每 2 分钟退出 4 个 Vuser，获取单交易压力。业务场景如图 10-13 所示。

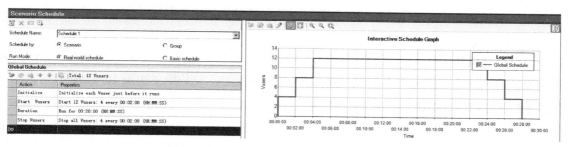

图 10-13　Mobile 用户压力场景设置（首页访问）

场景设置完成后运行脚本，得到并发用户压力场景的运行结果，如图 10-14 所示。

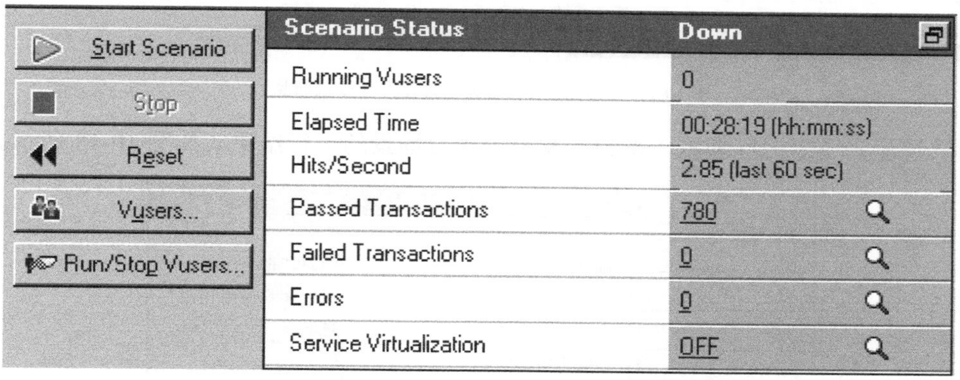

Scenario Status	Down	
Running Vusers	0	
Elapsed Time	00:28:19 (hh:mm:ss)	
Hits/Second	2.85 (last 60 sec)	
Passed Transactions	780	🔍
Failed Transactions	0	🔍
Errors	0	🔍
Service Virtualization	OFF	🔍

图 10-14　Mobile 用户压力场景运行结果（首页访问）

2. Mobile 端用户登录场景

用户登录模块——4 个并发用户，每 2 分钟增加 2 个 Vuser，持续运行 20 分钟，20 分钟运行完成后，每 2 分钟退出 2 个 Vuser，获取单交易压力。业务场景如图 10-15 所示。

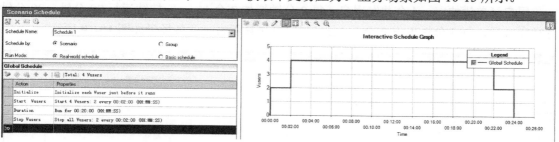

图 10-15　Mobile 用户压力场景设置（用户登录）

场景设置完成后运行脚本，得到并发用户压力场景的运行结果，如图 10-16 所示。

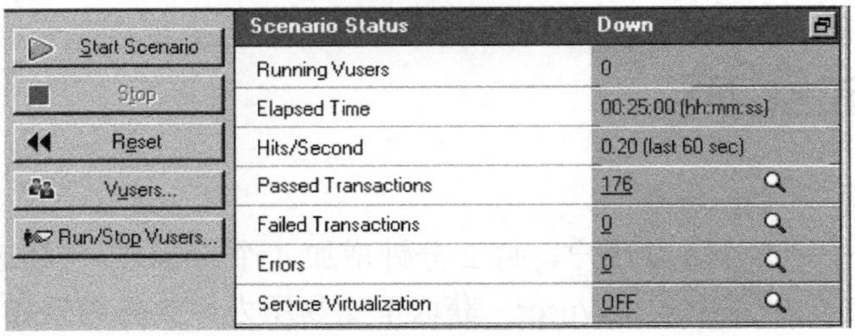

图 10-16 Mobile 用户压力场景运行结果（用户登录）

3. Mobile 端浏览商品场景

浏览商品模块——8 个并发用户，每 2 分钟增加 4 个 Vuser，持续运行 20 分钟，20 分钟运行完成后，每 2 分钟退出 4 个 Vuser，获取单交易压力。业务场景如图 10-17 所示。

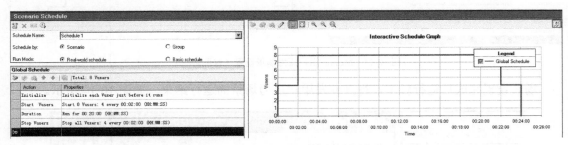

图 10-17 Mobile 用户压力场景设置（浏览商品）

场景设置完成后运行脚本，得到并发用户压力场景的运行结果，如图 10-18 所示。

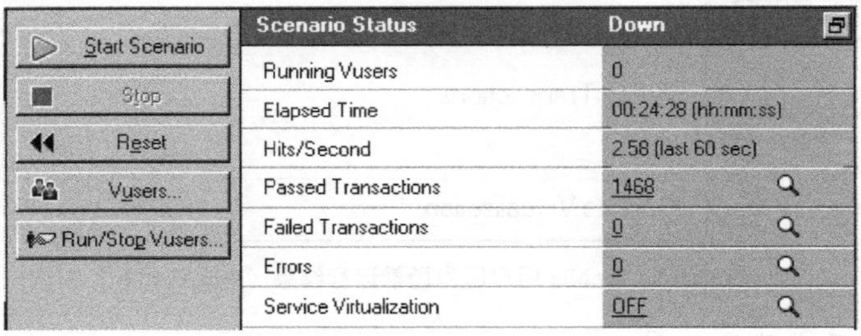

图 10-18 Mobile 用户压力场景运行结果（浏览商品）

4. Mobile 端用户订单场景

用户订单模块——4 个并发用户，每 2 分钟增加 2 个 Vuser，持续运行 20 分钟，20 分钟运行完成后，每 2 分钟退出 2 个 Vuser，获取单交易压力。业务场景如图 10-19 所示。

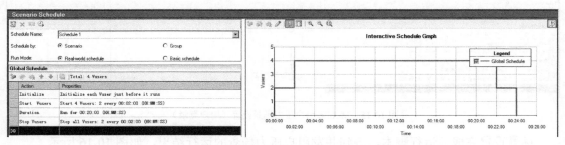

图 10-19 Mobile 用户压力场景设置（用户订单）

场景设置完成后运行脚本，得到并发用户压力场景的运行结果，如图 10-20 所示。

Scenario Status	Down
Running Vusers	0
Elapsed Time	00:26:29 (hh:mm:ss)
Hits/Second	0.37 (last 60 sec)
Passed Transactions	204
Failed Transactions	0
Errors	0
Service Virtualization	OFF

图 10-20　Mobile 用户压力场景运行结果（用户订单）

5. Mobile 端组合场景

25.5 万业务量/天，首页访问按 12 个用户并发，用户登录按 4 个用户并发，浏览商品按 8 个用户并发，用户订单按 4 个用户并发。共计 28 个并发用户，每 5 分钟增加 4 个 Vuser，持续运行 40 分钟，40 分钟运行完成后，每 5 分钟退出 4 个 Vuser，获取混合交易目标压力，业务场景如图 10-21 所示。

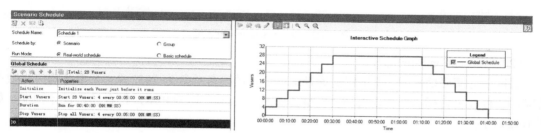

图 10-21　Mobile 组合场景设置

场景设置完成后运行脚本，得到组合场景并发用户压力测试的运行结果，如图 10-22 所示。

Scenario Status	Down
Running Vusers	0
Elapsed Time	01:43:28 (hh:mm:ss)
Hits/Second	0.19 (last 60 sec)
Passed Transactions	7952
Failed Transactions	0
Errors	0
Service Virtualization	OFF

图 10-22　Mobile 组合场景运行结果

10.4　分析报告

本次移动端性能测试有明确的测试目的，无需进行负载测试，Peter 和 Lucy 非常顺利地完成了测试任务。按照移动端的压力场景设计，系统可以达到目标要求。以下是本次组合场景的测试报告综述：

1. 组合场景运行完成后，进入 Analysis 页面，查看分析报告总述 Analysis Summary。

（1）Statistics Summary

从统计信息摘要中我们可以了解该场景总的并发用户量、系统吞吐量、每秒单击率等相关指标的情况，如图 10-23 所示。

Analysis Summary Period: ███████ 17:10

Scenario Name: C:\Program Files (x86)\HP\LoadRunner\scenario\Mobile_Group_Scenario_28user_40m.lrs
Results in Session: c:\LRscript\ECShop\████████\res82.lrr
Duration: 1 hour, 43 minutes and 28 seconds.

Statistics Summary

Maximum Running Vusers:		28	
Total Throughput (bytes):	⊘	436,299,711	
None			436,299,711
Average Throughput (bytes/second):	⊘	70,269	
None			70,268.918
Total Hits:	⊘	64,520	
None			64,520
Average Hits per Second:	⊘	10.391	View HTTP Responses Summary
None			10.391

图 10-23　Statistics Summary 区域

（2）Transaction Summary

通过事务摘要信息，可以了解到场景运行通过的事务总数为 7952 个，无事务响应失败的情况，结合预设目标值分析，95%度量事务的 SLA Status 均为 Pass，符合场景设计预期，如图 10-24 所示。

Transaction Summary

Transactions: Total Passed: 7,952 Total Failed: 0 Total Stopped: 0　　Average Response Time

	Pass	Fail	Stop	
Total	⊘	7,952	0	0
None		7,952	0	0

Transaction Name	SLA Status	Minimum	Average	Maximum	Std. Deviation	95 Percent	Pass	Fail	Stop
category	✓	0.043	0.05	0.185	0.007	0.061	1,152	0	0
None		0.043	0.05	0.185	0.007	0.061	1,152	0	0
goodsview	✓	0.058	0.101	0.154	0.014	0.125	1,152	0	0
None		0.058	0.101	0.154	0.014	0.125	1,152	0	0
GoodsView Transaction	⊘	0.106	0.152	0.288	0.016	0.18	1,152	0	0
None		0.106	0.152	0.288	0.016	0.18	1,152	0	0
homepageview Transaction	✓	0.125	0.143	0.724	0.02	0.161	3,592	0	0
None		0.125	0.143	0.724	0.02	0.161	3,592	0	0
login	✓	0.062	0.07	0.146	0.007	0.083	256	0	0
None		0.062	0.07	0.146	0.007	0.083	256	0	0
place order	✓	0.06	0.081	0.102	0.007	0.091	84	0	0
None		0.06	0.081	0.102	0.007	0.091	84	0	0
settle accounts	✓	0.074	0.106	0.347	0.031	0.126	84	0	0
None		0.074	0.106	0.347	0.031	0.126	84	0	0
shoppingcart	✓	0.057	0.072	0.103	0.008	0.088	84	0	0
None		0.057	0.072	0.103	0.008	0.088	84	0	0
Userlogin Transaction	⊘	0.109	0.174	1.137	0.067	0.206	256	0	0
None		0.109	0.174	1.137	0.067	0.206	256	0	0
userorder Transaction	⊘	0.452	0.591	0.992	0.061	0.652	84	0	0
None		0.452	0.591	0.992	0.061	0.652	84	0	0
vuser end Transaction	⊘	0	0	0	0	0	28	0	0
None		0	0	0	0	0	28	0	0
vuser init Transaction	⊘	0	0.001	0.009	0.002	0.003	28	0	0
None		0	0.001	0.009	0.002	0.003	28	0	0

Service Level Agreement Legend:　✓ Pass　☒ Fail　⊘ No Data

图 10-24　Transaction Summary 区域

（3）HTTP Responses Summary

HTTP 响应摘要中我们可以了解请求的状态码为 200，表示请求全部成功，状态码总的单击次数为 64520 次，每秒钟约 10 次单击，如图 10-25 所示。

HTTP Responses Summary

HTTP Responses	Total	Per second
HTTP 200	64,520	10.391
None	64,520	10.391

View Retries per Second graph.

图 10-25　HTTP Responses Summary 区域

2．摘要报告阅览后，进入 Analysis 页面，查看交易指标分析情况。

（1）Running Vusers-Throughput

在交易指标中，我们可以看到系统的吞吐量随着并发用户数的增加而增加，在 28 个持续运行 40 分钟的时间段内吞吐量处于高位，表现稳定，最后随着并发用户数的递减而逐步降低，说明系统能够满足当前压力场景的处理能力，如图 10-26 所示。

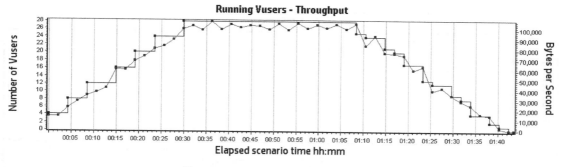

图 10-26　Running Vusers-Throughput 图表

（2）Average Transaction Response Time

系统事务平均响应时间均在预期范围内，表现良好，其中用户订单业务逻辑最为复杂，事务耗时最多，符合预期，如图 10-27 所示。

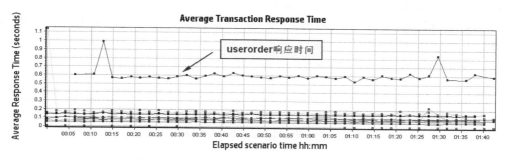

图 10-27　Average Transaction Response Time 图表

3．进入 Analysis 报告，查看操作系统和应用服务器资源使用情况。

（1）Apache

在组合业务场景中，Apache 繁忙状态的服务器数随着并发用户量的增加而增加，持续运行 40 分钟后伴随并发数的减少而下降，说明系统资源使用符合预期，没有产生瓶颈。而空闲状态下的服务器数一直处于高位，说明当前负荷较小，无需优化该服务，如图 10-28 所示。

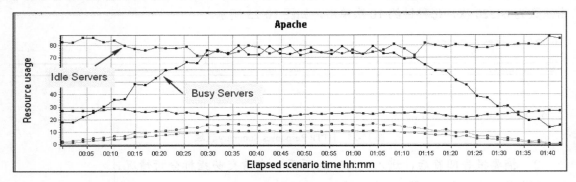

图 10-28　Apache 资源图表

（2）MySQL

在组合业务场景中，MySQL 连接数没有明显变化，说明服务器缓存连接数表现良好，系统压力较小，无需优化，如图 10-29 所示。

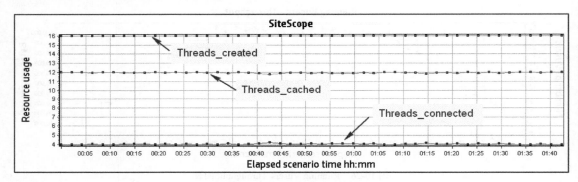

图 10-29　MySQL 连接数图表

Threads_created：已经创建的线程总数。

Threads_cached：已经被线程缓存池缓存的线程个数。

Threads_connected：当前客户端已连接的数量。

MySQL 空闲连接线程在 Thread cache 池的命中率在 90% 以上（实际值达到了 99% 以上），无需调优，如图 10-30 所示。

thread cache =(Connections-Threads_created)/Connections × 100

Scale	Measurement	Minimum	Average	Maximum	Std. Deviation
1	/ecshop/ecshop/Connections/Value:localhost	544,973.000	557,328.781	569,093.000	8,486.363
1	/ecshop/ecshop/Threads_created/Value:localhost	16.000	16.000	16.000	0.000

图 10-30　MySQL_Thread cache 池

（3）Linux（CentOS）

在组合业务场景中，CPU 使用率远低于目标值，无需优化。图 10-31 为两台服务器的 CPU 使用情况。

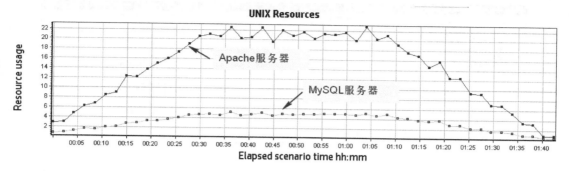

图 10-31　CPU Utilization 图表

Analysis 分析器提供了丰富的报告形式，可依据实际需要生成各种报告，以 HTML 报告为例，在 Analysis 菜单栏选择"Reports"->"HTML Report..."，生成 HTML 报告。生成的 HTML 报告内容包括 Analysis 窗口打开的所有图表和一个摘要报告，也就是说如果你想要在 HTML 报告中看到更多指标，需要先在 Analysis Graphs 中打开，如图 10-32 所示。

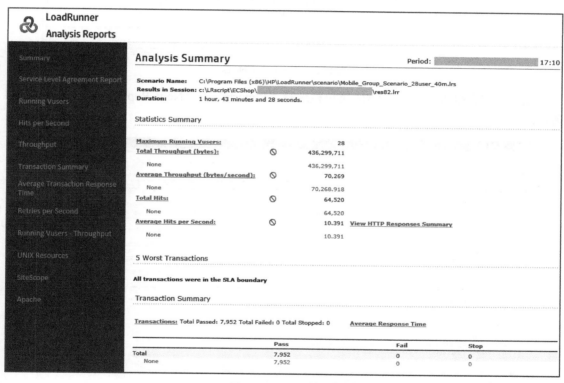

图 10-32　HTML 报告

【特别说明】：生成的 HTML 报告包含两个部分，一个是 HTML 文件，另一个是同步生成的对应名称的文件夹，里面包含 HTML 需要引用的图片和页面样式等资源。

如果想要更完整的报告内容，可以考虑使用 Analysis 自带的模板生成报告，在 Analysis 菜单栏选择"Reports"->"Report Templates..."，如图 10-33 所示。

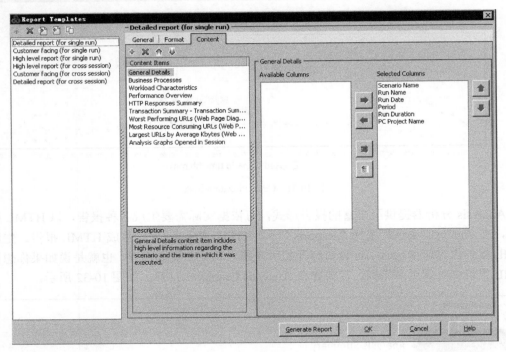

图 10-33　Report Templates

或者自定义报告，在 Analysis 菜单栏选择"Reports"->"New Report …"，如图 10-34 所示。

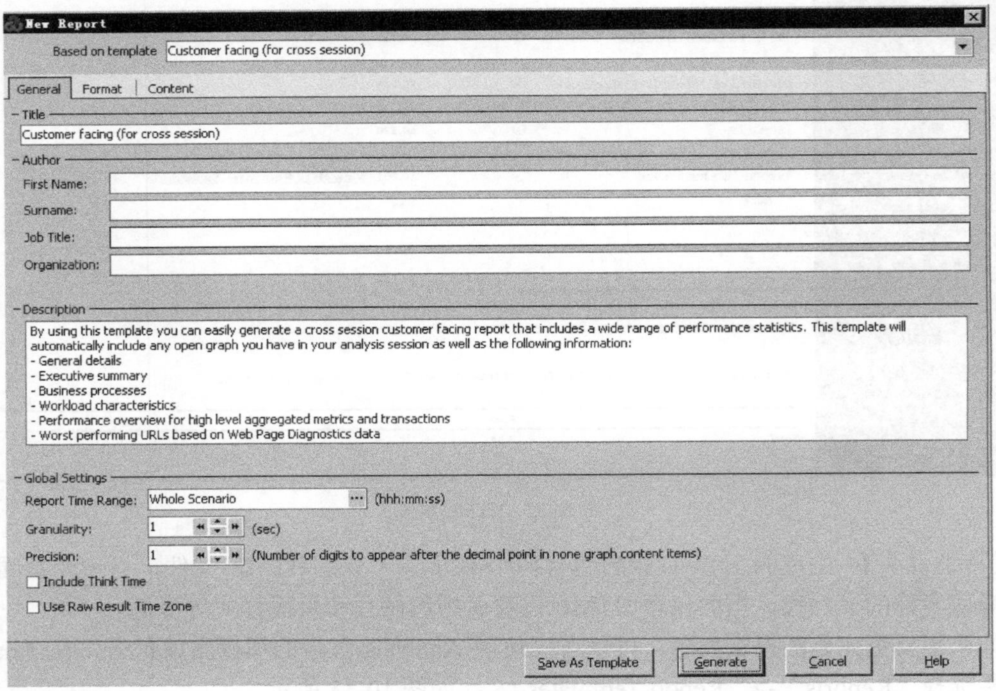

图 10-34　自定义报告

【特别说明】：用模板或者自定义方式生成的报告可依据需要保存成若干种样式，例如 PDF File、Excel File、HTML File、Text File 等。在实际性能测试项目中如果系统无需调优，符合预期，那么可以直接以此类报告作为提交物，如果系统有调优和回归测试环节，通常该类报告仅作为性能测试报告的附属文件。

10.5　本章小结

请和 Lucy 一起完成以下练习，验证第 10 章节所学内容（参考答案详见附录"每章小结练习答案"）。

简答题（共 2 小题）

1. 在性能测试项目中如何得到并发用户数？
2. 移动端和 Web 端项目在性能测试上有何不同之处？

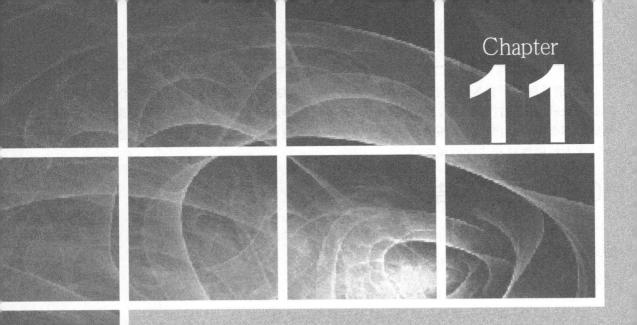

Chapter

11

第 11 章

Nmon 指标

监控技巧

网上舆论倾向于使用Nmon工具进行Linux端的系统资源监控,难道和LR12的监控Linux有本质区别?Lucy 怀着一颗好奇心,开始探索 Nmon 工具的使用。本章将以初学者的视角,围绕工具安装、基础功能介绍,以及图表分析 3 个部分展开。

本章主要包括以下内容:

- 安装指导;
- 使用概述;
- 图表分析;
- 本章小结。

11.1　安装指导

Nmon 是一款开源的 Linux 平台下系统监控工具,它提供了非常详细的性能监控数据,同时支持实时模式和数据收集模式。本书将以 CentOS 7 x64 系统为例,介绍在此环境下的安装。

首先我们需要下载程序安装包,官网地址如下所示:

http://nmon.sourceforge.net/pmwiki.php?n=Site.Download

在该页面找到匹配 CentOS 7 x64 系统的程序安装包 "nmon16e_mpginc.tar.gz3.5MB",如图 11-1 所示。

图 11-1　Nmon 文件下载地址

请使用下面的命令下载文件:

```
$ wget http://sourceforge.net/projects/nmon/files/nmon16e_mpginc.tar.gz
```

下载完成后,使用解压缩命令,得到我们需要的 "nmon_x86_64_centos7" 文件,如图 11-2 所示。

```
$ tar zxvf nmon16e_mpginc.tar.gz
```

```
342054 Apr 20  2016 nmon_power_32_rhel6
353612 Apr 20  2016 nmon_power_32_sles11
460578 Apr 20  2016 nmon_power_64_kvm2
464824 Apr 20  2016 nmon_power_64le_fedora22
464824 Apr 20  2016 nmon_power_64le_rhel6
464824 Apr 20  2016 nmon_power_64le_rhel7
540615 Apr 20  2016 nmon_power_64le_ubuntu14
561504 Apr 20  2016 nmon_power_64le_ubuntu15
551472 Apr 20  2016 nmon_power_64le_ubuntu16
405725 Apr 20  2016 nmon_power_64_rhel6
460578 Apr 20  2016 nmon_power_64_rhel7
418328 Apr 20  2016 nmon_power_64_sles11
347506 Apr 14  2016 nmon_x86_64_centos6
402146 Apr 14  2016 nmon_x86_64_centos7
345503 Apr 14  2016 nmon_x86_64_opensuse11
394628 Apr 14  2016 nmon_x86_64_opensuse12
347506 Apr 14  2016 nmon_x86_64_rhel6
402146 Apr 14  2016 nmon_x86_64_rhel7
345503 Apr 14  2016 nmon_x86_64_sles11
394628 Apr 14  2016 nmon_x86_64_sles12
481776 Apr 14  2016 nmon_x86_64_ubuntu15
```

图 11-2　Nmon 文件解压缩

请将"nmon_x86_64_centos7"文件复制到/usr/local/bin 目录中，然后创建一个叫作 nmon 的符号链接，这样我们就可以通过 nmon 命令启动 Nmon 监控工具。命令如下所示：

```
$ sudo cp nmon_x86_64_centos7 /usr/local/bin/
$ sudo ln -s /usr/local/bin/nmon_x86_64_centos7 /usr/local/bin/nmon
```

11.2　使用概述

在本次学习中，Lucy 将 Nmon 安装到了/usr/local/bin/目录中，并且创建了名叫 nmon 的符号链接。所以，在终端的任意目录中输入 nmon 即可以 Online 模式运行 Nmon。Online 模式的 Nmon 会首先显示如图 11-3 所示的提示界面，包含当前服务器的 OS 和 CPU 的简要介绍，以及 Nmon 的常用快捷键。

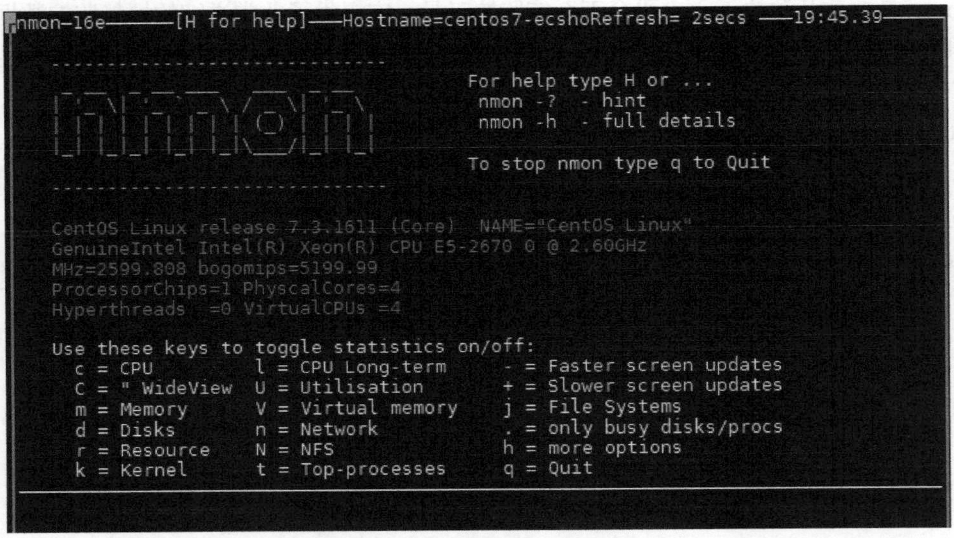

图 11-3　Nmon 欢迎界面

下面我们介绍一下常用快捷键的使用：

当我们键入 c，则打开了 CPU 的监控窗口，如图 11-4 所示。

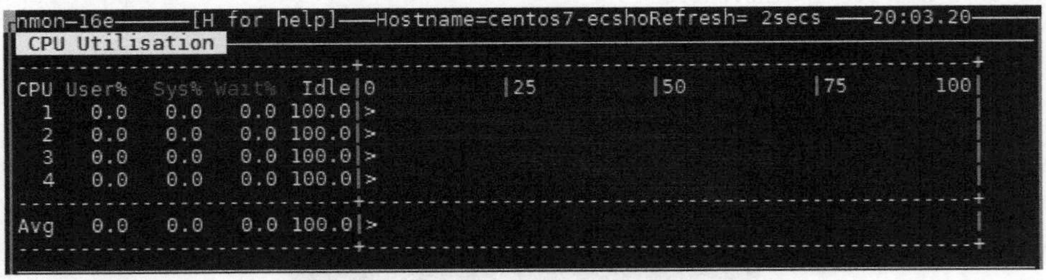

图 11-4　Nmon_CPU Utilisation 界面

当我们想查看内存和虚拟内存的监控数据，输入 mV（注意 V 是大写的），这时我们可以看到物理内存和虚拟内存的性能数据也显示出来，如图 11-5 所示。

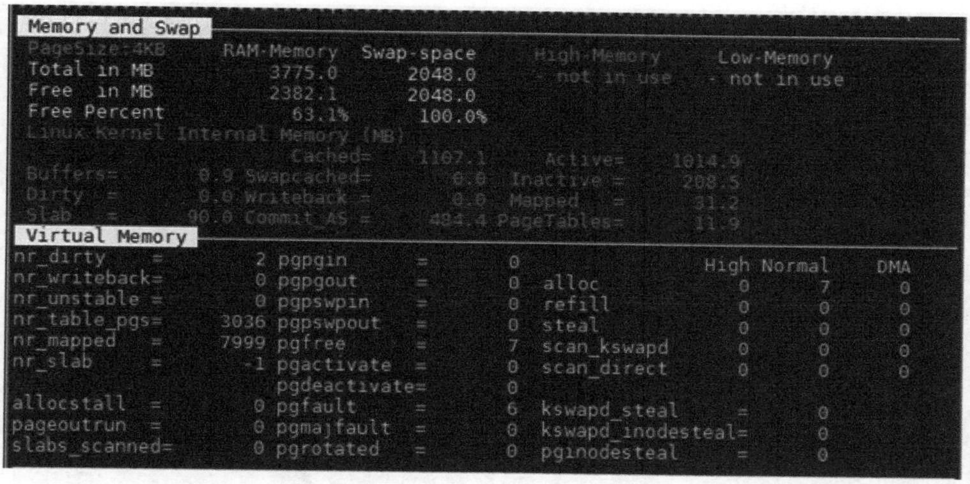

图 11-5　Nmon_Memory 界面

当我们想查看网络、磁盘和进程的情况，请输入 ndt(n - network, d - disk, t - top process) 命令，如图 11-6 所示。

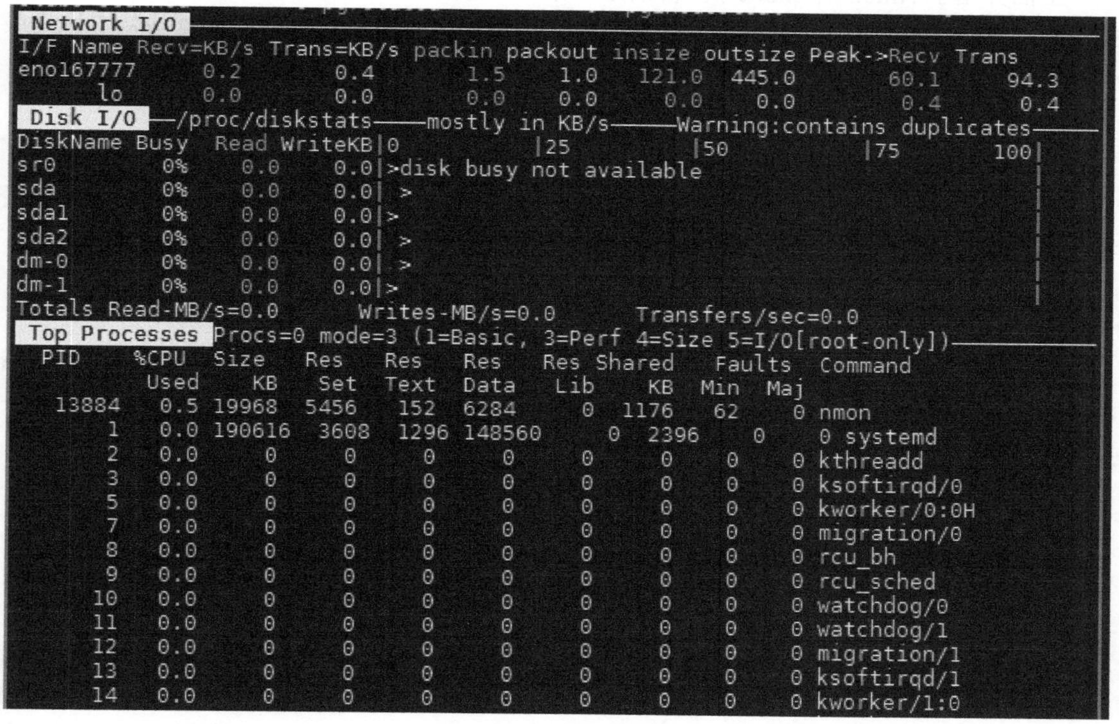

图 11-6　Nmon_ndt 界面

【特别说明】：当使用任意快捷键后，快捷键列表将会被隐藏，如果想要再次显示监控对象快捷键列表，可以按 h 键，如图 11-7 所示。

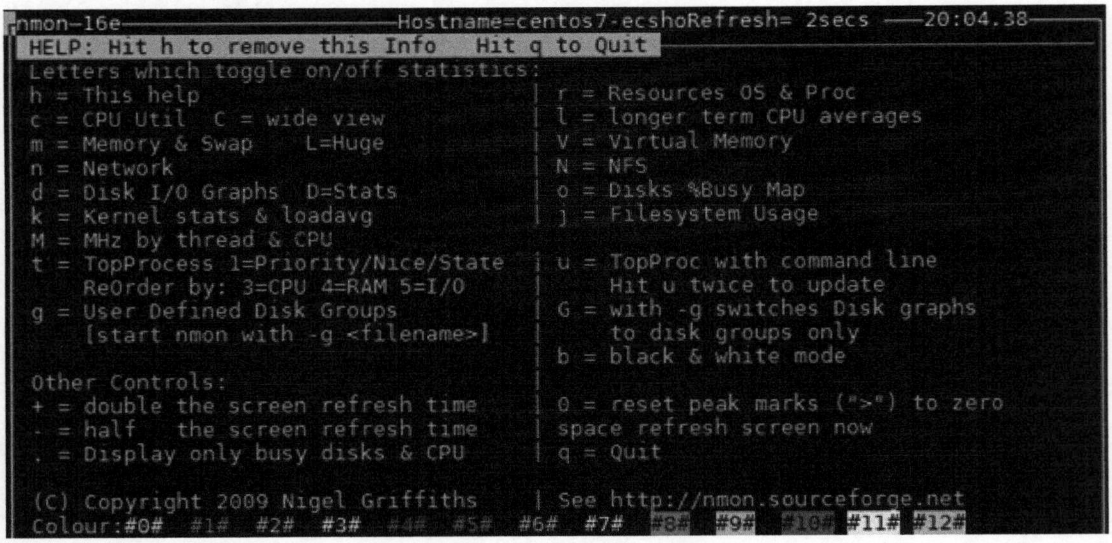

图 11-7　Nmon_HELP 界面

上面介绍了 Nmon 的 online 模式的用法，在日常使用中我们常常需要将一段时间的性能数据保存并对其进行分析，Nmon 也支持数据收集模式，它能将这些性能数据按特定格式保存到磁盘。

通过下面的命令可以让 Nmon 以数据收集模式启动。

```
$ nmon -f -s 5 -c 10
```

其中参数-s 5 代表每隔 5 秒采集一次数据，参数-c 10 代表总共采集 10 次数据，所以如果我们想每隔 5 秒采集一次数据，监控一个小时内的系统性能，则可以通过下面的命令实现。

```
$ nmon -f -s 5 -c 720
说明：5 秒 × 720 = 3600 秒 = 1 小时
```

【特别说明】：需要注意的是，当以监控模式运行 Nmon 后，会立刻返回控制台，Nmon 将持续以后台进程形式运行，直到指定的监控时间结束。所以，我们如果这时用下面的命令则可以看到 Nmon 的进程。如图 11-8 所示。

```
$ ps all | grep nmon
```

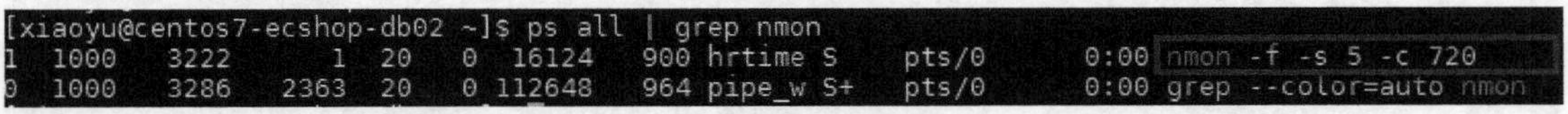

图 11-8　Nmon 查看监控进程

默认情况下，Nmon 监控的数据文件命名按<Hostname>_<YYMMDD>_<HHMM>.nmon 来自动生成，并保存到当前目录中。例如，演示 Nmon 的这台服务器 hostname 为 centos7-ecshop-02，所以生成的监控数据文件名是以 centos7-ecshop-02 开头，该文件是按逗号分隔的 CSV 格式文本文件，我们可以用任意文本编辑器打开。如图 11-9 所示。

看到这样的数据 Lucy 感到非常头疼，完全没有感受到 Nmon 监控带来的便利，在咨询 Peter 后发现 Nmon 还有一个配套的报表生成工具 nmonchart。该工具可以将监控到的 Nmon 数据文件生成 html 格式的报表，该工具使用了 google chart 对各种性能数据生成相应的图表。

```
ZZZZ,T0001,20:16:31,01-FEB-2017
CPU001,T0001,0.0,1.8,0.0,98.2,0.0
CPU002,T0001,0.9,0.9,0.0,98.2,0.0
CPU003,T0001,0.9,1.8,0.0,97.3,0.0
CPU004,T0001,0.9,0.9,0.0,98.2,0.0
CPU_ALL,T0001,0.7,1.4,0.0,98.0,0.0,,4
MEM,T0001,3775.0,-0.0,-0.0,2048.0,2385.9,-0.0,-0.0,2048.0,-0.0,1107.2,1010.9,-1.0,0.
9,0.0,208.5
VM,Paging and Virtual Memory,nr_dirty,nr_writeback,nr_unstable,nr_page_table_pages,n
r_mapped,nr_slab,pgpgin,pgpgout,pswpin,pswpout,pgfree,pgactivate,pgdeactivate,pgfaul
t,pgmajfault,pginodesteal,slabs_scanned,kswapd_steal,kswapd_inodesteal,pageoutrun,al
locstall,pgrotated,pgalloc_high,pgalloc_normal,pgalloc_dma,pgrefill_high,pgrefill_no
rmal,pgrefill_dma,pgsteal_high,pgsteal_normal,pgsteal_dma,pgscan_kswapd_high,pgscan_
kswapd_normal,pgscan_kswapd_dma,pgscan_direct_high,pgscan_direct_normal,pgscan_direc
t_dma
VM,T0001,9,0,0,3022,7949,-1,0,0,0,0,6678,5,0,23574,0,0,0,0,0,0,0,0,0,2169,0,0,0,0,0,
0,0,0,0,0,0,0,0
PROC,T0001,1,0,0.0,-1.0,-1.0,-1.0,0.0,-1.0,-1.0,-1.0
NET,T0001,0.2,0.0,0.3,0.0
NETPACKET,T0001,2.7,0.0,2.7,0.0
JFSFILE,T0001,19.1,0.0,0.5,19.1,34.5
DISKBUSY,T0001,0.0,0.0,0.0,0.0,0.0,0.0,0.0
DISKREAD,T0001,0.0,0.0,0.0,0.0,0.0,0.0,0.0
DISKWRITE,T0001,0.0,0.0,0.0,0.0,0.0,0.0,0.0
DISKXFER,T0001,0.0,0.0,0.0,0.0,0.0,0.0,0.0
DISKBSIZE,T0001,0.0,0.0,0.0,0.0,0.0,0.0,0.0
ZZZZ,T0002,20:16:36,01-FEB-2017
CPU001,T0002,0.0,0.0,0.0,100.0,0.0
```

图 11-9　Nmon 监控数据文件

11.3　图表分析

可以从 Nmon 官网地址 http://nmon.sourceforge.net/pmwiki.php?n=Site.Nmonchart 下载。
也可以通过如下命令下载 v31 版本的 nmonchart，并解压缩到 nmonchart 目录。

```
$ wget http://sourceforge.net/projects/nmon/files/nmonchart31.tar
$ mkdir nmonchart
$ tar xvf nmonchart31.tar -C nmonchart
```

解压后可以看到 nmonchart 目录中有下面这些文件。如图 11-10 所示。

```
  36859 Dec  9 19:31 nmonchart
   1620 Dec  9 03:04 nmonchart_cron
    109 Dec  9 03:04 nmonchart_license
   6144 Dec  9 03:04 nmon_upload.html
   2214 Dec  9 03:04 nmon_upload.php
  14261 Dec  9 19:07 README
 193868 Dec  9 19:31 sampleC.html
 478360 Dec  9 03:04 sampleC.nmon
 803695 Dec  9 19:32 sampleD.html
2438154 Dec  9 19:04 sampleD.nmon
```

图 11-10　nmonchart 目录文件

我们目前要用到的就是第一个 nmonchart 文件，nmonchart 是一个 Korn shell 脚本，默认
情况下 CentOS 7 是没有安装这种脚本的解释器的，我们先通过下面的命令安装 Korn shell 脚

本解释器，命令如下所示：

```
$ sudo yum install -y ksh
```

　　环境准备好后，就可以开始用 nmonchart 转换之前生成的 Nmon 数据文件，例如我们这里有一个名字叫作 centos7-ecshop-02_170201_1853.nmon 的监控数据文件，用下面的命令可以对其生成 html 格式报表。

```
$ ./nmonchart centos7-ecshop-02_170201_1853.nmon centos7-ecshop-02_170201_1853.html
```

　　系统将会生成一个 centos7-ecshop-02_170201_1853.html 文件，该文件可以下载到装有浏览器的计算机上打开。也可以将文件拷贝到 apache 服务器对应目录进行访问。我们假设 apache 的文档根目录在/var/www/html，通过下面的命令我们在文档根目录中创建一个 perf-mon 目录，并将生成的 html 文件复制到 perf-mon 目录中。

```
$ sudo mkdir /var/www/html/perf-mon
$ sudo cp centos7-ecshop-02_170201_1853.html /var/www/html/perf-mon
```

　　在网络上任何一台可以访问该服务器的计算机上打开浏览器，输入访问地址 http://192.168.1.124/perf-mon/，可以看到我们刚才复制到这里的 HTML 文件，打开这个文件即可查看报告。如图 11-11 所示。

图 11-11　HTML 文件路径

其中报表被分成了很多类别，以导航按钮的形式提供给我们选择，如图 11-12 所示。

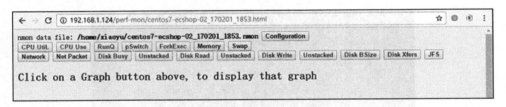

图 11-12　HTML 报表类别展示

通过单击上面的按钮就可以查看不同的性能监控报告。以下是常用监控指标示例图。

（1）CPU Util，如图 11-13 所示。

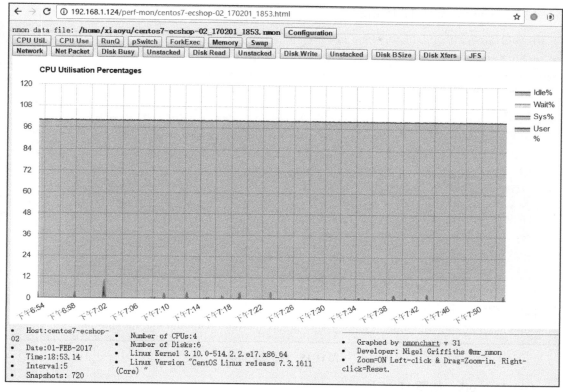

图 11-13　总 CPU 利用率百分比

（2）CPU Use，如图 11-14 所示。

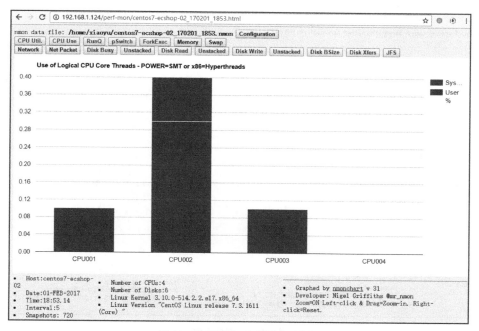

图 11-14　逻辑 CPU 利用率百分比

（3）Memory，如图 11-15 所示。

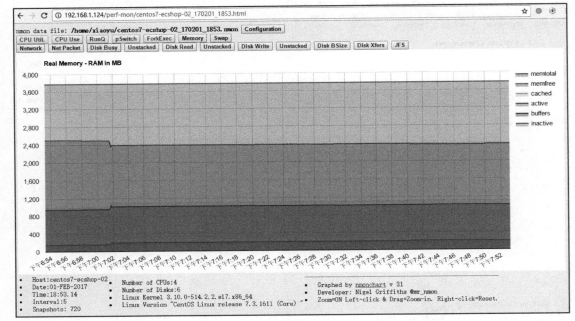

图 11-15　内存使用情况

（4）Network，如图 11-16 所示。

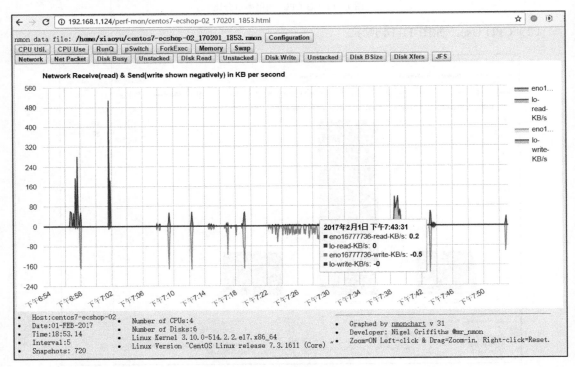

图 11-16　网络流量

（5）Disk Write，如图 11-17 所示。

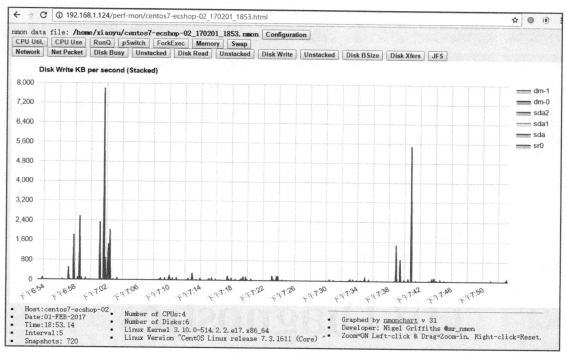

图 11-17　磁盘读写

11.4　本章小结

请和 Lucy 一起完成以下练习，验证第 11 章所学内容（参考答案详见附录"每章小结练习答案"）。

填空题（共 5 小题）

1．在 Linux 操作系统下使用＿＿＿＿＿命令下载文件，下载完成后，使用＿＿＿＿＿命令解压 tar.gz 的文件。

2．在 Nmon 中打开 CPU 监控窗口的快捷键是＿＿＿＿＿，如果我们想查看内存和虚拟内存的监控数据则需要输入＿＿＿＿＿。

3．当使用任意快捷键后，快捷键列表将会被隐藏，如果想要再次显示监控对象快捷键列表，可以使用＿＿＿＿＿键。

4．通过 $ nmon -f -s 5 -c 10 命令可以让 Nmon 以数据收集模式启动，其中参数-s 5 代表＿＿＿＿＿，参数-c 10 代表＿＿＿＿＿。

5．Nmon 一般会配套使用报表生成工具 nmonchart，我们可以通过该工具提供的 html 报表查看监控数据，例如 CPU Util、＿＿＿＿＿、＿＿＿＿＿、＿＿＿＿＿、＿＿＿＿＿等常用监控指标。

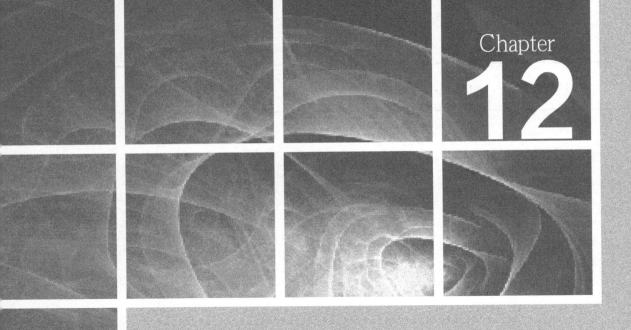

Chapter

12

第 12 章

HP Diagnostics

服务

在 Controller 除场景设计和场景运行 Tab 页面外，还有一个 J2EE/.NET 页面。该页面实际是 LR 调用了外部组件 HP Diagnostics。我们可以同 Lucy 一起简单了解一下 Diagnotsics，为今后更复杂的性能测试项目做准备。

本章主要包括以下内容：

- Diagnostics 简介；
- 安装部署；
- 使用说明；
- 本章小结。

12.1　Diagnostics 简介

HP Diagnostics 是一套包含应用程序监控、检测和诊断的整合方案，它能在整个应用生命周期过程中帮助我们改进 Java、.NET 和其他类型应用程序的性能。

HP Diagnostics 包含图 12-1 所展示的一系列组件。

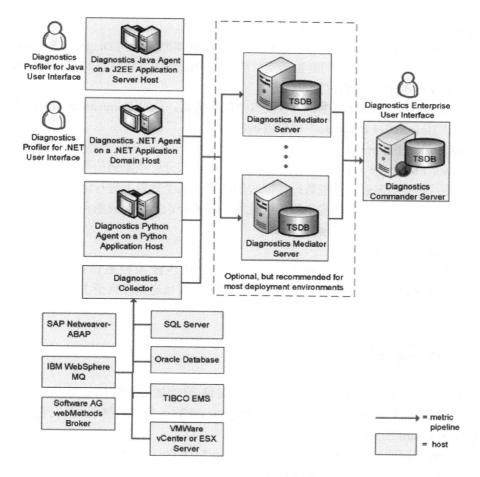

图 12-1　HP Diagnostics 结构图

（1）Diagnostics Java/.NET/Python 代理

用于捕获 Java/.NET/Python 应用中的方法调用，服务器请求和系统资源使用这类事件。代理从这些事件中提取大量监控数据，并将它们发送到指定的 Diagnostics 中间服务器上。

Diagnostics Java/.NET/Python 代理程序安装在运行被监控程序的主机上。一个代理程序在同一个主机上可以监控多个 Java/.NET/Python 应用程序。

（2）Diagnostics Collectors

该收集器程序能收集这些服务平台系统的事件数据。收集器程序不需要安装到运行这些服务平台系统的主机上，只需要能够通过网络访问它们即可。

（3）Diagnostics mediator server

Diagnostics 中间服务器能接收和聚合来自代理程序和收集器程序的捕获的性能数据，管理和存储在其本地的时间序列数据库(TSDB)中。

【特别说明】：在较小的环境或者测试环境中可以省略中间服务器。这种情况下必须将 Diagnostics commander 服务器配置为同时担任 commander 和 mediator 的角色。这个配置是在安装 Diagnostics commander server 过程中完成的，这时 Commander server 将拥有自己的 TSDB。

（4）Diagnostics commander server

Commander server 从中间服务器获取数据，然后根据需要展示到 Diagnostics Enterprise UI 上的视图中。Commander server 同时也负责管理所有 Diagnostics 组件（代理程序、收集器程序和中间服务器），包括它们的位置和状态。

在较小的环境或者测试环境中，可以没有中间服务器，这时 Commander server 将拥有自己的 TSDB（"Time Series Database" 时序数据库）。

（5）Diagnostics Enterprise User Interface

Diagnostics Enterprise UI 提供了各种视图用于展示和分析收集到的数据。这些视图在较高的层次上通过各种图表展示性能数据，同时还能够在某个数据上进行向下挖掘。易于使用的界面可以帮助我们方便地监控应用程序的性能，隔离和识别性能问题和寻找问题根源。这个 UI 可以通过任何受支持的浏览器访问。

（6）Diagnostics Profilers

其运行在代理程序所在的主机上，它允许在原始性能监控数据被中间服务器或者 Commander 服务器处理之前对其进行访问。它的 UI 也可以通过任何受支持的浏览器进行访问。Python 代理程序没有相应的 Profiler。

12.2 安装部署

下面我们以一个 Java REST Service 作为监控对象，介绍如何部署 Diagnostics 来监控 Java 程序的运行情况。这个 Java REST Service 是 Dropwizard 的一个示例程序，其安装和编译过程可以参考 Dropwizard 的官网文档。

Dropwizard 官网地址：http://www.dropwizard.io/1.0.6/docs/manual/example.html。

1. 安装 Diagnostics Command Server

首先我们需要安装一台独立的 Diagnostics Command Server。从 HP 官方网站下载

Diagnostics 的相关安装包，根据 OS 选择对应的安装包，下面以 Windows 为例，如图 12-2 所示。

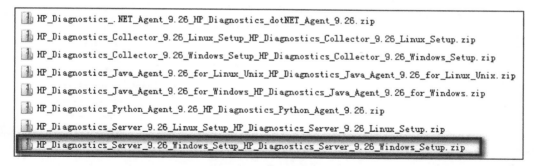

图 12-2   Diagnostics Server 安装包

安装好后，在浏览器中输入 Diagnostics Server 的 IP，使用默认端口 2006，就可以打开如图 12-3 所示界面。

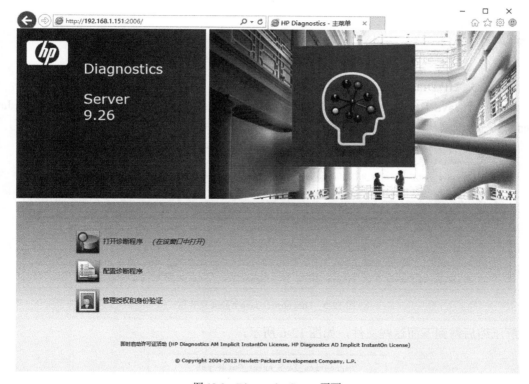

图 12-3   Diagnostics Server 页面

单击打开诊断程序，输入默认的账号 admin 和默认密码 admin，即可登录到诊断程序的主界面。如图 12-4 所示。

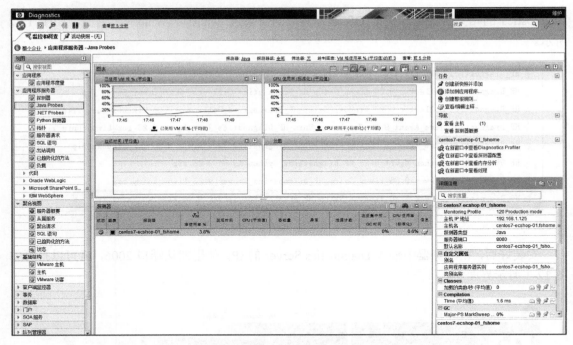

图 12-4　Diagnostics Server 主页面

2.　安装 HP Diagnostics Java Agent

由于这个 Java REST Service 运行在一台 CentOS 7 系统上,所以安装 Linux 版本的 Java Agent 首先解压缩从 HP 官网下载的安装包,如图 12-5 所示。

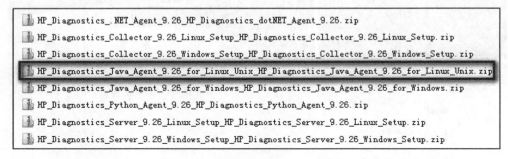

图 12-5　Diagnostics Java Agent 安装包

解压缩后得到下面这些文件,如图 12-6 所示。

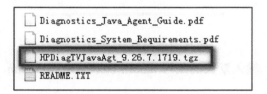

图 12-6　Diagnostics Java Agent 解压文件

其中 HPDiagTVJavaAgt_9.26.7.1719.tgz 就是 Java Agent 的安装文件。将其复制到 CentOS7 系统中解压缩,并安装文件压缩包。

```
tar -pxzf HPDiagTVJavaAgt_9.26.7.1719.tgz
```

解压缩后会得到一个 JavaAgent 目录，使用下面的命令将其移动到/opt 目录中。然后在 /opt/JavaAgent/DiagnosticsAgent 目录中执行 setup.sh-console，根据提示进行安装。

```
sudo mv JavaAgent /opt/
cd /opt/JavaAgent/DiagnosticsAgent/
./setup.sh -console
```

这时会启动文本模式的安装向导，在第一步中，按回车或者输入 N，不启用 Profiler Mode，然后在提示 Diagnostics Mode for Load Runner/Performance Center (AD License) [N]时输入 Y。如图 12-7 所示。

图 12-7　文本安装向导 Progress1

在第二步中，所有问题都可以直接按回车用默认值。如图 12-8 所示。

图 12-8　文本安装向导 Progress 2

第三步在提示 Diagnostics Server [localhost]时输入前面步骤安装 Diagnostics Server 所在服务器的 IP 地址。在提示 Local Profiler Password[ ]时输入一个用于登录 Profiler UI 的密码。然后在提示是否保存的对话中选择 Y。如图 12-9 所示。

图 12-9　文本安装向导 Progress 3

完成后会提示类似下面的信息，表明配置成功，并且通过了与 Diagnostics Server 的连接测试。如图 12-10 所示。

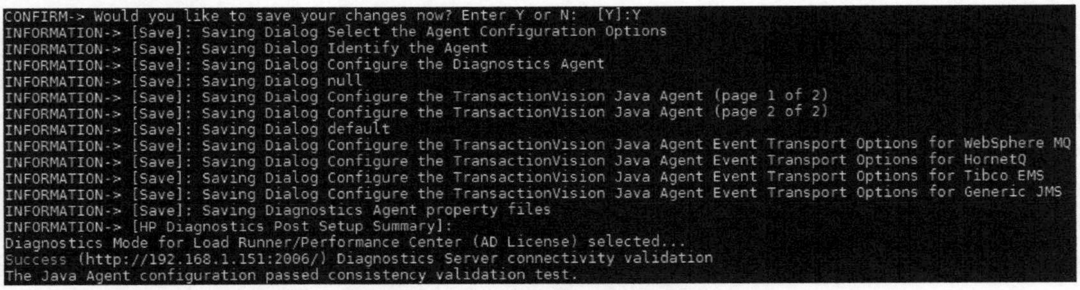

图 12-10　Java Agent 配置完成

接下来可以在启动 Java REST Service 的时候添加 java agent 参数使 Diagnostics Java Agent 能与被监控程序同时启动。

进入 dropwizard-example 目录。正常情况下是通过下面的命令启动 Service 的。

```
java -jar target/dropwizard-example-1.2.0-SNAPSHOT.jar server example.yml
```

由于需要增加 Java agent 的启动参数，所以启动命令修改为如下所示：

```
java -javaagent:/opt/JavaAgent/DiagnosticsAgent/lib/probeagent.jar \
  -agentpath:/opt/JavaAgent/DiagnosticsAgent/lib/x86-linux64/libjvmti.so \
  -jar target/dropwizard-example-1.2.0-SNAPSHOT.jar server example.yml
```

启动时可以看到如图 12-11 所示的信息，表示 Profiler UI 的 Web 服务已经启动。

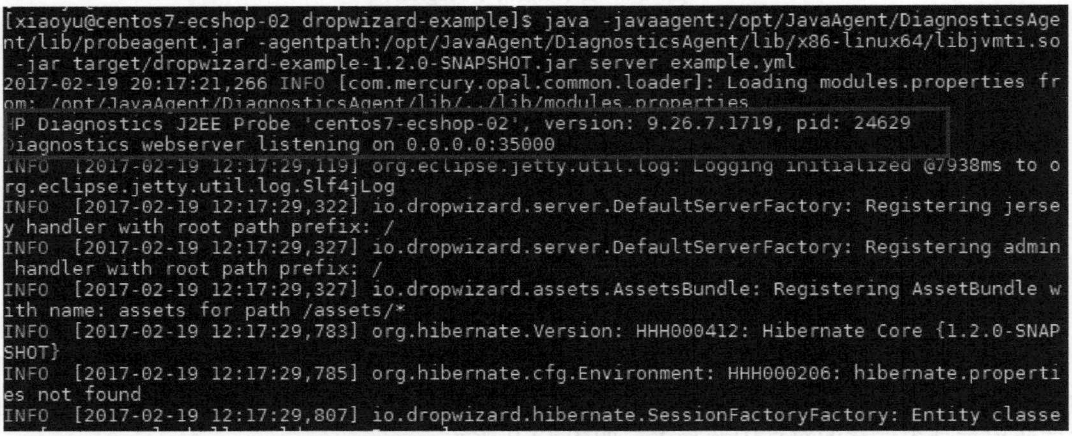

图 12-11　启动 Java 及 Java Agent

12.3　使用说明

接下来就可以在浏览器中输入 Java REST Service 所在的机器 IP 加上默认端口号 35000 打开 Profiler UI，如图 12-12 所示。建议使用 IE 浏览器打开。

单击打开 Diagnostics Profiler，在弹出的身份验证框中输入用户名 admin 和前面步骤配置 JavaAgent 时输入的密码，就可以打开 Profiler UI 的主界面。如图 12-13 所示。

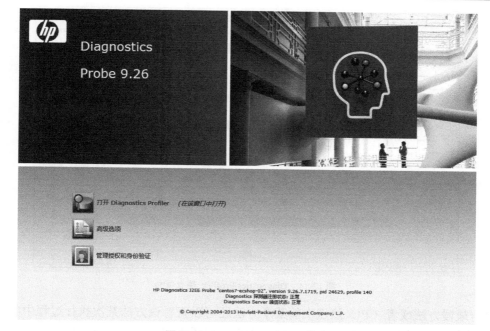

图 12-12　Diagnostics Profiler 首页

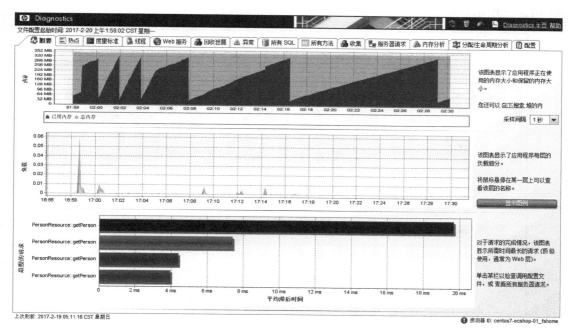

图 12-13　Diagnostics Profiler 主页面（概要页面）

　　在 Profiler UI 的概要页面，展示了应用程序所属的 JVM 的运行情况，包括内存、负载情况，以及应用程序自启动以来由 Agent 识别到的最耗时间的方法（Java 程序块）。

　　热点页面展示了程序中的最影响性能的因素，其中包括最慢的方法(耗时较长)、最耗 CPU 的方法(负载较高)，以及最慢的 SQL 查询(通过 JDBC)。如图 12-14 所示。

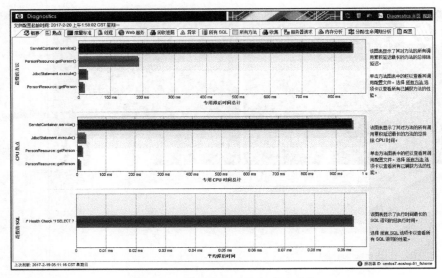

图 12-14　Diagnostics Profiler　热点页面

单击最慢方法或者 CPU 热点中的某个方法还可以查看该方法某次执行过程中的堆栈情况，以及堆栈中各层次的性能消耗情况。这极大地方便了在程序中寻找导致性能问题的原因。如图 12-15 所示。

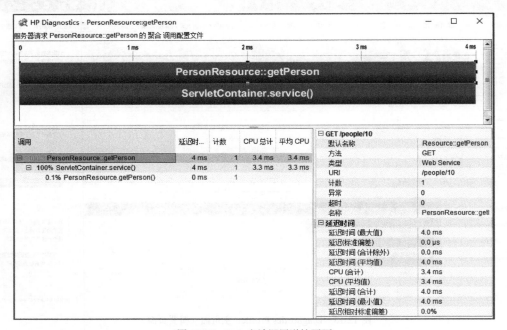

图 12-15　Java 方法调用详情页面

Diagnostics Profiler UI 还能实时监控应用程序中的线程情况。如图 12-16、图 12-17、图 12-18 所示。

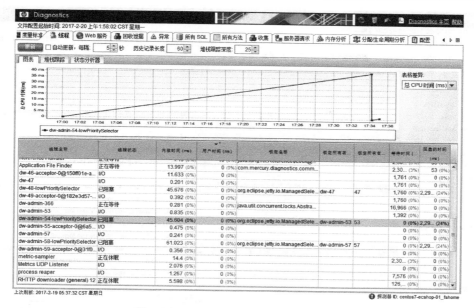

图 12-16　Diagnostics Profiler 线程图表页面

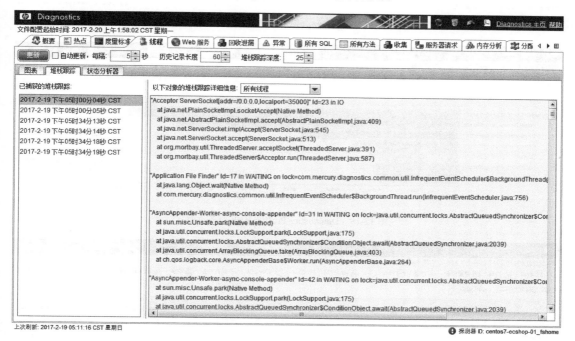

图 12-17　Diagnostics Profiler 线程堆栈跟踪页面

对于类似 dropwizard-example 这样的提供 HTTP REST 服务类型的程序，Diagnostics Profiler UI 还将 Web 服务请求和对应的 Java 程序方法记录下来，以便对某次请求进行独立分析。如图 12-19 和图 12-20 所示。

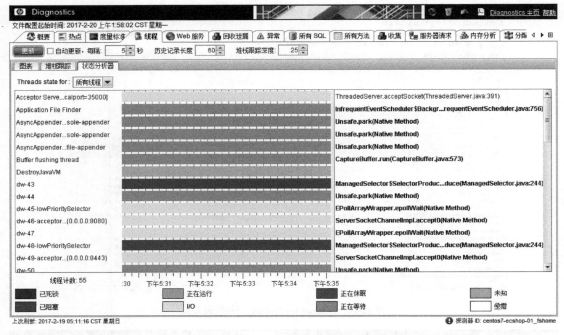

图 12-18　Diagnostics Profiler 线程状态分析器页面

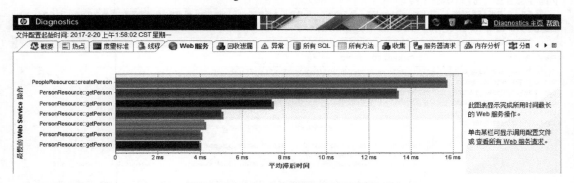

图 12-19　Diagnostics Profiler Web 服务页面

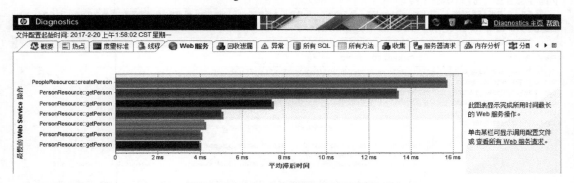

图 12-20　Diagnostics Profiler 服务器请求页面

　　Diagnostics Profile UI 还提供了各种性能图表以展示应用程序在运行过程中的性能状况，图表分析需要结合实际项目开展，本章仅抛砖引玉，供学习参考。

12.4 本章小结

HP Diagnostics 提供了对应用程序强大的诊断功能，在 Load Runner 中安装了 Diagnostics 插件后，还可以与 Load Runner 集成，在 Controller 的 Diagnostics J2EE/.NET 界面中显示程序的诊断信息。HP Diagnostics 收集的诊断数据为性能测试场景结果分析提供了有力的支撑，为分析和找到被测程序中的性能问题提供了线索。

附　　录

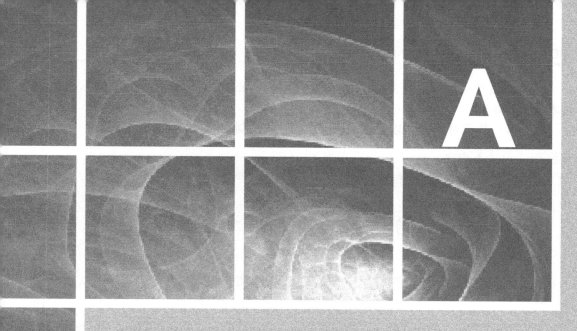

附录 A

LR 三种录制脚本的对比

在 VuGen 中录制脚本有 3 种方式，下面我们以 Web Tours 示例程序注册为例，演示 3 种脚本录制的效果。

第一种：基于 HTML，以描述用户操作的方式录制脚本，如附图 A-1 所示。

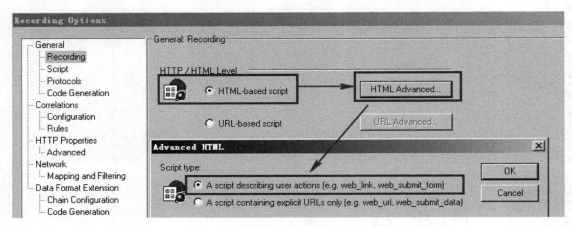

附图 A-1　基于 HTML 以用户操作方式录制

录制的脚本最为简洁，站在用户视角易于理解，如下所示。

```
Action()
{
  //打开 Web Tours 首页
    web_url("index.htm",
        "URL=http://127.0.0.1:1080/WebTours/index.htm",
        "Resource=0",
        "RecContentType=text/html",
        "Referer=",
        "Snapshot=t1.inf",
        "Mode=HTML",
        LAST);
  //打开 sign up 注册页面
    web_link("sign up now",
        "Text=sign up now",
        "Snapshot=t2.inf",
        LAST);
//用户思考时间
    lr_think_time(25);
    //填写并提交注册信息
    web_submit_form("login.pl",
        "Snapshot=t3.inf",
        ITEMDATA,
        "Name=username", "Value=testA", ENDITEM,
        "Name=password", "Value=123456", ENDITEM,
        "Name=passwordConfirm", "Value=123456", ENDITEM,
        "Name=firstName", "Value=test", ENDITEM,
        "Name=lastName", "Value=A", ENDITEM,
        "Name=address1", "Value=chengdu", ENDITEM,
        "Name=address2", "Value=610000", ENDITEM,
        "Name=register.x", "Value=55", ENDITEM,
        "Name=register.y", "Value=8", ENDITEM,
        LAST);
```

```
            return 0;
    }
```

第二种：基于 HTML，以 URL 的方式录制脚本，如附图 A-2 所示。

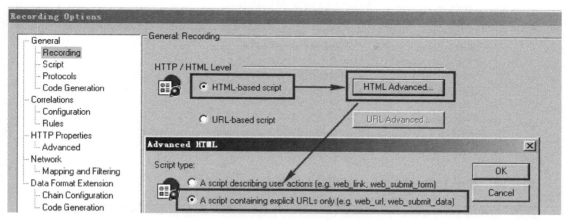

附图 A-2　基于 HTML 以 URL 操作方式录制

　　这种方式录制的脚本，函数都自带 URL 地址，脚本相对独立和灵活，即使注释掉其中的某一段也可以正常运行，是脚本录制中最常见的录制方式，脚本如下所示。

```
Action()
{
    /* 注释打开 Web Tours 首页操作，脚本依然可以成功注册
    web_url("index.htm",
        "URL=http://127.0.0.1:1080/WebTours/index.htm",
        "TargetFrame=",
        "Resource=0",
        "RecContentType=text/html",
        "Referer=",
        "Snapshot=t1.inf",
        "Mode=HTML",
        LAST);
    */
    //打开 sign up 注册页面
    web_url("sign up now",
        "URL=http://127.0.0.1:1080/cgi-bin/login.pl?username=&password=&getInfo=true",
        "TargetFrame=body",
        "Resource=0",
        "RecContentType=text/html",
        "Referer=http://127.0.0.1:1080/WebTours/home.html",
        "Snapshot=t2.inf",
        "Mode=HTML",
        LAST);
    //用户思考时间
    lr_think_time(89);
    //填写并提交注册信息
    web_submit_data("login.pl",
        "Action=http://127.0.0.1:1080/cgi-bin/login.pl",
        "Method=POST",
        "TargetFrame=info",
        "RecContentType=text/html",
```

```
    "Referer=http://127.0.0.1:1080/cgi-bin/login.pl?username=&password=&getInfo=true",
        "Snapshot=t3.inf",
        "Mode=HTML",
        ITEMDATA,
        "Name=username", "Value=testB", ENDITEM,
        "Name=password", "Value=123456", ENDITEM,
        "Name=passwordConfirm", "Value=123456", ENDITEM,
        "Name=firstName", "Value=test", ENDITEM,
        "Name=lastName", "Value=B", ENDITEM,
        "Name=address1", "Value=chengdu", ENDITEM,
        "Name=address2", "Value=610000", ENDITEM,
        "Name=register.x", "Value=55", ENDITEM,
        "Name=register.y", "Value=8", ENDITEM,
        LAST);
    return 0;
}
```

第三种：基于 URL 的脚本，如附图 A-3 所示。

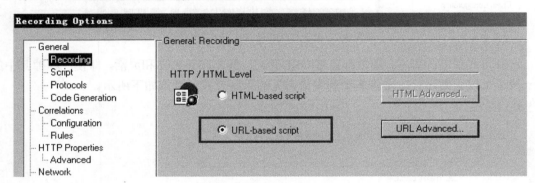

附图 A-3　基于 URL 方式录制

基于 URL 录制的脚本信息量要大很多，便于理解操作细节，但可阅读性相对较弱，适合分解步骤时使用，脚本如下所示。

```
Action()
{
    //打开 Web Tours 首页
    web_url("index.htm",
        "URL=http://127.0.0.1:1080/WebTours/index.htm",
        "Resource=0",
        "RecContentType=text/html",
        "Referer=",
        "Snapshot=t1.inf",
        "Mode=HTTP",
        LAST);
    web_concurrent_start(NULL);
    web_url("header.html",
        "URL=http://127.0.0.1:1080/WebTours/header.html",
        "Resource=0",
        "RecContentType=text/html",
        "Referer=http://127.0.0.1:1080/WebTours/index.htm",
        "Snapshot=t2.inf",
        "Mode=HTTP",
        LAST);
```

```
    web_url("welcome.pl",
        "URL=http://127.0.0.1:1080/cgi-bin/welcome.pl?signOff=true",
        "Resource=0",
        "RecContentType=text/html",
        "Referer=http://127.0.0.1:1080/WebTours/index.htm",
        "Snapshot=t3.inf",
        "Mode=HTTP",
        LAST);
web_concurrent_end(NULL);

web_concurrent_start(NULL);
web_url("hp_logo.png",
        "URL=http://127.0.0.1:1080/WebTours/images/hp_logo.png",
        "Resource=1",
        "RecContentType=image/png",
        "Referer=http://127.0.0.1:1080/WebTours/header.html",
        "Snapshot=t4.inf",
        LAST);
web_url("webtours.png",
        "URL=http://127.0.0.1:1080/WebTours/images/webtours.png",
        "Resource=1",
        "RecContentType=image/png",
        "Referer=http://127.0.0.1:1080/WebTours/header.html",
        "Snapshot=t5.inf",
        LAST);
web_concurrent_end(NULL);

web_concurrent_start(NULL);
web_url("home.html",
        "URL=http://127.0.0.1:1080/WebTours/home.html",
        "Resource=0",
        "RecContentType=text/html",
        "Referer=http://127.0.0.1:1080/cgi-bin/welcome.pl?signOff=true",
        "Snapshot=t6.inf",
        "Mode=HTTP",
        LAST);
web_url("nav.pl",
        "URL=http://127.0.0.1:1080/cgi-bin/nav.pl?in=home",
        "Resource=0",
        "RecContentType=text/html",
        "Referer=http://127.0.0.1:1080/cgi-bin/welcome.pl?signOff=true",
        "Snapshot=t7.inf",
        "Mode=HTTP",
        LAST);
web_concurrent_end(NULL);

//打开 sign up 注册页面
web_url("sign up now",
        "URL=http://127.0.0.1:1080/cgi-bin/login.pl?username=&password=&getInfo=true",
        "Resource=0",
        "RecContentType=text/html",
        "Referer=http://127.0.0.1:1080/WebTours/home.html",
        "Snapshot=t8.inf",
        "Mode=HTTP",
        LAST);
//用户思考时间
```

```
        lr_think_time(25);
    //填写并提交注册信息
    web_submit_data("login.pl",
        "Action=http://127.0.0.1:1080/cgi-bin/login.pl",
        "Method=POST",
        "RecContentType=text/html",
    "Referer=http://127.0.0.1:1080/cgi-bin/login.pl?username=&password=&getInfo=true",
        "Snapshot=t9.inf",
        "Mode=HTTP",
        ITEMDATA,
        "Name=username", "Value=testC", ENDITEM,
        "Name=password", "Value=123456", ENDITEM,
        "Name=passwordConfirm", "Value=123456", ENDITEM,
        "Name=firstName", "Value=test", ENDITEM,
        "Name=lastName", "Value=C", ENDITEM,
        "Name=address1", "Value=chengdu", ENDITEM,
        "Name=address2", "Value=610000", ENDITEM,
        "Name=register.x", "Value=48", ENDITEM,
        "Name=register.y", "Value=12", ENDITEM,
        LAST);
    return 0;
}
```

【特别说明】：在 LR 请求一个页面里，由于使用 URL 的方式录制，会把一个页面中的元素分成几个 Web 函数做处理。所以在脚本中出现了一组函数 web_concurrent_start 和 web_concurrent_end。也就是说当脚本运行到 web_concurrent_start 时，后续的脚本都不会立即被执行，直到 web_concurrent_end 出现，才把这中间的所有的脚本一起执行。

【补充说明】：如果最初脚本类型录制选择有误，或者修改脚本出错想要还原脚本最初状态，我们可以在 VuGen 的 "Record" 菜单下选择 "Regenerate Script" 重新生成脚本，并在该对话框中选择 Options 操作，可以更改重新生成脚本的录制方式。如附图 A-4 所示。

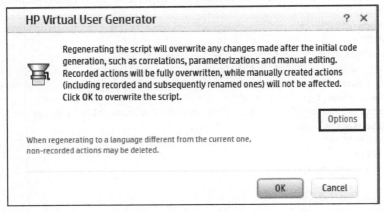

附图 A-4　Regenerate Script 对话框

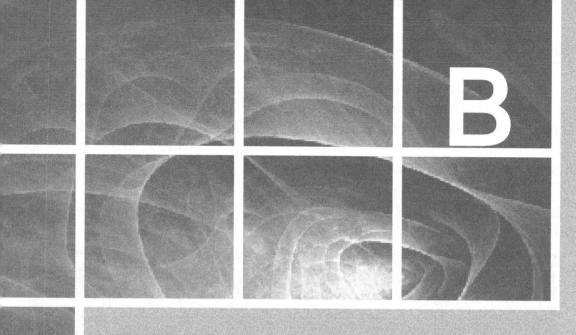

附录 B

如何批量添加 IP 地址

1. B1：批量为 Windows 添加 IP 地址

Windows 环境提供了 netsh 命令行工具来管理和配置网络环境，其中的 interface 子类中包含对网卡的不同 IP 协议版本的配置命令，这里会用到两个命令，分别是添加地址和删除地址，由于操作系统的不同，这个命令稍微有一点区别，下面就以 Windows 2003 中文版（WinXP 中文版与此类似）和 Windows 7 中文版来举例说明。

（1）Windows Server 2003 / Windows XP

步骤 1：打开命令提示符窗口（"开始菜单"->"运行"）后输入 cmd 命令单击"确定"按钮，进入命令提示符窗口，如附图 B-1 所示。

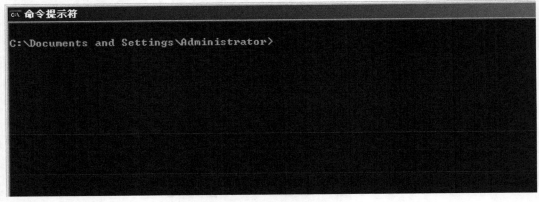

附图 B-1　命令提示符窗口

步骤 2：在命令提示符窗口中输入 ipconfig /all，检查系统中的网络连接和 IP 地址情况。如附图 B-2 所示。

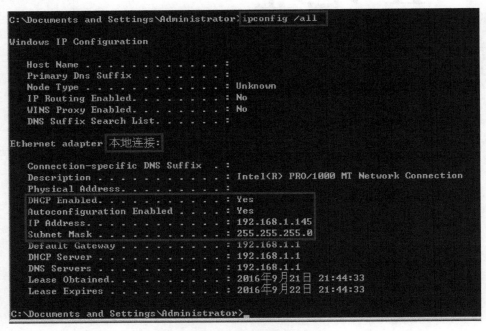

附图 B-2　网络连接检查

　　如果计算机的网卡配置为自动获取 IP 地址(DHCP)，则会显示类似的信息，其中 Ethernet adapter 后面显示的是网络连接的名称，这台计算机有一个网络连接，其名称为"本地连接"，在下方显示了这个网络连接的地址信息，其中包括 IP Address，是这个网络连接(网卡)的 IP 地址，Subnet Mask 则是这个 IP 地址的子网掩码。

　　步骤 3：我们通过命令为这个网络连接添加 10 个 C 类 IP 地址，从 192.168.1.201 开始到 192.168.1.211，子网掩码为 255.255.255.0。对于附图 B-2 所示的计算机连接，名称为"本地连接"，在不同的计算机上，这个连接的名称可能不同，请根据情况使用正确的连接名称。

for /L %a in (201,1,211) do netsh interface ip add address "本地连接" 192.168.1.%a 255.255.255.0

　　如附图 B-3 所示。

附图 B-3　添加 IP 地址

　　命令输入完成，按回车键开始执行，可以看到附图 B-4 所示的输出，由于实例中的命令会添加 10 个 IP 地址，需要一些时间来完成。当重新显示命令提示符光标，则表示命令执行完成。

附图 B-4　完成 IP 地址添加

步骤 4：接下来执行下面的命令添加一个默认网关，由于默认网关这里只需要一个，我们添加一个 192.168.1.1。

netsh interface ip add address "本地连接" gateway=192.168.1.1 gwmetric=1

如附图 B-5 所示。

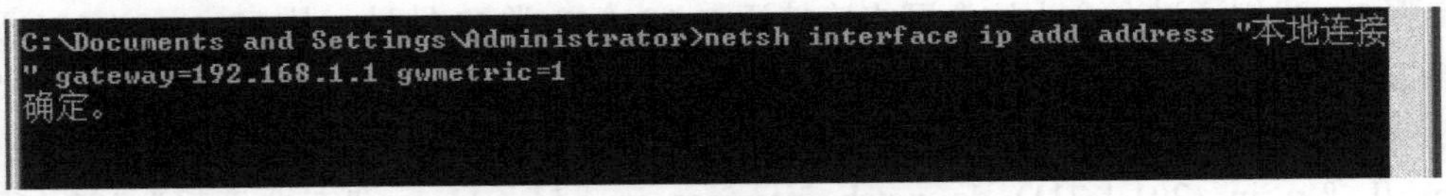

```
C:\Documents and Settings\Administrator>netsh interface ip add address "本地连接
" gateway=192.168.1.1 gwmetric=1
确定。
```

附图 B-5　添加默认网关

步骤 5：再次输入 ipconfig 查看 IP 地址配置，如果没有什么意外情况发生，应该会显示类似下面的结果。如附图 B-6 所示。

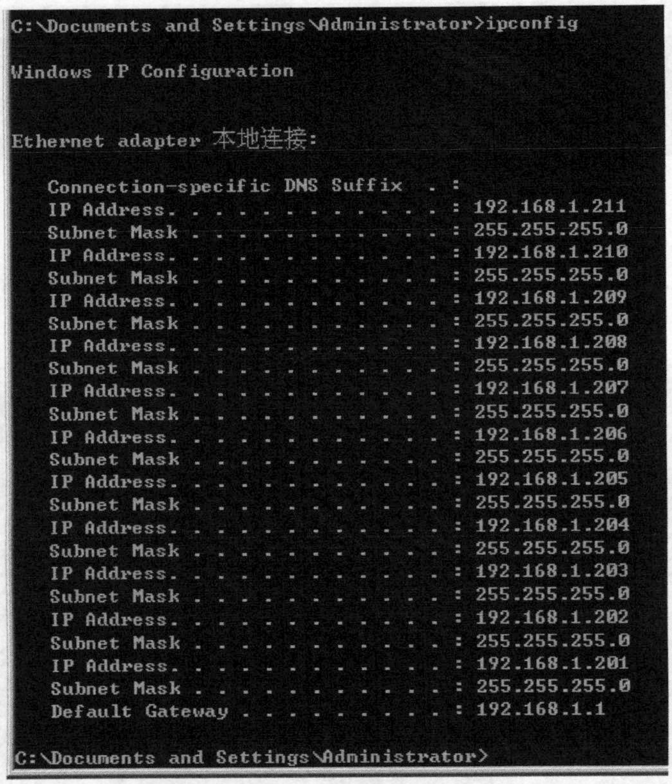

```
C:\Documents and Settings\Administrator>ipconfig

Windows IP Configuration

Ethernet adapter 本地连接:

        Connection-specific DNS Suffix  . :
        IP Address. . . . . . . . . . . . : 192.168.1.211
        Subnet Mask . . . . . . . . . . . : 255.255.255.0
        IP Address. . . . . . . . . . . . : 192.168.1.210
        Subnet Mask . . . . . . . . . . . : 255.255.255.0
        IP Address. . . . . . . . . . . . : 192.168.1.209
        Subnet Mask . . . . . . . . . . . : 255.255.255.0
        IP Address. . . . . . . . . . . . : 192.168.1.208
        Subnet Mask . . . . . . . . . . . : 255.255.255.0
        IP Address. . . . . . . . . . . . : 192.168.1.207
        Subnet Mask . . . . . . . . . . . : 255.255.255.0
        IP Address. . . . . . . . . . . . : 192.168.1.206
        Subnet Mask . . . . . . . . . . . : 255.255.255.0
        IP Address. . . . . . . . . . . . : 192.168.1.205
        Subnet Mask . . . . . . . . . . . : 255.255.255.0
        IP Address. . . . . . . . . . . . : 192.168.1.204
        Subnet Mask . . . . . . . . . . . : 255.255.255.0
        IP Address. . . . . . . . . . . . : 192.168.1.203
        Subnet Mask . . . . . . . . . . . : 255.255.255.0
        IP Address. . . . . . . . . . . . : 192.168.1.202
        Subnet Mask . . . . . . . . . . . : 255.255.255.0
        IP Address. . . . . . . . . . . . : 192.168.1.201
        Subnet Mask . . . . . . . . . . . : 255.255.255.0
        Default Gateway . . . . . . . . . : 192.168.1.1

C:\Documents and Settings\Administrator>
```

附图 B-6　检查 IP 地址配置

补充说明，接下来我们描述一下如何快速清除这些手动添加的 IP 地址，最简单快速的方法就是将网络连接的 IP 地址由静态改为自动获取即可。这一步可以通过命令 netsh interface ip set address "本地连接" source=DHCP 来完成。如附图 B-7 所示。

```
C:\Documents and Settings\Administrator>netsh interface ip set address "本地连接
" source=DHCP
确定。
```

附图 B-7　静态改动态获取 IP

然后通过 ipconfig /renew 命令向 DHCP 服务重新获取 IP 地址。如附图 B-8 所示。

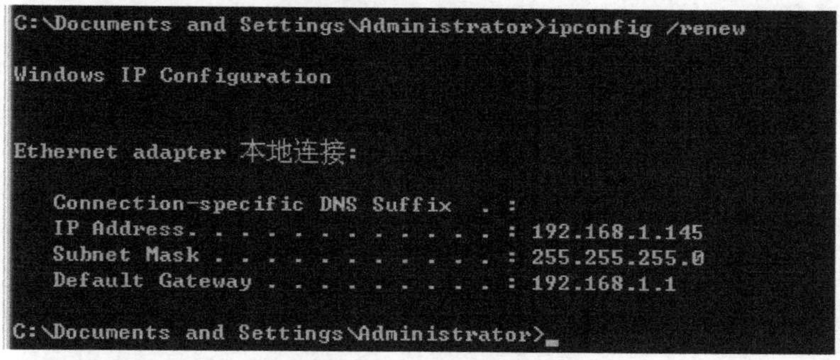

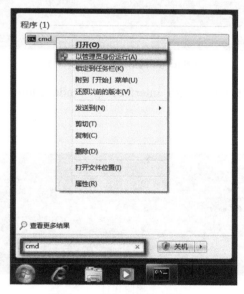

附图 B-8 重新获取 IP 地址

可以看到 IP 地址已经重新获取成功。

（2）Windows 7

步骤 1：以管理员身份打开命令提示符窗口。打开开始菜单，在搜索框中输入 cmd，在搜索结果中的 cmd 程序上单击鼠标右键，选择以"管理员身份运行"。如附图 B-9 所示，即可以管理员身份打开命令提示符窗口。

附图 B-9 进入命令提示符窗口

步骤 2：在命令提示符窗口中输入 ipconfig /all，检查系统中的网络连接和 IP 地址情况。如附图 B-10 所示。

可以看到网络连接信息，其中网络连接的名称与 Windows 2003 的连接名称一致，只是前面的描述信息由英文的 Ethernet adapter 变为了中文的以太网适配器。

接下来我们就可以用与 Windows 2003 上使用的类似命令批量添加 IP 地址，要注意的是，命令里面唯一的区别在于，netsh 命令的 interface 子命令中，协议名称必须使用 ipv4，而不再使用 ip。完整的命令如下。

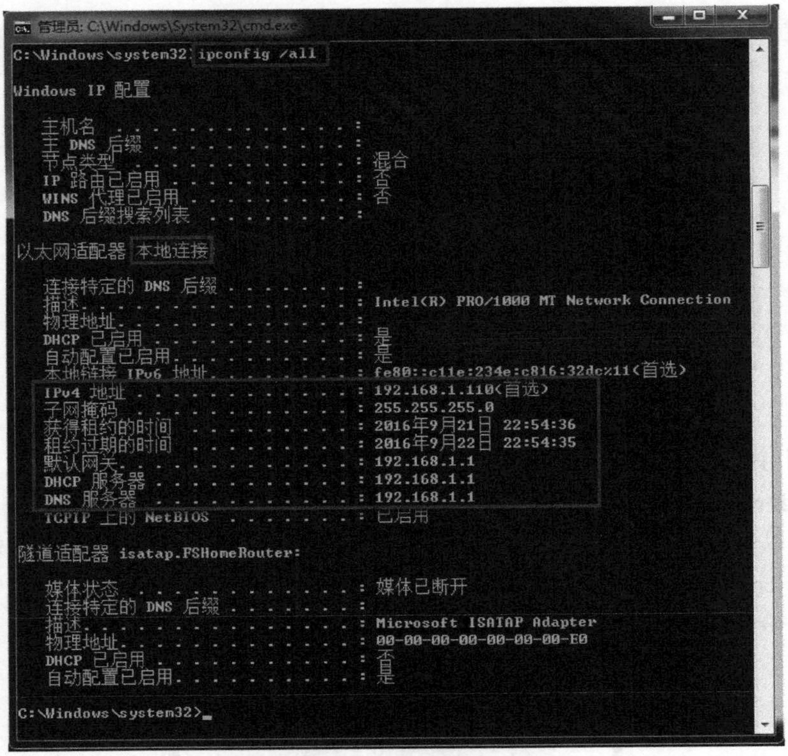

附图 B-10 网络连接检查（win7）

for /L %a in (201,1,211) do netsh interface ipv4 add address "本地连接" 192.168.1.%a 255.255.255.0

如附图 B-11 所示。

附图 B-11

完成后再输入以下命令添加默认网关。

192.168.1.1: netsh interface ipv4 add address "本地连接" gateway=192.168.1.1 gwmetric=1

如附图 B-12 所示。

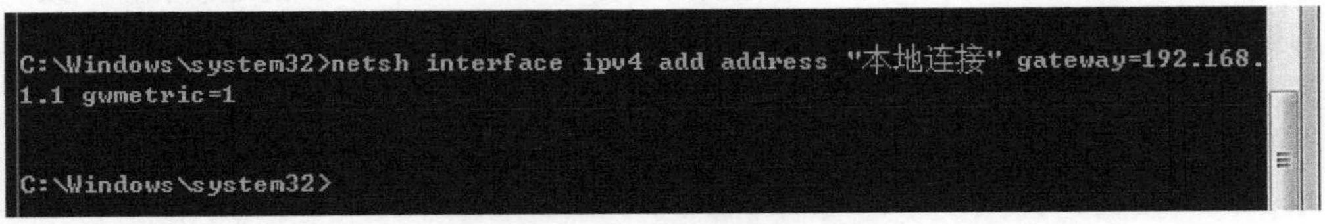

附图 B-12

这时我们再用 ipconfig 命令即可看到批量添加的 IP 地址已经生效。如果想要删除(还原)添加的 IP 地址,同样最简单的方式就是将网络连接改为使用 DHCP 获取 IP 地址,输入以下命令。

netsh interface ipv4 set address "本地连接" source=DHCP

然后输入 ipconfig /renew 即可重新获取 IP 地址。如附图 B-13 所示。

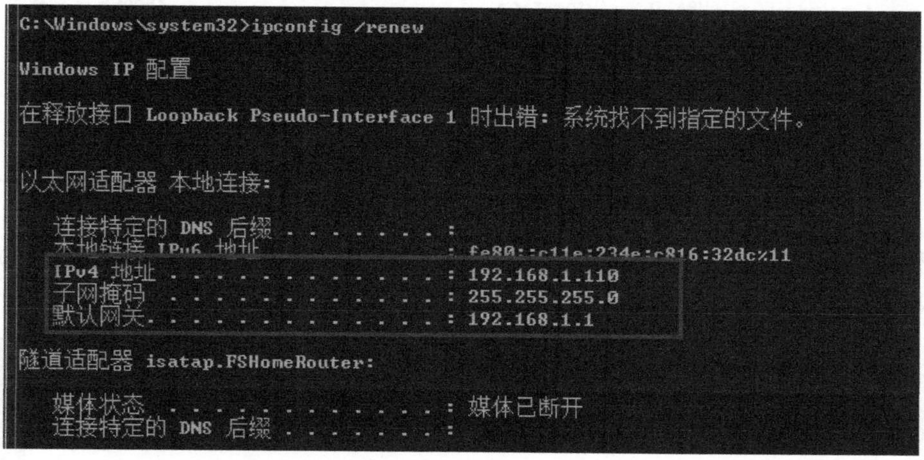

附图 B-13

2. 批量为 Linux 添加 IP 地址

Linux 端可以通过 Network Manager Text UI 来配置网卡,这里以 CentOS 7 为例介绍 IP 地址的添加。在添加前请注意:下面的操作需要在目标机器上直接操作,不要通过 SSH 等网络远程连接方式进行,重新配置网卡的 IP 地址可能会导致网络中断。

CentOS 7

步骤 1:通过下面的命令安装 Network Manager Text UI,命令如下所示。

```
$ sudo yum install -y NetworkManager-tui
```

步骤 2:通过下面的命令查找当前系统中网卡名称,如附图 B-14 所示,方框中的 ens33 就是当前机器的网卡名称。

```
$ ip addr
```

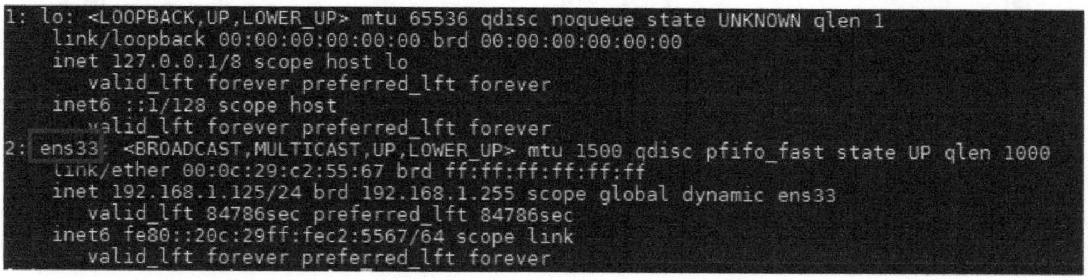

附图 B-14　查找网卡名称

步骤 3:然后输入下面的命令启动 Network Manager Text UI 编辑网卡 ens33 的配置。

```
$ sudo nmtui edit ens33
```

启动后打开的界面如附图 B-15 所示。

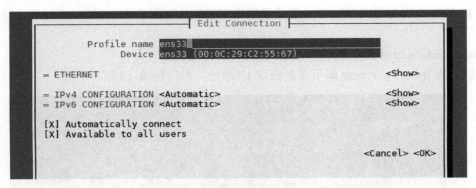

附图 B-15 启动 Network Manager Text UI

步骤 4：进入 Network Manager Text UI 后，用键盘方向键移动焦点到 IPv4 CONFIGU-RATION 后面的<Automatic>按钮，如附图 B-16 所示。

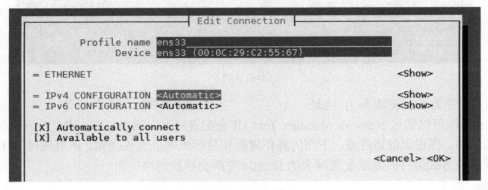

附图 B-16 IPv4 CONFIGURATION_ Automatic

然后按回车键，在弹出的菜单中选择 Manual，并按回车键确认，如附图 B-17 所示。

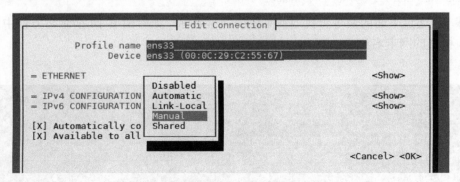

附图 B-17 IPv4 CONFIGURATION_Manual

步骤 5：在 Network Manager Text UI 页面，利用方向键将焦点移到 IPv4 CONFIGURATION 右边的<Show>按钮处，如附图 B-18 所示。

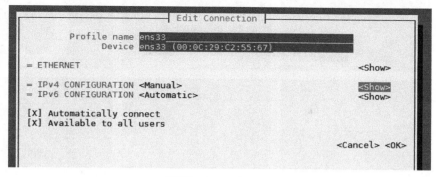

附图 B-18　Profile name

按回车键显示 IPv4 的详细配置，如附图 B-19 所示。

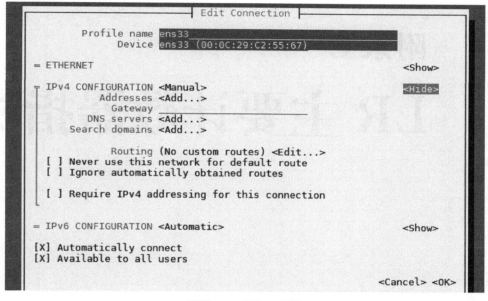

附图 B-19　添加 IP 地址

然后在 Addresses 栏中添加 IP 地址，这里可以设置一个或者多个 IP，然后设置好 Gateway 和 DNS servers，将焦点移动到右下方的 OK 按钮上，按回车键关闭 Network Manager Text UI。

附录 C

LR 主要计数器指标

此处主要整理了本书中可能涉及的一些计数器指标，方便参考学习。

Windows 主要监控指标，如附表 C-1 所示。

附表 C-1 　　　　　　　　　　　Windows 计数器

Object（对象）	LR Counters（计数器）	Description（描述）
Memory	Cache Bytes	缓存字节数。是系统缓存驻留字节数、系统驱动程序驻留字节数、系统代码驻留字节数和分页池驻留字节数计数器的总和
Memory	Available MBytes	是指可供计算机上的进程运行时使用的物理内存量，以 Mbytes 为单位
Memory	Page Faults/sec	是指处理器中页面错误的计数
Memory	Page Reads/sec	每秒页面读取次数。是指为解决页面硬故障而读取磁盘的速率
Memory	Pages/sec	是指为解决引用时不在内存中的页面的内存引用问题，从磁盘读取的或写入磁盘的页面数
Memory	System Cache Resident Bytes	系统缓存驻留字节数，是文件系统缓存中可分页操作系统代码的大小（以字节为单位）。该值只包括当前的物理页面，不包括当前未驻留的虚拟内存页面
Memory	Committed Bytes	确认字节数。是指以字节为单位的确认虚拟内存量。确认内存是指在磁盘分页文件上预留了空间的物理内存。每个物理盘上可以有一个或多个分页文件
Server	Bytes Total/sec	服务器已通过网络收发的字节数。此值可全面说明服务器的繁忙程度
Processor	% Privileged Time	是指进程中的线程在特权模式下执行代码所花时间的百分比。在调用 Windows 系统服务时，该服务通常在特权模式下运行，以便访问系统专有数据。在用户模式下执行的线程无法访问这些数据
Processor	% Processor Time	处理器时间百分比。处理器执行非空闲线程的时间百分比
Processor	% Interrupt Time	是指处理器在采样间隔期间接收和维修硬件中断的时间
Processor	Private Bytes	是指已由进程分配但无法与其他进程共享的当前字节数
Processor	Interrupts/sec	是指处理器平均每秒接收和处理硬件中断的数量
Processor	Working Set	工作集大小。以字节为单位，是此进程工作集的当前大小
I/O	% Disk Time	磁盘时间百分比。是指选定的磁盘驱动器忙于处理读或写请求的已用时间所占百分比
I/O	% Idle Time	空闲时间百分比。报告采样间隔期间磁盘空闲时间的百分比

续表

Object（对象）	LR Counters（计数器）	Description（描述）
I/O	Free Megabytes	可用空间 MB 数。是指磁盘驱动器上尚未分配的空间大小（以 MB 为单位）
I/O	Avg. Disk Queue Length	平均磁盘队列长度。是指在采样间隔期间所选磁盘的平均排队读取和写入请求数
I/O	Avg. Disk Bytes/Transfer	平均磁盘传送字节数。是指在写入或读取时传入或传出磁盘的平均字节数
I/O	Split IO/Sec	每秒 IO 分割率。报告磁盘的 I/O 分割成多个 I/O 的速率
I/O	Disk Transfers/sec	每秒磁盘传输率
System	Processor Queue Length	处理器队列的瞬时长度（以线程数为单位）。如果您不同时监控线程计数器，则此计数器始终为 0
System	Context Switches/sec	每秒上下文切换次数。是指计算机上的所有处理器从一个线程切换到另一个线程的综合速率
System	File Data Operations per second	每秒文件数据操作数。是指计算机向文件系统设备发出读写操作的速率。它不包括文件控制操作
Other	Threads	是指计算机在收集数据时的线程数

Linux 主要监控指标，如附表 C-2 所示。

附表 C-2　　　　　　　　　　Linux 计数器

Object（对象）	LR Counters（计数器）	Description（描述）
Processer	Average load（Unix Kernel Statistics）	上一分钟同时处于"就绪"状态的平均进程数（在过去的 1 分钟的平均负载）
Processer	CPU Utilization（Unix Kernel Statistics）	CPU 使用时间的百分比
I/O	Disk Traffic（Unix Kernel Statistics）	磁盘传输率
Memory	Page-in rate（Unix Kernel Statistics）	指标表明的是每秒交换到物理内存中的页面数（每秒从磁盘读到的物理内存）
Memory	Page-outrate（Unix Kernel Statistics）	表示每秒从物理内存中移出或者写入到页面数
Memory	Paging rate（Unix Kernel Statistics）	每秒钟读入物理内存或写入页面文件中的页数
Memory	Swap-in rate（Unix Kernel Statistics）	每秒交换到内存的进程数
Memory	Swap-out rate（Unix Kernel Statistics）	每秒从内存交换出来的进程数
NetWork	Collision rate	每秒钟在以太网上检测到的冲突数
NetWork	Incomingpackets error rate	接收以太网数据包时每秒钟接收到的错误数
NetWork	Incomingpackets rate	每秒钟传入的以太网数据包数
	Outgoingpackets errors rate	发送以太网数据包时每秒钟发送的错误数
NetWork	Outgoingpackets rate	每秒钟传出的以太网数据包数
System	System mode CPUutilization	在系统模式下使用 CPU 的时间百分比
System	User mode CPUutilization	在用户模式下使用 CPU 的时间百分比
System	Context switches rate	每秒钟在进程或线程之间的切换次数
System	Interrupt rate	每秒内的设备中断数

MySQL 主要监控指标，如附表 C-3 所示。

附表 C-3　　　　　　　　　　　MySQL 计数器

Object（对象）	LR Counters（计数器）	Description（描述）
连接数	Threads_connected	当前客户端已连接的数量，判断客户端是否处于活跃状态
连接数	Threads_cached	已经被线程缓存池缓存的线程个数
连接数	Threads_created	已经创建的线程个数
连接数	Connections	MySQL 启动以来收到的连接次数(包括成功和失败的)数据库重启后会清零
innodb buffer 命中率	innodb_buffer_pool_reads	用来缓存 innodb 类型表和索引的内在空间
query cache 命中率	Qcache_hits	mysql 查询缓存，在 my.cnf 配置文件若打开，则可以对查询过的语句结果进行 cache
table_cache 命中率	Open_tables	当前在缓存中打开表的数量
table_cache 命中率	Opened_tables	mysql 自启动起，打开表的数量
thread_cache 命中率	(Connections-Threads_created)/Connections × 100)	存储空闲的连接线程
tmp table 临时表	Created_tmp_disk_tables	主要用于监控 mysql 使用临时表的量是否过多
tmp table 临时表	Created_tmp_tables	Created_tmp_disk_table/Created_tmp_tables 比率过高，如超过 10%，则需要考虑 tmp_table_size 参数是否需要调整大些
binlog cache 日志缓存	Binlog_cache_disk_use	Binlog_cache_disk_use 为 binlog 使用硬盘使用量
binlog cache 日志缓存	Binlog_cache_use	为 binlog 已使用的量，binlog 不是一有数据就写到 binlog 中，而是先写入到 binlog cache 中，再写入到 binlog 中
锁状态	Table_locks_waited	mysql 的锁有表锁和行锁，myisam 最小锁为表锁，innodb 最小锁为行锁
锁状态	Table_locks_immediate	当 Table_locks_waited 与 Table_locks_immediate 的比值较大，则说明我们的表锁造成的阻塞比较严重

Apache 主要监控指标，如附表 C-4 所示。

附表 C-4　　　　　　　　　　　Apache 计数器

Object（对象）	LR Counters（计数器）	Description（描述）
连接数	#Busy Servers(Apache)	处于繁忙状态的服务器数
连接数	#Idle Servers(Apache)	处于空闲状态的服务器数
吞吐率	Hit/sec(Apache)	HTTP 每秒请求速率
吞吐率	Kbytes Sent/sec(Apache)	服务器发送字节速率
服务器资源	Apache CPU Usage(Apache)	服务器对 CPU 的占用情况

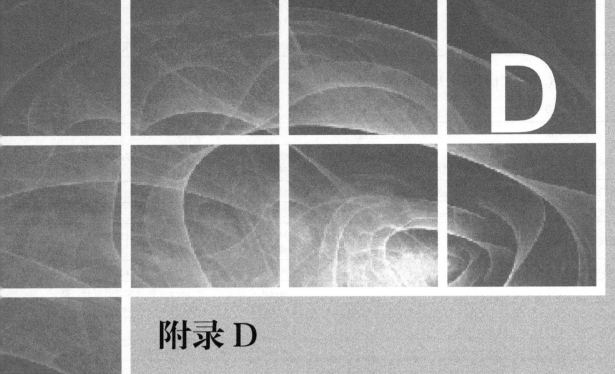

附录 D

每章小结练习答案

【思想篇】第 2 章 性能测试概述

判断题（共 10 小题）

1. 答案：N 考点：2.1.2 章节 "测试人员眼中的性能"

2. 答案：N 考点：2.1.2 章节 "测试人员眼中的性能"

3. 答案：N 考点：2.2.2 章节 "性能测试的分类"

4. 答案：N 考点：2.2.2 章节 "性能测试的分类"

5. 答案：Y 考点：2.2.2 章节 "性能测试的分类"

6. 答案：N 考点：2.4.1 章节 "资源从来都不是现成的"

7. 答案：Y 考点：2.5.1 章节 "临时抱佛脚是没用的"

8. 答案：N 考点：2.6.1 章节 "性能测试规划"

9. 答案：N 考点：2.6.2 章节 "测试场景设计"

10. 答案：N 考点：2.6.5 章节 "性能测试分析方法"

【思想篇】第 3 章 测试工具的选择

选择题（单选，共 5 题）

1. 答案：C 考点：3.1 章节 "市面上的性能测试工具"

2. 答案：B 考点：3.2 章节 "如何选择最适合的测试工具"

3. 答案：C 考点：3.2 章节 "如何选择最适合的测试工具"

4. 答案：C 考点：3.3 章节 "性能测试 VS 自动化测试"

5. 答案：A 考点：3.4 章节 "LR 新特性简介"

【基础篇】第 4 章 LoadRunner 基础介绍

一、选择题（单选，共 3 题）

1. 答案：B 考点：4.1 章节 "LoadRunner 简介"

2. 答案：A 考点：4.1 章节 "LoadRunner 简介"

3. 答案：D 考点：4.2 章节 "LoadRunner 工作原理"

二、判断题（共 5 小题）

1. 答案：Y 考点：4.2 章节 "LoadRunner 工作原理"

2. 答案：N 考点：4.2 章节 "LoadRunner 工作原理"

3. 答案：N 考点：4.2 章节 "LoadRunner 工作原理"

4. 答案：N 考点：4.3 章节 "LoadRunner 快速安装"

5. 答案：Y 考点：4.3 章节 "LoadRunner 快速安装"

【基础篇】第 5 章 脚本创建

一、选择题（单选，共 6 题）

1. 答案：A 考点：5.1.2 章节 "原来这就是协议"

2. 答案：C 考点：5.1.2 章节 "原来这就是协议"

3. 答案：B 考点：5.1.4 章节 "脚本录制与运行"

4. 答案：C 考点：5.1.4 章节 "脚本录制与运行"

5. 答案：B 考点：5.3.2 章节 "关联操作演练"

6. 答案：A 考点：5.4.2 章节 "我是检查官"

二、判断题（共 6 小题）

1. 答案：Y 考点：5.1.2 章节"原来这就是协议"
2. 答案：Y 考点：5.2.2 章节"参数操作化演示"
3. 答案：N 考点：5.2.2 章节"参数操作化演示"
4. 答案：Y 考点：5.3.2 章节"关联操作演练"
5. 答案：Y 考点：5.4.1 章节"时间去哪儿了"
6. 答案：N 考点：5.2.2 章节"参数化操作演练"

【基础篇】第 6 章 脚本执行

一、选择题（单选，共 6 题）

1. 答案：B 考点：6.1.2 章节"场景设计"
2. 答案：D 考点：6.1.2 章节"场景设计"
3. 答案：B 考点：6.2.1 章节"集合点实战"
4. 答案：D 考点：6.2.2 章节"联机负载实战"
5. 答案：B 考点：6.2.3 章节"IP 欺骗实战"
6. 答案：A 考点：6.3.1 章节"Windows 指标监控"

二、判断题（共 5 小题）

1. 答案：Y 考点：6.1.3 章节"场景运行"
2. 答案：Y 考点：6.1.3 章节"场景运行"
3. 答案：N 考点：6.2.1 章节"集合点实战"
4. 答案：N 考点：6.2.2 章节"联机负载实战"
5. 答案：N 考点：6.2.2 章节"联机负载实战"

【基础篇】第 7 章 结果分析

一、选择题（单选，共 4 题）

1. 答案：B 考点：7.2.1 章节"Analysis Summary 概述"
2. 答案：D 考点：7.3.1 章节"基础图表分析"
3. 答案：C 考点：7.3.3 章节"图表的合并"
4. 答案：B 考点：7.3.5 章节"网页元素细分图"

二、判断题（共 6 小题）

1. 答案：N 考点：7.2.1 章节"Analysis Summary 概述"
2. 答案：Y 考点：7.2.1 章节"Analysis Summary 概述"
3. 答案：Y 考点：7.3.1 章节"基础图表分析"
4. 答案：N 考点：7.3.2 章节"数据图的筛选"
5. 答案：N 考点：7.3.4 章节"图表的关联"
6. 答案：Y 考点：7.4 章节"性能测试报告提取"

【实战篇】第 9 章 Web 企业级项目实战

简答题（共 5 小题）

1. 在你接到性能测试任务后，可以从哪些方面着手进行分析？

参考答案：可以从项目背景、系统特性、业务特征、软件需求、项目时间等维度进行分析。请参考 9.1 章节"项目规划"。

2．性能测试计划主要包含哪些内容？

参考答案：独立的性能测试计划一般包含文档写作目的、项目背景介绍、相关专业术语描述、运行环境要求、被测对象范围、工具选择、项目参与人员、项目进度安排等内容。请参考 9.1.5 章节"性能测试计划"。

3．某网站登录模块预计一天的用户登录人数为 100 万，请根据 2/8 原则算出登录模块的并发用户量（登录页面访问时间要求≤2s）？

参考答案：91 个并发用户数。请参考 9.2.3 章节"业务模型分析"。

4．LR12 如何监控 MySQL，一般要监控哪些常见指标？

参考答案：LR12 要监控 MySQL，需要先预装 HP Site Scope 工具，并在该工具内设置 MySQL 的监控指标，最后在 Controller 中加入 Site Scope 的度量项。数据库主要监控连接数、命中率，以及锁状态等相关指标。请参考 9.4.3 章节"MySQL 指标监控"。

5．如果场景中某个事务超过预期的响应时间，利用 Analysis 报告如何分析问题？

参考答案：在 Analysis 的 Summary Report 页面可以查看所有事务的平均响应时间，选中超过预期响应时间的事务名称，可以查看该事务的平均响应时间图表。找到该事务，并查看其网页细分图，通过该图进行事务分析。

【实战篇】第 10 章   App 企业级项目实战

简答题（共 2 小题）

1．在性能测试项目中如何得到并发用户数？

参考答案：如果项目未上线，无现网数据作为参考，则按照 2/8 原则进行并发用户数的估算。如果项目已上线，则取某个时间段的现网数据求平均，作为并发用户数的依据。请参考 10.1 章节"方案设计"

2．移动端和 Web 端项目在性能测试上有何不同之处？

参考答案：以 ECSHOP 为例，从服务器端的性能测试来讲两者并没有太大区别，只是应用服务器内部可能访问了不同的服务。但移动端在测试上需要使用代理模式，利用 LR 的代理功能实现脚本录制，而录制的脚本需使用 URL 样式，不支持 HTML 脚本样式。请参考 10.2 章节"环境搭建"。

【实战篇】第 11 章   Nmon 指标监控技巧

填空题（共 5 小题）

1．答案：wget、tar zxvf 考点：11.1 章节"安装指导"

2．答案：c、mV 考点：11.2 章节"使用概述"

3．答案：h   考点：11.2 章节"使用概述"

4．答案：每隔 5 秒采集一次数据、总共采集 10 次数据 考点：11.2 章节"使用概述"

5．答案：CPU Use、Memory、Network、Disk Write   考点：11.3 章节"图表分析"

欢迎来到异步社区！

异步社区的来历

异步社区 (www.epubit.com.cn) 是人民邮电出版社旗下 IT 专业图书旗舰社区，于 2015 年 8 月上线运营。

异步社区依托于人民邮电出版社 20 余年的 IT 专业优质出版资源和编辑策划团队，打造传统出版与电子出版和自出版结合、纸质书与电子书结合、传统印刷与 POD 按需印刷结合的出版平台，提供最新技术资讯，为作者和读者打造交流互动的平台。

社区里都有什么？

购买图书

我们出版的图书涵盖主流 IT 技术，在编程语言、Web 技术、数据科学等领域有众多经典畅销图书。社区现已上线图书 1000 余种，电子书 400 多种，部分新书实现纸书、电子书同步出版。我们还会定期发布新书书讯。

下载资源

社区内提供随书附赠的资源，如书中的案例或程序源代码。

另外，社区还提供了大量的免费电子书，只要注册成为社区用户就可以免费下载。

与作译者互动

很多图书的作译者已经入驻社区，您可以关注他们，咨询技术问题；可以阅读不断更新的技术文章，听作译者和编辑畅聊好书背后有趣的故事；还可以参与社区的作者访谈栏目，向您关注的作者提出采访题目。

灵活优惠的购书

您可以方便地下单购买纸质图书或电子图书，纸质图书直接从人民邮电出版社书库发货，电子书提供多种阅读格式。

对于重磅新书，社区提供预售和新书首发服务，用户可以第一时间买到心仪的新书。

用户账户中的积分可以用于购书优惠。100 积分 =1 元，购买图书时，在 ⌷ 里填入可使用的积分数值，即可扣减相应金额。

特 别 优 惠

购买本书的读者专享异步社区购书优惠券。

使用方法：注册成为社区用户，在下单购书时输入 `S4XC5` `使用优惠码`，然后点击"使用优惠码"，即可在原折扣基础上享受全单 9 折优惠。（订单满 39 元即可使用，本优惠券只可使用一次）

纸电图书组合购买

社区独家提供纸质图书和电子书组合购买方式，价格优惠，一次购买，多种阅读选择。

社区里还可以做什么？

提交勘误

您可以在图书页面下方提交勘误，每条勘误被确认后可以获得 100 积分。热心勘误的读者还有机会参与书稿的审校和翻译工作。

写作

社区提供基于 Markdown 的写作环境，喜欢写作的您可以在此一试身手，在社区里分享您的技术心得和读书体会，更可以体验自出版的乐趣，轻松实现出版的梦想。

如果成为社区认证作译者，还可以享受异步社区提供的作者专享特色服务。

会议活动早知道

您可以掌握 IT 圈的技术会议资讯，更有机会免费获赠大会门票。

加入异步

扫描任意二维码都能找到我们：

| 异步社区 | 微信服务号 | 微信订阅号 | 官方微博 | QQ 群：436746675 |

社区网址：www.epubit.com.cn

投稿 & 咨询：contact@epubit.com.cn